书斋养心录

一位心理学人的阅读札记

吴龙华 著

海峡出版发行集团 | 福建教育出版社

图书在版编目（CIP）数据

书斋养心录：一位心理学人的阅读札记 / 吴龙华著. 福州：福建教育出版社，2025.9. —ISBN 978-7-5758-0660-2

Ⅰ．B84-53

中国国家版本馆 CIP 数据核字第 2025450Y3T 号

Shuzhai Yangxin Lu

书斋养心录

——一位心理学人的阅读札记

吴龙华　著

出版发行	福建教育出版社
	（福州市梦山路 27 号　邮编：350025　网址：www.fep.com.cn）
	编辑部电话：0591-83779615
	发行部电话：0591-83721876　87115073　010-62024258）
出 版 人	江金辉
印　　刷	福建东南彩色印刷有限公司
	（福州市金山工业区　邮编：350002）
开　　本	710 毫米×1000 毫米　1/16
印　　张	29.25
字　　数	448 千字
插　　页	2
版　　次	2025 年 9 月第 1 版　2025 年 9 月第 1 次印刷
书　　号	ISBN 978-7-5758-0660-2
定　　价	89.00 元

如发现本书印装质量问题，请向本社出版科（电话：0591-83726019）调换。

序 一

在这个快节奏、高压力的时代，人们的心灵常常处于一种紧绷与迷茫的状态，亟须一股清泉来滋养，一盏明灯来指引。在我细读吴龙华老师的这部凝聚心血之作后，深感它正是这样一股清泉、一盏明灯，并以其独特的魅力，照亮了通往心灵深处的道路。

吴龙华老师，一位年逾花甲却心怀壮志的智者，虽未在象牙塔内全职耕耘，却以一颗热爱学习、勇于探索的心，在心理学的广阔天地里留下了自己坚实的足迹。他的这本书，不仅是对自己多年阅读历程的一次深情回望，更是对心理学知识的一次系统梳理与生动演绎。字里行间，透露出他对生活的热爱、对知识的渴求以及对人性的深刻洞察。

在该书中，吴龙华老师以其广博的心理学积淀，将复杂的理论转化为通俗易懂的语言，仿佛一位温文尔雅的向导，引领着读者在心理学的海洋中遨游。从基础概念的解析到前沿理论的探讨，从心理学历史的回顾到现实案例的分析，每一处都闪耀着智慧的光芒，让人受益匪浅。更难能可贵的是，他总能以一种积极乐观的态度，将心理学的原理与现实生活紧密结合，让读者在轻松愉快的阅读中，收获心灵的成长与启迪。

吴龙华老师的文笔，真诚而流畅，如同一阵清新的风，吹散了心头的阴霾。他善于用细腻的情感去感知世界，用深邃的思考去解读人生。在他的笔下，每一个心理学概念都变得鲜活起来，它们不再是枯燥无味的理论堆砌，而是成为连接心与心的桥梁，让读者在阅读的过程中，感受到一种温暖与力量。

我相信，这本书的出版，对于普及心理学知识、提升公众的心理素养将起到积极的推动作用。它不仅适合心理学专业的学生研读，更是一本适合各个年龄阶段读者阅读的佳作。无论是青春期的迷茫少年，还是职场中的奋斗青年，抑或是步入晚年的智者，都能从中找到心灵的慰藉与成长的启示。

我衷心地感谢吴龙华老师为我们带来了这样一部优秀的作品。愿这本书能像一盏明灯，照亮每一个渴望成长与探索的心灵，引领我们在人生的旅途中，勇敢地前行，不断地超越自我，抵达更加美好的彼岸。

余嘉元（南京师范大学心理学院教授、博导）

2025 年 3 月 1 日

序 二

一位跨界者的心路历程

有人曾将人生比喻为一场跨越经纬且永不停歇的远行。在这场不歇且漫长的远行中,世人或循规蹈矩,沿着既定的轨迹稳步向前,用脚步丈量世界的广度;或另辟蹊径,在看似不相交的领域间自由穿行,以跨界之姿赋予生命更广阔的维度,以思想的深度构建认知的版图,在思维的褶皱中凿刻光明。

也曾有人将人生视同旷野。在这片广袤无垠的原野上,世人或选择深耕一隅,或偏爱纵横驰骋,而真正的行者往往能在看似迥异的疆域间架起桥梁,将不同领域的智慧熔铸成照亮生命的火炬。

······

在我的认知记忆中,吴龙华老师正是这样一位将多重身份与志趣融为一体的探索者!他的经历恰是一场跨越学科、身份和文化的壮游——从体育竞技场上挥洒的汗水到心理学实验室里陷入的沉思,从大学讲台上飞扬的粉笔灰到国际贸易谈判桌边飘来的咖啡香,他的足迹始终追随着心灵的指引,而这本书是他数十年跋涉途中采撷的思想果实,既是对生命本质的叩问,又是对时代精神的回应,宛如是在跨山越海之后捧出的一泓清泉——在喧嚣浮躁、物欲横流的当下,静水深流,自有回响。

龙华与我,亦师亦友!几十年来,尽管交往不多,但始终彼此牵挂、相互关照!作为陪伴者,我被龙华兄丰沛的人生经历所吸引。他早年作为体育专业学生,却因机缘与热爱踏入心理学领域,这一选择暗合了人类对自我认知的永恒追求——身体与心灵,本就是生命的一体两面。青年时代,龙华兄曾欲赴欧洲留学深造,虽因故遭到些挫折,但这并未影响到他浸润于跨文化的学术视野,更在东西方思维的交融中淬炼出独特的洞察力。而其后从象牙塔转向商海的抉择,看似与心理学渐行渐远,实则让他获得了更为珍贵的实践场域——于商海的惊涛骇浪中,那些关于人性本质、群体心理与决策机制的思考，早已超越了书本理论的边界，化作真刀真枪的生存智慧。这种跨界不是断裂，而是认知的螺旋上升；不是放弃，而是对知识穿透力的深度验证。

世俗社会曾有人将龙华兄这样的人生轨迹视作为一种"颠覆"：体育生出心理学之根，学者转身为商人，理论家蜕变为实践者。但若细察其精神脉络，便不难发现这些转变中暗藏着一以贯之的线索。少年时在田径场上锤炼的意志力，成为他后来攻克心理学艰深理论的内驱力；在上海师范大学系统学习心理学期间培养的共情能力，让他在国际贸易中更能洞察人性博弈的微妙；在读研深造和游学海外时浸润的批判性思维，最终化作商海决策时的冷静锋芒；而数十年所坚持的读书习惯与写作爱好，让他温文尔雅、魅力四射……这种跨界绝非偶然的跳跃，而是生命内在逻辑的自然延展——正如老树生新枝，看似突兀的转折处，实则是根系在更深处的绵延交汇。

这本书共有六个主题，这恰似六面棱镜，折射出龙华兄数十年沉淀的思想光谱。"人生幸福哲理"与"修养积极心态"中，既有学院派的严谨思辨，又饱含着商海沉浮后的通透领悟；"越过心理障碍"与"走向成功之路"的书写，既呈现心理咨询师般的共情视角，又透射出企业家特有的务实锋芒；而"勇敢面对衰老"的坦然与"阅读名家经典"的虔敬，则让整部作品跳脱出功利主义的桎梏，显露出智者在时间维度上的从容。这种独特的文本气质，恰恰源自龙华兄双重身份的对话：学者的思辨深度与商人的实践理性，在他笔下形成了美妙的复调。

特别值得珍视的是，在这个信息碎片如潮水般冲刷认知的时代，很多人选择了随波逐流，遨游于商海之中的龙华兄却在文字构筑的方舟上执笔为锚，仍保持着纸质阅读的古典仪式，用笔尖与纸张的摩挲对抗着屏幕的浮躁。可以想象的是，那些密密麻麻的读书笔记，不仅是知识的积累，更是心性的修炼。当多数人沉迷于算法推送的"知识快餐"时，这种笨拙而真诚的书写本身，已成为对抗时代焦虑的精神宣言。书中对马丁·塞利格曼等大家的致敬，并非简单的理论复述，而是一个实践者穿越时空的对话。这种"知行合一"的体悟，让经典理论在当代语境中焕发出新的生机……于是，我从身材伟岸、儒雅帅气的龙华兄身上，忽然领悟到何谓"儒商"的真正意涵——那些在海关申报单与心理学典籍间自如切换的深夜，那些将弗洛伊德释梦理论糅进商务谈判的清晨……最终都凝练成了这部带着幽幽的油墨清香与淡淡的海风咸味的跨界札记。

这本书最终呈现的是一个立体而丰盈的生命样本。龙华兄用心理学家的眼睛观察商业世界,以企业家的手腕实践人文理想,借运动员的筋骨对抗精神熵增。这种多重身份的对话与交响,恰似一部波澜壮阔的复调音乐:每条旋律线都独立完整,彼此交织时又迸发出超越局部的和谐。愿每个翻开此书的人,都能在字里行间听见这种独特的复调——那里有体育场的呐喊与图书馆的静谧,有欧元硬币的脆响与书页翻动的沙沙声,更有所有不甘被单一标签定义的灵魂,在跨界人生中寻找自我的永恒回声。

是为序!

田晓明(苏州科技大学心理学系教授、博导)

2025 年 3 月 12 日于姑苏积微居

自　序

我的读书爱好及习惯

每天早晨醒来，第一件事就是读书或听书，这已是我多年的习惯，尤其是名义上退休以后，同事们为我分担了许多工作，我就有了更多的时间用来读书和思考。

自从2021年4月7日成为帆书（原樊登读书）书友后，一转眼已近4年。记得在帆书听读的第一本书是《跑步圣经》，从此我的人生站台多了一盏雾中的灯——帆书，进一步尝到了听书读书的甜美和记笔记、写感悟、历练思想的快感。

以2023年整年为例，截至当年年底，我在帆书听书读书的情况如下：晨读听书共有282天，累计28800分钟，合计480小时。记得2023年元旦这一天，我居家听读帆书就达6小时40分钟，好像要将过去浪费的时间恶补回来一样！这一天意义非凡，新的一年，新的开始，让我进一步体验到收获新知识的喜悦，并让我在好书秘境中流连忘返。如同梭罗隐居瓦尔登湖畔那样，我在蠡湖畔"书屋"这片净土中暂避俗世，静心为心灵选择了书中桃花源，让思绪在书海中游弋、思接千载、视通万里。

在这一年中，我泛听、泛读了国内外著名专家学者著书共308本，其中认真完整听完、读完183本，并做了大量读书笔记，同时认真写了多篇读书感悟。自2023年10月初到年底，就有66篇感悟（约10万字）已陆续在"赛柯罗捷"公众号上发布，几乎每天一篇，与书友们交流、分享我的读书心得，觉得幸福感满满！有些好书，我反复听了好多遍。例如，美国著名积极心理学家马丁·塞利格曼的著作《真实的幸福》，我听读了31遍；清华大学彭凯平教授的著作《活出心花怒放的人生》，我也听读了10多遍，还专门买了几本纸质书供自己精读和赠送朋友一起研读。（见照片）

  2023年这一年中，我反复听读和研读最多的10本书可见上述照片。除了在帆书听书读书外，我又在出差或外出途中，在机场或书店购买了20余本各类书籍，放在我办公桌案头，随时浏览阅读，至今也基本上都读完了，有的也做了读书笔记并写下读书心得。

  这一年里，我收听了44位名家主讲的书籍，其中樊登老师主讲是我的最爱，虽未曾会面，但我们在书中似曾相识，以文为媒，以字为契，可谓当之无愧的灵魂之交，有相见恨晚的感觉，期待今后能有机会谋面交谈，聆听教诲，更好地行走在读书路上。此外，还有朱永新教授（全国政协副主席，我上海师大的老同学和苏州大学的老同事、老领导）、彭凯平教授（清华大学心理学系主任、中国积极心理学发起人）及徐英瑾教授（复旦大学哲学学院教授、博导）等著名学者主讲的书籍，也深受我的喜爱。在此，我对他们深表崇敬和感谢，让我在读书的殿堂里又上了一个台阶，思想得到了又一次飞跃。

  有多少个白天和黑夜，我在书中细细寻觅，不断探索人生的意义和幸福快乐的源泉，并将人生幸福的答案——收集起来，纳入自己的知识结构。曾与书友们分享的我的"生命六度说"就是在听书读书过程中萌发，在厚积薄发中形成，并在一次欢快的旅游途中感悟完善的。

  截至2024年12月30日，我已在帆书上听书读书3年零8个月了，共听书读书585本，写读书心得及感悟170余篇，收获很大。感谢帆书平台为我提供了年度听书数据，让我的听书读书的情况能够量化，激励我在"读万卷书"、终身学习、终身成长的路上，继续努力，再接再厉。

我对读书意义的认识

读书是一种享受。静静阅读,尽享文字的美妙与宁静;细腻的文字描绘出的世界,又是那么令人神往;精彩绝伦的理念,也常让人叹为观止;字里行间话古今中外,使人思接千载、视通万里,让思绪穿越时间隧道,自由驰骋辽阔空间……读书,使我们的生活更加充实和更有意义。

试想,当您完全沉醉在书海中,品味着知识的甘醇时是一种什么样的感受?这种感受恐怕只有真正爱读书的人才能体验得到。总之,读书令人心情愉悦,心旷神怡,品味人生美好与韵味,是一种绝美享受!

书是灯,读书照亮了前面的路;书是桥,读书接通了彼此的岸;书是帆,读书推动了人生的船。读书是一门人生的艺术,因为读书,人生才更精彩!书读得越多,人的大脑越成熟,思维也就越缜密。读书永远会有收获。

读书的意义不只是丰富知识,更重要的是增强自我认知,形成自我意识,让自己更清醒、更独立、更坚定。

人生路漫漫,读书不能倦。多读知识全,生活不困难。读书破万卷,事业登峰巅,生意能赚钱,爱情比蜜甜。只有多读书,读好书,万事才能顺心愿。

心理科学研究表明,读书的好处主要有:

1. 可以增强你的大脑功能。读书可以激活大脑的多个区域,提高记忆力、注意力、创造力和逻辑思维能力。读书还可以预防老年痴呆和认知衰退,保持大脑健康和活跃。

2. 提高你的语言表达能力。读书可以让人接触到更多的新词汇、语法和写作技巧,从而丰富语言知识,提高沟通能力。读书还可以帮助你学习其他语言,拓展你的视野,提升文化素养。

3. 增进你的同理心和社交技巧。读书可以让你了解不同的人物、情感和观点,从而培养理解和尊重他人的能力。读书还可以让你结识更多的朋友,分享你的想法和感受,建立更深的人际关系。

4. 降低你的压力和焦虑。读书可以让你暂时忘记烦恼和困扰,沉浸在书中的世界，享受阅读的乐趣。读书还可以让你放松身心，改善睡眠质量，减少抑郁症状，提升幸福感。

5. 读书可以养生养心。

读书如品茗，养心更养性，墨香韵味长，心境自开朗。

书卷多情似故人，晨昏忧乐每相亲，养心莫过读书时。

闲来无事品书香，一卷在手心自安，养心怡情乐无边。

读书能养浩然气，博学可铸高尚魂，心灵得以升华处。

书海无涯勤为舸，养心怡神乐作帆。

6. 延长你的寿命和提高你的生活质量。读书可以让你保持一颗好奇和求知的心，让生活更加有意义和有趣。研究表明，读书可以降低死亡风险，延长平均寿命。

读书只是一种学习的方式，还有很多其他的方式可以让人保持学习的习惯和态度，比如看电影、听音乐、旅行、交友等。关键在于要有开放的心态，不断地探索、发现和进步，让自己的生活更加丰富和有意义。

让我们都热爱读书、快乐读书、终身学习、终身成长吧！

吴龙华

2025 年 3 月 2 日于苏州丽湾耘林生命公寓

目 录

第一辑 人生幸福哲理

1.1 探索幸福的真实内涵
　　——《真实的幸福》晨读感悟 ………………………… 3
1.2 每一刻都是幸福起点
　　——《幸福之路》晨读感悟 …………………………… 5
1.3 解密大脑幸福密码
　　——《大脑幸福密码》晨读感悟 ……………………… 8
1.4 精彩人生的幸福模样
　　——《活出心花怒放的人生》晨读感悟 ……………… 10
1.5 叔本华的幸福人生观
　　——《人生的智慧》晨读感悟 ………………………… 15
1.6 解锁幸福生活的密钥
　　——《幸福的方法》晨读感悟 ………………………… 20
1.7 拥有幸福人生的方法 ………………………………………… 23
1.8 幸福无龄：跨越年龄的幸福感悟 …………………………… 28
1.9 生命六度：旅行归来得出的感悟 …………………………… 29
1.10 《旅行，人生最有价值的投资》一书泛读随笔 …………… 32
1.11 唱歌的好处
　　——《歌唱动力学》晨读感悟 ………………………… 38
1.12 唱歌之我见：聊一聊我的唱歌热情 ………………………… 41
1.13 体育锻炼：高质幸福人生的基础
　　——《锻炼》晨读感悟 ………………………………… 43

第二辑　修养积极心态

2.1　心态决定人生
——复读《心态》之感悟 ·· 53

2.2　心态定长：固定型和成长型之比较 ································ 56

2.3　心态收放：封闭型和开放型之长短 ································ 59

2.4　心态守攻：防御型与进取型之强弱 ································ 62

2.5　心态倾向：内向型与外向型之优劣 ································ 65

2.6　正念之光：读《正念的奇迹》有感 ································ 72

2.7　运动益脑：运动改造大脑之途径
——《运动改造大脑》晨读感悟 ·· 75

2.8　心灵升华：一本汲取心流秘籍的书
——《心流》晨读感悟 ·· 78

2.9　慈悲为怀，离苦得乐
——《次第花开》晨读感悟 ··· 80

2.10　滋养内心，恰如其分地明智孤独
——《恰如其分的孤独》晨读感悟 ···································· 87

2.11　科学自我认知，构建合适自尊体系
——《恰如其分的自尊》晨读感悟 ···································· 90

2.12　以轻松状态面对生活挑战
——《轻松主义》晨读感悟 ··· 94

2.13　找准自己的人生定位，让生命绽放光彩
——《在世界上找到你的位置》晨读感悟 ························· 99

2.14　学会爱和感知爱，走向幸福人生
——《感受爱》晨读感悟 ··· 104

2.15　读《宽恕》，让心灵更自由 ·· 109

第三辑　越过心理障碍

3.1　心灵的自我救赎，突破心牢笼之策
——《越过内心那座山》晨读感悟 ···································· 117

3.2 《越过内心那座山》助您健康成长 ………………………… 119

3.3 晨读《屏幕时代,重塑孩子的自控力》之感悟 …………… 121

3.4 母爱的力量
　　——《原生母爱》晨读感悟 ……………………………… 128

3.5 驾驭自己的注意力,锚定人生新方向
　　——《掌控注意力》晨读感悟 …………………………… 132

3.6 做自己情绪主人,走向快乐的人生
　　——《我的情绪为何总被他人左右》再读感悟 ………… 134

3.7 聪明地生活,执着和完美并非必须
　　——《不执着,叫看破　不完美,是生活》晨读感悟 …… 138

3.8 自我效能,向光而行,自造幸福人生
　　——《自造》晨读感悟 …………………………………… 142

3.9 成熟心智,自律会爱,遇见更好的自己
　　——《少有人走的路》晨读感悟 ………………………… 145

3.10 博采众意,允许质疑,赢得认同支持
　　——《认同》晨读感悟 …………………………………… 149

3.11 收获抗压力智慧,逆境中绽放光芒
　　——读《抗压力》有感 …………………………………… 153

3.12 心灵的轻柔拥抱,疗愈心疾的良方
　　——读《轻疗愈》有感 …………………………………… 155

3.13 《拯救记忆》助您重拾遗忘的片段 ………………………… 158

3.14 《情绪急救》教您摆脱焦躁之困扰 ………………………… 162

3.15 从阴霾到阳光,《我战胜了抑郁症》 ……………………… 165

3.16 晨读《应对焦虑》,穿越焦虑迷雾 ………………………… 169

3.17 自我调整或缓解焦虑可参照的方略
　　——《你好,焦虑分子!》晨读感悟 ……………………… 174

3.18 《走出强迫症》教您从强迫到释然 ………………………… 179

3.19 突破害羞阴影圈,释放真实的自我
　　——《不再害羞》晨读感悟 ……………………………… 182

3.20 《情感勒索》介绍健康的亲密关系 ······ 186
3.21 积极行动除懒散，不受拖延的羁绊
　　——《拖延心理学》晨读感悟 ······ 191
3.22 《修复玻璃心》助您摆脱过敏心理 ······ 194
3.23 高敏感人士的生活法则 ······ 197
3.24 焦虑症面面观：症状、原因与干预
　　——分享《心理医生为什么没有告诉我》 ······ 204
3.25 《欲望的博弈》解说如何用正念控制上瘾 ······ 208
3.26 读书读人和读事，学习修炼领悟力
　　——《怪诞脑科学》晨读感悟 ······ 214
3.27 《减压脑科学》，科学解析减压法 ······ 217
3.28 《减压生活》教会您轻松释放压力 ······ 223
3.29 《无压力社交》教您自在交流 ······ 225
3.30 养成高效睡眠习惯，提升生活品质
　　——《斯坦福高效睡眠法》晨读感悟 ······ 230

第四辑　走向成功之路

4.1 研读《行为设计学》，打造峰值体验环境 ······ 235
4.2 塑造卓越职场习惯，完善自己成功法
　　——《5%职场精英的工作习惯》晨读感悟 ······ 239
4.3 巧用升维思维方式，破解决策之难题
　　——《升维：不确定时代的决策博弈》晨读感悟 ······ 243
4.4 撑起坚韧之帆，全力驶向精进的彼岸
　　——《韧性：不确定时代的精进法则》晨读感悟 ······ 246
4.5 培养《卓越基因》，走企业卓越之路 ······ 249
4.6 《人生的底气》解析人生成功之要素 ······ 252
4.7 解密种种人格密码，领悟人生的智慧
　　——《无处不在的人格》读后感 ······ 254

4.8 点燃希望之火,追求卓越人生
　　　——《成功,动机与目标》晨读感悟 ······ *258*

4.9 提升心智力,享受幸福人生
　　　——《心智力》晨读感悟 ······ *261*

4.10 引领企业有效赋能,助跨越乌卡时代
　　　——《赋能》晨读感悟 ······ *264*

4.11 从能力束缚中解脱,迎接更广阔的世界
　　　——《能力陷阱》晨读感悟 ······ *267*

4.12 积跬步以至千里,路虽远,行则将至
　　　——《微习惯》晨读感悟 ······ *271*

4.13 勿以善小而不为
　　　——《5%的改变》晨读感悟 ······ *273*

4.14 学会运筹时间,让人生更有意义
　　　——《让你的时间更有价值》晨读感悟 ······ *275*

4.15 不要片面追求时间管理,须追求实效
　　　——《反时间管理》晨读感悟 ······ *278*

4.16 人生精力有限,有效管理精力才是真
　　　——《精力管理》晨读感悟 ······ *282*

4.17 把握时机,顺势而为,轻松成就梦想
　　　——《时机管理》晨读感悟 ······ *285*

4.18 机不可失:分享一次错失机遇的感受 ······ *288*

4.19 熟练玩转情商,助您在商海呼风唤雨
　　　——《销售就是要玩转情商》晨读感悟 ······ *290*

4.20 以共情同理之心,共筑和谐人际关系
　　　——《共情的力量》晨读感悟 ······ *293*

4.21 保持正念,身心合一,就会出现奇迹
　　　——《身心合一的奇迹力量》晨读感悟 ······ *298*

4.22 突破临界点,实现人生由量到质的转变
　　　——《临界点》晨读感悟 ······ *301*

4.23 磨练心性，热爱工作，让人生更快乐
　　——《干法》晨读感悟 ··· 305
4.24 懂得如何断舍离，让成功离自己更近
　　——《放弃的艺术》晨读感悟 ·································· 308
4.25 《减法》的智慧，精兵简政、化繁为简 ······················· 311
4.26 《即兴演讲》揭秘提升即兴表达能力 ························· 313
4.27 演讲不仅是一门技巧，更是一场心灵的交流
　　——《高效演讲》晨读感悟 ····································· 317
4.28 培养语言魅力，进行有效关键对话
　　——《关键对话》晨读感悟 ····································· 320
4.29 向上社交艺术，教您结交更优秀的人
　　——《如何结交比你更优秀的人》晨读感悟 ················ 324
4.30 《福格行为模型》揭示习惯决定成败 ·························· 327

第五辑　勇敢面对衰老

5.1 《老去的勇气》：在变老的路上优雅前行 ····················· 333
5.2 《百岁人生》揭示长寿时代的生命智慧 ······················· 335
5.3 《活法》解锁生活智慧，活出精彩人生 ······················· 338
5.4 《长寿的活法》：健康幸福的人生智慧 ······················· 343
5.5 珍惜并拥抱生活，让生命更充实美好
　　——《活好》晨读感悟 ·· 347
5.6 端粒：揭开年轻、健康与长寿的秘密
　　——《端粒：年轻、健康、长寿的新科学》晨读感悟 ····· 350
5.7 关爱老年"心"疗愈，幸福快乐养老
　　——《老年心理健康枕边书》晨读感悟 ······················· 353
5.8 《松弛感》：生活勿紧绷，松弛亦有道 ······················· 358
5.9 寻找老年松弛感，让生活更轻松惬意 ························· 362
5.10 《不被定义的年龄》：活出无龄感人生 ······················ 366
5.11 探寻文化教育对健康长寿的积极作用 ························ 370

5.12 提倡文化养老乐老，促进健康与长寿 ……………………… 376
5.13 终身学习与追求，走上幸福与成功路
　　　——《终身学习》晨读感悟 ……………………………… 381
5.14 《终身成长》：成长是生命的永恒主题 ………………………… 385
5.15 从"心"出发，知行合一，终身成长 …………………………… 389

第六辑　阅读名家经典

6.1 读《孔子：人能弘道》，做仁德之人 ………………………… 397
6.2 读《道德经说什么》，重视积德致胜法则 ……………………… 401
6.3 阳明心学与做人做事之道
　　　——《心学的诞生》晨读感悟之一 …………………………… 405
6.4 学习阳明心学的意义
　　　——《心学的诞生》晨读感悟之二 …………………………… 408
6.5 如何践行阳明心学的精神
　　　——《心学的诞生》晨读感悟之三 …………………………… 409
6.6 了解王阳明传奇的一生，助读阳明心学 ……………………… 411
6.7 《了凡四训》晨读感悟 ………………………………………… 415
6.8 读《围炉夜话》，通晓精辟人生格言 …………………………… 418
6.9 诵读《传习录》，学习阳明心学精要 …………………………… 423
6.10 通读《王阳明哲学》，悟透心学之道 …………………………… 425
6.11 曾国藩大气量，踏实做人，认真做事
　　　——《曾国藩的正面与侧面》晨读感悟 ……………………… 430
6.12 曾国藩职场成事秘籍 …………………………………………… 431
6.13 《荣格心理学入门》给我们的启示（1） ………………………… 433
6.14 《荣格心理学入门》给我们的启示（2） ………………………… 435
6.15 名人名家有关读书的名言及方法 ……………………………… 439

致　谢 ………………………………………………………………… 446
后　记 ………………………………………………………………… 447

第一辑　人生幸福哲理

幸福是一种主观生活状态与生命体验，包括愉快情绪、舒适感、满足与成就感等主观情绪的情感体验，是一种综合的积极心境。幸福有三要素：

一是财富。财富是幸福的条件，它提供了物质保障和稳定的生活来源。没有这个条件，就缺乏安全感和满足感，幸福也就成了无源之水，难有真正的轻松有闲和幸福快乐。

二是情感。情感是幸福的体验，良好的人际关系和积极的情感体验对幸福至关重要。和谐的婚姻、家庭和人际关系直接影响人的幸福感知。除此外，读书、旅游、娱乐、健身和分享也都是获得幸福快乐的秘诀。

三是健康。健康是幸福的基础，没有健康，幸福就成了无本之木，难以生长。健康包括身体上的和心理上的，只有二者都达到平衡，才能让人更好地应对生活中的挑战和压力，从而提升整体的幸福感。

1.1 探索幸福的真实内涵
——《真实的幸福》晨读感悟

这本书的作者是美国著名心理学家、"积极心理学之父"马丁·塞利格曼,其核心观点是:幸福不是来自感官的感受,而是来自建构。感受是一种被动的体验,而建构则是主动的创造,也就是说我们人活一辈子是被幸福牵着鼻子走还是主动追着幸福跑这个选择,很大程度上决定了我们人生是否幸福及其质量。

《真实的幸福》教导我们用积极的情绪去面对人生的一切。相由心生,境由心转。真正的幸福是靠美德和优势来获取的,不只是身体的愉悦感,还有心理的满足感和心灵的升华感。愉悦来自生理,满足来自心理,不断突破自己,扩展自己的知识边界,扩大理解力池子,走出舒适区,"苟日新,日日新,又日新",对世界充满好奇,不断努力奋进。

这本书从狗的实验说到了人的生活,从习得性无助说到了习得性乐观,进而阐述了积极心理学,着重讲了一个幸福公式:H=S+C+V(H=Happiness 幸福持久水平,S=Set Range 幸福范围,C=Circumstances 生活环境,V=Voluntary Control 自主可控变量),即幸福的持久等于幸福的范围加生活环境,加上幸福的变量;同时强调了幸福的变量,对过去要宽恕,对未来做反驳,对当下要把握。

作者还告诉我们：人的满足感来自对幸福因素的把握，而幸福因素则是由 6 种美德和 24 个优势共同组成的。

6 种美德是：智慧和知识、勇气、仁爱、正义、节制、精神愉悦。

24 个优势是：好奇心、热爱学习、判断力、创造性、情商、洞察力、勇敢、毅力、正直、仁慈、爱、公民精神、公平、领导力、自我控制、谨慎、谦虚、美感、感恩、希望、灵性、宽恕、幽默、热忱。

塞利格曼提出了构成幸福的五个要素，那就是积极情绪、全心投入、意义、人际关系和成就感。

我们可用"情投意合，成就幸福"八字口诀来概括这个"幸福五元素"。

"情"，积极情绪是指快乐、感激、兴趣等主观情绪感受；

"投"，全心投入是指个体对自己的生活产生强烈的认同感，并能够进入"心流"的状态；

"意"，意义可以是一种使命感或信念，让人觉得每件事情都有它的意义；

"合"，人际关系是指温暖而持久的亲密关系及和谐的社会关系；

"成就幸福"，成就感是指做喜欢并擅长的事情，以及帮助他人。收获成就，也就得到幸福。

幸福五要素可以缩写为 PERMA。

P＝积极情绪　Positive Emotions

E＝投入　Engagement

R＝人际关系　Relationships

M＝意义　Meaning

A＝成就　Achievements

要将幸福感提升到理想水平，就需要关注这相互交织的五要素的各个组成部分是如何被触发的，并创造最佳条件以追求目标、滋生热情以及培育坚毅的精神。

对于个体来说，其实积极心理学也就这么多内容，感受积极的情绪，融入积极的生活，掌握优势及其带来的积极动力。衷心祝愿朋友们都能努力践行，培育越来越强的积极心态，创造出属于自己的真实的幸福。

2023 年 10 月 14 日

1.2 每一刻都是幸福起点
——《幸福之路》晨读感悟

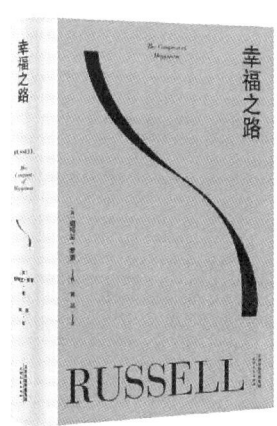

《幸福之路》的作者——伯特兰·罗素是一位具有广泛学术成就的英国著名哲学家和文学家。他是分析哲学的主要创始人之一，并以其在哲学领域的贡献获得了 1950 年的诺贝尔文学奖。

罗素在其作品中探讨了幸福的本质、原因及其获取方法，而《幸福之路》（*The Conquest of Happiness*）正是他对这些主题的阐述。这本书以通俗易懂的语言讲解了他对幸福的看法，强调幸福并非遥不可及，而是可以通过个人的努力和对生活的深刻理解来实现。

罗素认为，幸福并不依赖于复杂的哲学理论，而是可以从日常生活中寻找和培养。因此，《幸福之路》不仅是一本哲学论述集，也是一本指导读者如何实现幸福的实用手册。

这本写在近 100 年前的书，却涵盖了我们当代人依然会遇到的棘手难题，如怎样避免"看破红尘"带来的空虚和无趣？不如意的时候，如何快速恢复元气？什么样的人容易被人嫉妒？做什么样的工作可以使我们幸福感最大化？在这本书中，都可以找到答案。

以下书中的精华片段，供书友们参考、分享：

（1）被罪恶感折磨的人其实是被一种特殊的自我爱恋折磨，他以为这个无垠宇宙中最重要的事情是他的美德。

（2）尽管自恋者和自大者可能会用错误的方式去找寻幸福，但他们都相信人是能够幸福的，而那些寻求麻醉的人，无论采取哪种形式，都是只想遗忘，而放弃了希望。

（3）很多情况是不必要的胆怯让问题变得不必要的严重。舆论对会害怕它的人总比对满不在乎它的人要暴虐得多。

（4）许多自身不幸福的人认为，他们的忧郁有着复杂而高级的智慧缘由。

（5）人生没有过不去的坎，似乎要终结幸福的困扰会随着时间流逝而消退，直到我们已想不起当时的心酸。

（6）人世间悲喜交加、光怪陆离，对此情此景无动于衷，是放弃了生活赋予每个人的特权。

（7）灵魂伟大的人心胸开阔，任由宇宙之风自由激荡。某种意义上，一个人能看到多大的世界，他的自我就有多大。

（8）爱的本质是什么？罗素说："爱的本质是寻找安全的港湾。"安全的港湾是指心灵上可以寄托的地方。

（9）职场不如意、工作不如意，这给你带来的不幸福感会成比例地压过家庭带给你的不幸福感。所以，在选工作时一定要留心，所选工作一定要让你的技巧和能力有发挥的空间。

（10）幸福不是命运的恩赐，而是努力的成就。幸福是有章可循的。

生活中，我们总会在不经意间因为"向外寻找幸福""从外部获得喜悦""获得外在认同"却"求而不得"，或者"达不到要求"而感到累和烦；我们也总会在无意中因为周围人的眼光、别人的评价、社会舆论的压力、过度的担忧而怕这怕那；我们还总会有意无意地陷入攀比的漩涡中。正如书中分析的那样，人们不幸福的原因主要是：

（1）累：特别是精神的累。

（2）烦："庸人自扰"、心烦意乱。

（3）怕：不被理解和信任；干不好挨批；能力不够；违心待人、接物、做事。

（4）比：攀比与竞争常常给人带来不快，羡慕、嫉妒、恨又因此而来。

是的，就是这些"累""烦""怕""比"让我们紧张焦虑、身心疲惫，体验不到幸福。

其实，幸福的简单方法就是：除了少一点自我中心主义，少一点劳累，少一点烦恼，少一点惧怕，和少一点攀比以外，更重要的是要培养对于生活的各种各样的兴致；要善于和生活中不重要的事说拜拜；做适合自己的心仪工作可令人幸福感满满。

我觉得《幸福之路》关于如何幸福起来的一些论述，对我们很有启发：

（1）幸福从来都是向内获取的，我们应该追求和谐，让自己的内心本就富足。

（2）遵照自己的本心，真实地出于自己本心去行动而不是去迎合。

（3）不要高估自己，也别对他人期望过多，更不要以自我为中心。

（4）不要费力去找别人的缺点，以免找不自在。

（5）要善待自己，对自己好一点。

（6）寻找能引发乐趣的兴致，认真仔细看世界，世界上有很多细节是特别有趣和有意义的。

总而言之，要想让自己变得幸福，我们就要：

（1）让生活变得有趣，保持好奇心，并要知足常乐。

（2）不能过度纵欲享受，而要不断探索新知识，找到并培养多种兴趣。

（3）可以持续冥想，清空内心垃圾情绪，保持积极心态。

（4）不要一直盯着自己看，要多看看周围的人和事，用欣赏的眼光，看世界万事万物。

（5）保持微笑，内心的烦恼和愤怒就少了许多。

（6）不要关注太多的人和事，要一切向内求，每日要反思。

（7）保持中立，中庸之道是需要一辈子追求和学习的。

（8）保持终身学习、终身成长的积极心态。

（9）从工作和生活中找到热爱的事情，并发挥自己的优势去从事。

（10）学会在工作中找到快乐，感受心流体验。

晨读《幸福之路》后,我感叹罗素丰富的人生经历,也被他高屋建瓴地审视人生幸福问题所震撼!他对于人生幸福的智慧洞见,是常人所不及的。

我们可以循着他的《幸福之路》去探索自己的人生之路。我在此祝愿朋友们永远行走在自己的幸福之路上!

2024年1月7日晨

1.3 解密大脑幸福密码
——《大脑幸福密码》晨读感悟

本书作者是美里克·汉森,美国神经心理学家,现任加州大学伯克利分校高级研究员。

本书以生活中的现象,分析了我们会对坏事念念不忘的原因:我们的大脑在进化过程中产生了一种消极偏见,它时刻留意着潜在的危险或损失。因此,我们会对各种消极的事物更加敏感,并且容易产生恐惧、焦虑、沮丧和失望等负面情绪,从而感到不幸福。

根据书中分析,面对挑战,我们能否获胜,基本取决于3件事:第一,挑战的强度;第二,你的脆弱性;第三,你的应对能力。我们大脑对外来挑战一般有3种应对方式:第一,let be,顺应;第二,let go,放手;第三,let in，接受。（详细内容参见本书介绍）

本书的核心观点是告诉我们怎样学会 let in（接受），从而让我们的大脑回路产生不一样的感觉，重新创建神经回路。神经领域的达尔文主义有个原则叫作"忙者生存"，它告诉我们：大脑经常使用，神经元连接会变得很发达。另外，"体验依赖型神经可塑性"和"自我导向型神经可塑性"这两个名词值得关注。"坏比好强大"是大脑活动的一个特征，即我们的大脑对坏事易记，对好事易忘。

杏仁核有个"雪球反应"，大脑会分泌很多压力激素，如皮质醇，流到海马体里，就会杀死负责学习、记忆的神经细胞，从而导致记忆力下降，不愿接受新事物，产生一连串的负性效果。若能将杏仁核变成进取型的杏仁核，我们就会对机会更加敏感；如果能让我们的杏仁核感受到多巴胺的分泌（如听到一个新机会等），我们可能就会变得更加进取，此时杏仁核能给我们带来动力。

改变杏仁核的方法，需要延长多巴胺对杏仁体的输入时长。比如遇高兴事，觉得开心，就分泌了多巴胺。这需要我们进行刻意训练。

作者告诉我们：人头脑中有一个"绿色大脑"和一个"红色大脑"，还有 3 个操作系统以满足人的 3 种需求，即安全需求、满足感、关联感，这 3 种需求分别对应 3 种感受，即避免伤害、寻求回报和亲附他人（见书中举例）。

书中还提到，我们的头脑中有两种记忆，即显性记忆和隐性记忆。隐性记忆会带来消极偏差，"一朝被蛇咬，十年怕井绳"，消极体验就像"维可牢"（粘扣），只要一次就粘住了。积极体验就像"特氟龙"（不粘锅底涂料），容易滑掉。大脑天生就有这么个"坏比好强大"的机制，让我们感到快乐和幸福的体验都是短暂的，而挫折和灾难等负性体验则久久挥之不去（粘得很牢）。

书中详述了内化积极体验的四部曲——HEAL（痊愈），即 Have（拥有），Enrich（丰富），Absorb（吸收），Link（联系）。这四个英文单词的首字母合成 HEAL。首先，要拥有一个美好体验；其次，要丰富它；第三，吸收并融为一体；最后，连接。完成上述四步，接着习惯成自然，这是追求的目标。总之，"内化积极体验并不是追逐愉悦或驱赶痛苦，而是为了结束这种追逐或驱赶"。

本书给我的启示是：脑科学告诉我们，大脑是有可塑性的，是可以被改变的！如果我们采取 HEAL 四步法，通过不断内化生活中的积极体验，我们的大脑就会被塑造成坚定有力、积极乐观的大脑，从而收获平静、自信和满足的人生。只有这样，我们所期盼和追求的"长久快乐"和"永远幸福"的梦想，才能在体验天天快乐和累积强化过程中有可能得以实现。所以，我们千万不要小觑日常生活中的点滴快乐，莫以小乐而不为，累积天天小乐，就可有来日大乐！

事实上，影响人幸福快乐的因素很多，本书从一个方面科学地揭示了产生幸福感的神经心理学机制，值得我们认真研读、深度了解，尤其是我们心理学工作者和心理咨询师同仁们。只有弄懂机理，我们才能更好地提升自己的幸福指数，并科学地为构建幸福社会尽心尽责服务。

2024 年 1 月 12 日晨

1.4 精彩人生的幸福模样
——《活出心花怒放的人生》晨读感悟

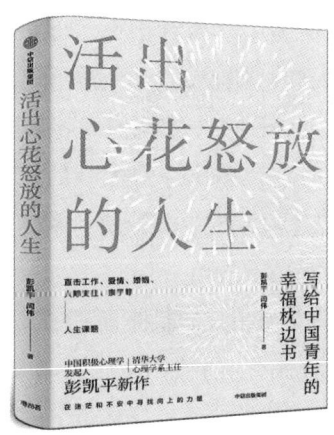

本书作者是彭凯平，清华大学心理学系的主任、教授、博士生导师。

1983 年毕业于北京大学心理学系后留校任教，并在 1997 年获得美国密歇根大学心理学博士学位。曾担任清华大学社会科学学院院长。

他研究的主要领域包括积极心理学，专注于帮助人们改变对幸福的看法，使他们过上心花怒放的幸福生活。这本书是彭凯平教授从自己多年的研究成果中选取出的精华内容，他结合 20 余年的心理学研究实践，对比了中西方文化看待幸福的差异性，重新解读了幸福。彭教授认为："幸福不是一个结果，而是一个过程。"

在这个过程中，我们要学会将生活中发生的各种事件转化为正向资源；学会从各种经历中发现积极意义；要有开放的心态，去接纳别人和自己；要有开放思维，不固执己见；要学会爱自己并被爱。

在这些过程中，我们可以找到属于自己的幸福时光。在他看来，幸福不是简单的生理满足，也不依附于攀比和财富，幸福是一种有意义的快乐，而这种意义来自工作、爱情、婚姻、人际交往、亲子等人生课题中的创造与收获。

一、幸福的六大谜题

作者在书中用理性思辨的语言、丰富且接地气的实验案例，揭开了关于幸福的六大谜题。

（1）幸福的陷阱：驱除心灵雾霾。这部分探讨了影响人们幸福感的一些负面因素，如不正确的比较、对金钱的态度以及忘记打开的幸福开关等，这些"陷阱"会打乱人们对幸福的感受，需要通过调整心态和行为来消除这些"陷阱"，从而提升幸福感。

（2）积极的力量：拯救"不开心"。这部分强调了积极的情绪和态度对幸福感的重要性，通过培养乐观的心态和调整情绪，人们可以更好地应对生活中的挑战和困难，保持心理健康。

（3）职场幸福：如何过有效率的人生。这部分讨论了在职场中如何找到工作的意义和价值，以及如何通过高效的工作方式来提升个人满意度和生活质量。

（4）人际心理：如何成为受欢迎的人。这部分关注人际关系对幸福感的影响，提供了建立和维护良好人际关系的策略，强调了社交支持网络对心理健康和幸福感的重要性。

（5）寻找真爱：生活不是偶像剧。这部分探讨了爱情和伴侣关系在人们生活中的角色，以及如何在实际生活中找到满意和持久的爱情关系。

（6）积极养育：为孩子注入王者基因。这部分专注于家庭教育，提出了积极的育儿方法和态度，旨在培养孩子的独立性和自信心，为他们未来的幸福生活打下坚实的基础。

二、年轻人心花怒放心态的意义

"心花怒放"是一种什么心情？心花怒放，形容心情愉悦、非常高兴。它可以用来形容一个人在达到目标、完成项目或获得成功时的满足和欣慰。

这种情境通常伴随着自豪和自信的情绪以及平静的放松状态。它可以用来形容一个人在经历新的、有趣的或令人兴奋的体验时所感到的愉悦和兴奋，也可以是在旅行、尝试新事物或参加派对等活动中的感受……在我看来，心花怒放不仅是一种积极心态，更是一种满足的生活态度。对于年轻人而言，心花怒放则是一种积极向上、自信自强的心态。

首先，心花怒放可以激发年轻人的学习和工作热情。在学习和工作中，我们会遇到一些难题和困难，如果心态不好，就会感到沮丧和无力。相反，如果我们拥有积极心态、心花怒放，就会产生增力情绪，就会更加自信，更有动力去克服困难。

其次，心花怒放可以让年轻人更加积极求进、乐观向上。生活中，不如意事常八九。如果我们对生活充满希望，就会更加乐观向上、积极主动，就会看到更多的机会和可能。"心若向阳，不怕没有光明。"只有让心中的花儿开得灿烂，才能看到生活的美好和丰富多彩。

最后，心花怒放可以让年轻人在竞争中脱颖而出。当今社会，竞争无处不在。如果墨守成规，固步自封，我们就很难在激烈的竞争中脱颖而出。而如果我们心花怒放，保持一种积极向上的心态，就会更有勇气和动力尝试新的事物，开拓新的领域，从而在竞争中占有一席之地。

总之，心花怒放是一种积极向上、自信自强的心态，是我们在学习、工作和生活中应该拥有的态度。只有让自己心中的花儿开得灿烂，才能更加自信、乐观、勇敢地走出一条充满希望和可能的路，才能拥有美好未来！

三、老年人如何活出心花怒放的人生

心花怒放这种积极心态并非只是年轻人的专利，老年人也可以通过保持年轻心态、发展兴趣爱好、积极参与社交活动、学会拒绝不良影响、适当身体锻炼以及保持良好心态等多种方法实现心花怒放。

（1）保持年轻心态：可以通过与年轻人交往、与儿孙嬉闹玩耍、回忆童年等方式，保持对生活的追求、憧憬和向往，拥有无龄感，让自己感觉不到老。

（2）发展兴趣爱好：如摄影、绘画、书法、游览观光、著书立说等，不仅可以发挥余热为社会服务，获得被需要感，也有益于身心健康，延年益寿。

（3）参与社交活动：要多参与社区组织的活动或比赛等，分享生活经验，提高社交能力，有助于走出孤独、融入社会。

（4）拒绝不良影响：学会说"No"，拒绝不好的人与事，卸下精神包袱，潇洒自在地活着。

（5）适当身体锻炼：根据自己的身体状况和环境，进行适当锻炼，获得精神上的放松与情绪上的调节，达到愉悦身心的作用。

（6）保持良好心态：面对生活中的不如意，要想开、看开、放开，不纠结，不与自己过不去。老年人同样可以活出心花怒放的人生，享受晚年生活的快乐与满足。

四、开启积极人生模式

通过阅读这本书，我们还可以收获许多积极心理学方面的有关知识。

（1）从各种生活经历中发现积极意义；

（2）把生活中的各事件转化为正向资源；

（3）用开放的心态去接纳别人和自己；

（4）在生活中努力学会爱自己和被爱。

书中还提出了应对挫折的"五施理论"，包括言施（积极地表达和交流）、身施（用触摸和运动激活身体）、眼施（用眼睛发现生活的美好）、颜施（经常微笑）、心施（培养内心的感受力）。这些策略旨在帮助我们驱除心灵雾霾，拯救"不开心"，提高生活情趣和效率，让自己成为受欢迎的人。

通过运用上述方法开启积极人生模式，我们可以学会如何有效地管控自己的情绪，从而在生活中实现更多的快乐和满足。另外，书中特别强调了积极行动、知行合一的重要性。彭教授认为，行动治愈心灵，环境影响态度。

通过日常的积极行动，人们可以忘记不良情绪，保持激情和动力，不断追求自己的目标。这种积极的生活态度不仅能帮助人们克服恐惧和焦虑，还能带来美好的心情和成功的人生。

其实，人生就是一场旅行，无论何时何地都要牢记：对生活多一些热爱，对他人多一些宽容，保持一颗"不以物喜，不以己悲"的心去拥抱生活、拥抱这个世界。当我们去追寻幸福的时候，要多关注过程，少关注结果，用积极的心态去面对生活，我们就会发现，心花怒放的人生就在自己眼前。

这本书通过对上述谜题和积极人生的探讨，帮助我们重新审视自我，寻找和创造一个更有意义和幸福的生活。我觉得这确是一本积极心理学在生活当中的应用手册，也是一本指导人生幸福的实用好书。它不仅值得年轻人好好读读，同时对老年人优化人生、快乐康养也很有启示作用。

2024 年 7 月 19 日晨

1.5 叔本华的幸福人生观
——《人生的智慧》晨读感悟

本书作者是德国著名哲学家阿图尔·叔本华，也是唯意志论的创始人和主要代表人物之一。1809 年入哥廷根大学学医，后改学哲学。1814 年获哲学博士学位；1822 年被聘为柏林大学哲学副教授；其代表作品有《作为意志和表象的世界》。《人生的智慧》是一本启发人生智慧的著作，是他对人生幸福真知灼见的集萃，是一部充满哲理的人生幸福学。

它展示了如何尽量称心愉快地度过一生的艺术。书中阐述的一个新思想就是幸福的根源实际上在于自身，而不在于外物。所以只要把自己变得快乐了，那么很多事情就好办了。

一、幸福首先来自身体健康

叔本华在强调人自身快乐来源的时候，非常强调的第一个因素就是身体健康。当然，这不是说一个人健康就一定快乐了，但是如果真的很不健康的话，他要快乐起来还真的是非常难！所以，健康是一切的基础。

对于人的幸福快乐而言，主体远远比客体来得重要，尤其是人的身心健康远远地压倒了一切外在的好处。甚至一个健康的乞丐也比一个染病的君王幸运。

一个健康、良好的体魄及其带来的宁静和愉快的脾性，以及活跃、清晰、深刻、能够正确无误地把握事物的理解力，还有温和、节制有度的意欲及由此产生的清白良心——所有这些好处都是财富、地位所不能代替的。

然而在当今日常生活中，我们遇到不少人为了金钱，为了晋升，为了名声，为了肉欲，为了一些稍纵即逝的欢娱而献出了自己的健康，搞坏了自己的身体，这太不值得了。身体是1，其他都是0；身体垮了，1后面的0再多又有什么意义？

叔本华强调的这一点，有点像中国古人老子说的"道法自然"。不要忘记了你有再多的钱，你的物理身体的局限和打工仔差不多，所以要善待自己的身体，注意节省自己的生命力。

书中也谈到了健康休闲法。叔本华把这个健康休闲看成是三个层面上的事情，它们的发挥和活动构成了人的三类快乐源泉：

第一，休闲是为了机体新陈代谢能力的维持而进行的各种活动。首先要有美食，吃喝拉撒睡正常，促进新陈代谢，这当然能够使得我们身体健康、心情愉快。

第二，要进行身体锻炼。要做各种各样的身体游戏，如步行、跳跃、击剑、骑马、舞蹈、狩猎、旅游等，塑造使人快乐的良好身体条件这个物质基础。

第三，施展感官能力方面的乐趣。这个感官能力并不仅仅是指那种低级感官，也包括我们整个身心感受，如观察、感知、阅读、思考、写作、发明、唱歌、演奏音乐等。

叔本华认为第三类的休闲娱乐，要比前两类的层次更高。但他承认，这三者之间相互关联、相辅相成，构成一种金字塔式的关系。比如你饭都没有吃饱，第一类没有满足，后面的第二、第三类，就想也别想了。这观点与人本主义心理学家马斯洛的需要层次论有异曲同工之妙。

二、追求内在幸福重于外在物质财富

叔本华认为，人生短暂而有限，我们应当更加注重追求内在的幸福和非物质财富。他特别强调对于那些有丰富精神需求的人来说，闲暇可能是一件非常快乐的事情。

闲暇就意味着他们应该有充足的时间来做自己喜欢做的事情。同时，他认为世界观要比具体财富更重要，世界观才是聚宝盆。

叔本华强调，一个人的自身性格、意愿和观念才是决定其命运的关键因素。他认为，一个人所能得到的属于他的快乐，从一开始就已经由这个人的个性决定了。

一个人精神能力的范围尤其决定性地限定了他领略高级快乐的能力。亚里士多德曾说过："幸福属于那些能够自得其乐的人。"他还说："人的幸福全在于无拘束地施展人的突出才能。"斯托拜阿斯（逍遥派伦理学的代表人物）也说："幸福就是发挥、应用我们的技巧，并取得期待的结果。""如果天赋才智能自由地施展，那么在施展的时候，这个人是最幸福的人。"

古籍《吕氏春秋·察今》提到的"忧者见之则忧，喜者见之则喜"，强调的就是人的个性差异导致情绪主观体验的不同。这句话表达的是，对于同一事物或情境，由于个人主观情绪状态的不同，就会产生截然不同的感受和理解。

具体来说，心情忧郁的人看到事物往往会联想到消极、悲观的方面，因此感到忧愁；而心情愉悦的人则更容易看到事物积极、乐观的一面，从而感到喜悦。"谁经常笑，谁就是幸福的；谁经常哭，谁就是痛苦不幸的。""积极的人像太阳，走到哪里哪里亮；消极的人像月亮，初一十五不一样。"这种情绪体验的主观性同人的个性倾向性、个性心理特征和自我意识密切相关。"一个人的愉快气质能够取代一切别的内在素质。"所以，塑造健康快乐积极的个性对获得幸福人生尤为重要。

在日常生活中，我们也能看到：一个精神丰富的人在独处的时候，沉浸于自己的精神世界，自得其乐；而一个冥顽不灵的人，即使接连不断地聚会、看戏、出游、消遣都无法驱走那折磨人的无聊。一个善良、温和、节制的人在困境中不失其乐；而贪婪、妒忌、卑劣的人尽管坐拥万千财富都难以心满意足。

书中说："如果一个人能够享有自己卓越的、与众不同的精神个性所带来的乐趣，那么，普通大众所追求的大部分乐趣对于他来说，都是纯属多余的，甚至是一种烦恼和累赘。"

在叔本华看来，幸福源自人的内在，人的自身比起财产和他人对自己的看法具有压倒性的优势。他说："为了外在的荣耀、地位、头衔和名声而部分或全部地奉献出自己的内在安宁、闲暇和独立——这是极度的愚蠢行为。""能够拥有了优越、丰富的个性，尤其是深邃的精神思想，无疑就是在地球上得到的最大幸运。"

因此，注重保持身体健康和塑造良好个性及发挥个人自身才能远比全力投入获得财富更为明智。所以，人的内在拥有对于人的幸福才是最关键的。无论在任何年龄阶段，一个人的自身拥有都是真正的和唯一持久的幸福源泉。

三、《人生的智慧》中蕴含积极心理学思想

本书作者除了强调身体健康和人格个性在幸福人生中的重要性外，还强调了人的心态的重要性。他认为拥有积极健康的心态是获得人生智慧的关键。这一点让我深有感触，因为心态确实决定了一个人的行为和决策，进而影响整个人生的幸福状态。

积极心理学是一门研究人类积极品质和力量的科学。它关注的是如何让人们更加幸福、更加健康、更加成功。积极心理学认为，人类的本性是善良的，我们都有一些积极的品质，如勇气、乐观、爱、希望、快乐、自信、创造力等。这些品质可以帮助我们更好地应对生活中的挑战和困难。乐观心态就是这些品质的表现形式之一。

乐观是一种积极心态，它可以帮助我们沉着应对各种挑战，提高自我价值感和幸福感。当代积极心理学研究表明乐观心态主要有以下好处：

（1）增强应对困难的能力：乐观心态使我们更有勇气和耐心去面对生活

中的各种挑战。相比之下，消极悲观的心态会使我们陷入情绪低落的深渊，无法积极解决问题。

（2）提高身心健康：积极的心态有助于降低压力水平，改善睡眠质量，增强免疫系统功能。相反，消极心态可能导致焦虑、抑郁等健康问题。

（3）促进人际关系：乐观积极的人对待他人和事物更加宽容和包容。这一心态有助于建立和谐的人际关系，并提高合作和沟通能力。

（4）增强自信心：乐观积极的人更容易相信自己的能力和价值，更有可能追求自己的梦想，并取得成功。相反，消极心态会导致自我怀疑和懈怠不前。

总之，乐观心态是我们生活中非常重要的力量。它可以让我们的生活更加美好、更有意义。因此，我们应该更多地关注它们，学习如何培养积极的心理品质和乐观的心态。

通过复读叔本华的《人生的智慧》，我深深地感受到了作者的思想魅力。这本书一点也没过时，是一本启发人生智慧、充满哲理的杰作。作者以其独特的见解和深刻的思考，从不同角度揭示了人生的智慧，给予我们颇多有益的人生启示，值得深入研读！

2024 年 7 月 27 日晨

1.6　解锁幸福生活的密钥
——《幸福的方法》晨读感悟

本书作者泰勒·本·沙哈尔博士，是哈佛大学最受欢迎的"人生导师"。他所开设的"积极心理学"和"领袖心理学"在哈佛学生推选的最受欢迎课程中排名第一和第三。

同时，他还受聘为多家著名跨国公司的心理咨询师和培训师，他的课程具有实用性和可操作性，被众多企业家和高管誉为"摸得着的幸福"。

一、幸福的真正含义

首先，这本书通过融合心理学、经济学、哲学等多个领域的知识，从跨学科角度阐述了幸福的含义与价值。作者在书中提出："幸福并非只是感觉良好或逃避痛苦，而是一种可以衡量与实现的人生状态。"

其次，作者以丰富的心理学知识和亲身经历为基础，将幸福的定义和追求过程阐述得淋漓尽致。他强调，幸福并不是依靠不断积累物质财富或满足欲望来获得，而是源于对自身内在价值和目标的认知与追求。

作者认为：幸福的能力是一种感知力，幸福是对幸福（快乐）的感知力。所谓对幸福的感知力，就是我们追求未来幸福的同时，也不放弃当下的幸福。

更幸福不是来自你挣了更多的钱，也不来自你的社会地位得到了更高的提升，甚至不来自你的身体变得更健康，这些未必能够给你带来真正的幸福。真正的幸福的来源是在于你在追求这些东西的同时，你还能随时感受到快乐。

所以，对于幸福的标准，沙哈尔博士认为有两点：一是快乐；二是意义。只有两者兼顾，才是真正的幸福。

因此，人生最重要的事是锻炼自己感知幸福的能力，让自己尽可能多地感受到幸福、快乐。当你能锻炼出自己幸福的能力时，你才会变得更加幸福。

二、"幸福的四象限"说

作者还介绍了"幸福的四象限"，即现在幸福、现在不幸、未来幸福、未来不幸。同时阐述了相应的四种人生模式，它们是人在成长过程中形成的，作者形象地把它们比喻为四种汉堡。

第一种素食汉堡：未来主义型人生（也叫忙碌奔波型）。这些人总是把希望寄托于未来，认为现在咬牙努力，过痛苦生活，就是为了实现某一目标，等到实现这一目标后，就会幸福了。

第二种最差汉堡：虚无主义型人生（也叫习得无助型）。这些人现在感觉不到幸福，还固执地认为未来怎么努力都不会幸福，终日沉浸在难以自拔的过去。他们的人生像是走入黑暗隧道，永远看不到前方有产生乐趣的可能。

第三种垃圾汉堡：享乐主义型人生（也叫及时行乐型）。这些人只顾眼前享乐，奶茶、汉堡、耍手机、熬夜狂欢……只要现在幸福，不管未来，得过且过，典型的"今朝有酒今朝醉"的状态。

第四种理想汉堡：幸福主义型人生（也叫感悟幸福型）。这些人是最明智的，既能为未来努力，也懂得享受当下。他们是现在和未来的主人，能平衡好现在和未来的利益，处理好过程与结果的关系，既能享受当下所从事的事情，又能通过正确的行为获得更加满意的未来。

一般情况下，我们很难将自己归入上述哪一种模式，很多时候都是从这种状态切换到另一种状态。但是，我们应该追求的肯定是第四种状态。只有感悟幸福型模式，才能真正让人感受到长久的幸福和快乐。

三、四种人生模式的问题及改变

（1）"未来主义型"（素食汉堡）的人信奉的是"到达谬论"。他们把幸福寄托于未来，坚信目标实现后的放松和兴奋即是幸福。因此，他们不停地从一个目标奔向另一个目标。它可以被称作"幸福的假象"。"未来主义型"错误地认为，只有结果（成功）本身可以为他们带来快乐，而感觉不到过程的重要性。

（2）"虚无主义型"（最差汉堡）本身就是一种谬论。他们对现状和未来完全误读，认为无论自己做什么都无法得到幸福，无论是现在的幸福还是未来的幸福。他们最可怜，因为他们连暂时的快乐都感受不到。"虚无主义型"同时放弃了过程和结果，他们充满了习得性无助感，对生活已经麻木了。

（3）"享乐主义型"（垃圾汉堡）的问题在于"快感至上"，认为只要不断地享受短暂的快乐，就可以得到幸福。但生活不是每时每刻都能欢天喜地，美酒佳肴，吃多了也会难受，还会影响未来的健康。及时行乐，快乐是暂时的，不可能获得永久的幸福。"享乐主义型"的错误观念在于，只有过程是重要的。

（4）"幸福主义型"（理想汉堡），他们最大的优点是能平衡好现在和未来的利益，不但能够享受当下所做的事情和生活带来的快乐，而且能通过目前的行为，努力去创造更加满意的未来。他们所做的一切既为当下，又为未来。所以，他们是现在幸福、未来也幸福的人。

通过以上四种人生模式的问题分析，我们不难看出："享乐主义型"是现在的奴隶，"未来主义型"是未来的奴隶，而"虚无主义型"则是现在和未来的双重奴隶，只有"幸福主义型"才是我们幸福人生的真正主人。

从"享乐主义型"转变成"幸福主义型"，不需要减少快乐，而是要学会去适当地享乐而不是无止境地放纵，并学会规划未来。从"未来主义型"转变为"幸福主义型"，并不代表做得更少或是热忱减少，它的意义在于将那些对现在和未来都有益处的事情做得更好。从"虚无主义型"转变成"幸福主义型",则需要彻底地改变观念,树立信心,重新开启对人生的希望,从做对现在与未来都有害的事情转向做对现在和未来都有益的事情。

真正幸福的人不会接受"无苦,无获"的观点,因为他们不仅享受着所做的一切,也在向着目标而努力。这样,他们就会取得更大的成就,获得更大、更久的幸福。

然而,已形成的人生模式改变起来也确实不易,打破旧的习惯比我们预想的要困难得多。但是,要想获得更加幸福的人生,我们必须做出改变,更新理念,建立良好的习惯并严格要求自己。(有关如何获得幸福的方法问题请见下篇)

2024 年 8 月 16 日晨

1.7　拥有幸福人生的方法

一、一项有关幸福的研究

哈佛大学有一个对幸福长达 80 多年的研究(人到底为什么幸福,哪些因素决定了人的幸福,哪些因素导致人的抑郁),得出一个非常重要的"幸福井"(最幸福的人被称为"幸福井")结论:跟我们幸福有着密切关系主要是以下七件事:

第一,不吸烟或早点戒烟,对你的幸福是有影响的。

第二,尽量减少喝酒,喝酒多的人更易得抑郁症。

第三,避免过于肥胖,保持健康体重。

第四,不要久坐不动,养成运动习惯。

第五,要能直面问题,客观评估问题,有针对性地解决问题。

第六,坚持读书学习,接受更多的教育。

第七，稳定人际关系，特别是要有爱。

该研究项目主持人认为在上述七件事中，爱是最重要的。他认为人际关系决定我们的幸福程度。

作者说爱至少可以分成两种，一种叫浪漫之爱，一种叫友谊之爱。我们跟配偶、家人的关系，男女朋友之间的关系，这个肯定叫作浪漫之爱。但是除此之外，我们依然需要获得友谊之爱。友谊之爱在人生的各个时期，都能够给你带来巨大的支持。关键是要找到一个可以和你同频共振一起成长的人，一个无论遇到什么困难都可以依靠的人。

二、提升幸福的一些方法

幸福是一种感知的能力，它是可以通过方法锻炼并提升的。在《幸福的方法》一书中，作者沙哈尔博士给出了很多建议：

1. 养好习惯，充分感受日常生活中的幸福

例如，面带微笑，会让你心情愉悦；享受独处，会让你内心安然；睡眠充足，会让你精力充沛；定期旅行，会让你兴奋激动；与朋友交流，会让你清空烦恼；坚持运动，会让你拥有健康体魄；坚持阅读，会让你精神得到洗礼；等等。循序渐进地培养这些好习惯，好好享受生活，用心感受，你便能够拥抱幸福！

2. 学会感恩，经常回味幸福的美好瞬间

当一个人对拥有的东西习以为常，没有感激之情，而是用有限的生命去追逐无限的欲望时，就失去了感知幸福的能力。所以，常怀感恩之心，可以让我们的幸福感大大提升。沙哈尔博士建议每天至少写五件让自己感恩的人、事、物，并在记录的同时，回味这种幸福的感受。每天坚持这样做，你会发现，幸福就在身边，触手可及，你的幸福感知能力也会大幅提升。更重要的是，这些美好的幸福瞬间，会填满你的人生，让你的内心充满温暖。

3. 及时反馈，在工作和学习中享受幸福

事实证明：人生需要适当的挑战和激励才能进步。人若不工作，就没有方向、没有动力，无所事事是痛苦的。而工作在给予报酬的同时，不仅锻炼

了我们的能力，还实现了自身的价值。

关于这一点，马斯洛需要层次论说得很清楚了。在日常生活中，当你经过一段时间的努力，解决了一个问题，做好了一项工作，那你就会感到很快乐，你的能力也就升级了。因此，在工作中打开幸福的方式就是：用心感受工作的充实，事情进展顺利时，及时夸夸自己。当事情进展不顺利时，就告诉自己，别气馁，正好借此机会，磨炼一下心性。用这样的心态学习和工作，你会发现学习和工作也是一种幸福！

4. 积极乐观，在挫折中发掘幸福和快乐

人生不如意事常有八九。遭遇挫折、失败是不可避免的。即使在最糟糕的环境中，我们依然可以选择以乐观的心态去寻找幸福、感受幸福，让生命更有意义。

世界心理学大师维克多·弗兰克尔，二战时期被纳粹关进奥斯威辛集中营整整三年。在这三年里，他几乎每天都游走在死亡边缘，遭受着肉体与精神双重折磨。即便如此，他仍旧坦然面对苦难，坚强地活着，终于等到了被解救的日子。逃离集中营后，他把自身此番经历写成了《活出生命的意义》一书。

书中最有力量的一段话是："人所拥有的任何东西，都可以被剥夺，唯独人性最后的自由，也就是在任何境遇中选择自己的态度和生活方式的自由，不能被剥夺。人生的智慧，就是在任何境地，都有找到幸福的能力！"

5. 极致利他，在给予中体会幸福和快乐

得到是一种幸福，给予也是一种幸福。稻盛和夫说："以利他之心度人生，能增强人的成就感和幸福感，最终也会回报自己。"

生活中，如果能在能力范围之内帮助别人，你的内心也会因为自身的价值而充满喜悦。人活于世，若是处处计较，步步算计，半点好处也不愿分给别人，那么自己也不会走得长远。"财聚人散，财散人聚"，也说明了利他主义的人生哲理的重要性。

可见，唯有极致的利他，才是最好的利己，从而才能得到和美的人际关系和长久美满的幸福快乐。

三、获得幸福的注意事项

积极心理学研究表明，要想获得长久的美满幸福需要注意以下几点：

(1) 明确的人生目标：拥有明确的人生目标和事业规划，能够给人带来持续的动力和满足感。

(2) 健康的生活方式：保持健康的饮食习惯和生活方式，有助于提升生活质量和幸福感。

(3) 积极的生活态度：保持积极的心态，笑对生活，能够带来更多的快乐和满足感。

(4) 怀有感恩的心态：心怀感恩，胸有大爱，感激他人的帮助，能够增强幸福感。

(5) 有效的情绪管理：善于有效掌控情绪、减缓精神压力、化解紧张焦虑是幸福的关键。

(6) 自我成长的心态：不断学习新知识、新技能，终身学习、终身成长，可以带来成就感和幸福感。

(7) 良好的人际关系：与家人和朋友保持联系，获得社会支持，有助于增进心理健康和幸福感。

(8) 有被需要的感觉：感到自己被他人和社会需要，能够满足爱与被爱的需求，从而感到幸福。

(9) 过上简单的生活：追求简单生活，减少物质欲望，可以带来内心的平静和满足。

(10) 能够自我接纳：接受自己的不完美，珍惜自己的独特性，可以增强自我价值感。

四、培养人生幸福的要素——爱

爱是大药王，是宇宙中治愈一切的最好良药。爱人，从心底去爱人、宽恕人，可以有效终结五毒内焚，结果就有助于终结自己的各种疾病，从而获得长久幸福快乐。

疾病是体内五毒焚烧的结果。五毒包括恨、怨、怒、恼、烦，是人生的心灵痛苦和无穷疾病的来源，也是人生不幸福的根源。中医专家说："恨人伤心，怨人伤脾，怒人伤肝，恼人伤肺，烦人伤肾，是病者，实由人性心中之生毒而种根，由性理而转于生理耳。"

可见，所有的病都是由自己造成的，由身造，由性造，由心造。那么，祛病也必须从身、性、心开始。所以，真正治病，必先治心。

要排除五毒的侵袭，就必须有爱心、快乐和善行。要爱人、爱每个生命、爱这个世界，以爱的心态来对待我们周围的花草树木、飞禽走兽，用温柔爱心去感受世界的万事万物，让爱心把自己融化到万事万物当中。

研究表明：当我们处于爱的状态时，那是最平静、最祥和、最有利于康复的状态。此时身心全部得到放松，五毒的内灼可以被消灭于无形之中。

通过爱的心神影响来调节五脏六腑的病理状态，可以促进全身机体的更新换代。可见，爱是快乐之源泉；爱的治疗，是疾病的治本之道。爱能让我们的心灵充满快乐，能让我们的身体恢复健康，进入平和的幸福状态。

前几天，我刚读完《中年觉醒》一书，书中作者总结出一条与幸福相关的"七字法则"："用物，爱人，敬畏神"，我觉得很有道理。书友们有兴趣的话，不妨了解一下。

"用物"，就是物是拿来用的，不是拿来供的。我们的态度是要"用"，损耗就损耗，丢了就丢了。钱花掉了才是你自己的，没有花掉的都是银行的。所以，我们要学会用物，在用物过程中体验幸福快乐。

"爱人"，就是爱具体的人，大爱身边的人，博爱社会上更多的人。你若能善于爱人，表达爱意，传达爱情，大爱博爱，爱在行动，同感共情，那么你就拥有良好的社交圈子，在与人相处中获得幸福快乐。

"敬畏神"，如果你有宗教信仰，你会敬畏神。如果你没有，你可以敬畏真理，敬畏道，敬畏智慧，敬畏知识。在生活中敬畏"神"，你会觉得内心很踏实，心平气和，心情舒坦，幸福快乐油然而生。

最后，祝愿书友们都能拥有幸福快乐的人生！

2024 年 8 月 22 日晨

1.8 幸福无龄：跨越年龄的幸福感悟

随着社会的进步、生活条件的改善和医学的发展，我认为当今社会六七十岁的人最幸福！

从进化心理学的角度来讲，根据细胞分裂的理论，人类年龄的理论极限是 125 岁左右。

这也表明了，即使现代科学技术再先进，我们也终将要面对衰老和死亡的降临。人生轨迹就是一条抛物线，从零开始，到零结束！生命的质量则同缓慢上升期和快速下降期各阶段的努力经历有一定关系。

虽说对于长寿的追求和对于死亡的恐惧是根植在我们的基因本能当中的，既然生命的长度难以掌控，死亡最终也避无可避，那么，我们是否可以发挥主观能动性去增加生命的宽度、高度和密度来提高生命质量呢？

到底活到多久才是最幸福、完满的一生呢？根据发展心理学家让·皮亚杰（Jean Piaget）的观点：人类的生命质量将会在 70 至 75 周岁这个阶段快速下降。他认为，人类的理想幸福寿命应该是在 65 至 70 周岁之间。

超出这个年龄，人们将会不得不承受各类疾病的折磨；同时伴随身体的快速衰老和各项机能的退化；还会失去记忆力和正常的智力以及自理能力；也会让家庭承担更重的赡养负担。

一生中，有些疾病和不幸是我们难以躲避的，一旦超过 70 岁，这些不幸和疾病就会接踵而至，成为我们生命的常态。

古人说："人活七十古来稀。"对于现代人来讲，70 周岁是我们刚退休后不久的一段时间。然而，根据国际通行的标准，70 周岁已经是老龄化的标志之一。

对于老年人来说，身体的逐步退化尚且还可以预测和感知，但心理层面的恐惧和焦虑往往来得更加强烈，也令人感觉更加痛苦和折磨。

日本人均寿命排名全球第一，同时也是典型的深度老龄化社会。在日本，很多超过 75 周岁的老年人都有诸如失眠、焦虑症、抑郁症、强迫症、恐怖症等心理方面的疾病。我国老龄化社会下一步的形态及走向也许会与日本相似。

根据心理学家德沃尔（Devore）2014 年所做的一项心理学研究，他发现超过 70 周岁的老年人，常会不自觉地主动思考"死亡"的问题，进而引发诸如"死亡焦虑"的一系列心理问题。他将主动思考死亡的过程称为"死亡凸显"，即个体在潜意识当中被强迫唤醒关于死亡的意识，旨在对人的"必死性"做出提醒和揭示。

如果老年人在这一阶段不能很好地建立起相应的心理防御机制，则很有可能会出现心理方面的问题。

与此同时，医学专家们也指出了衰老和失智之间的必然联系。随着年龄的增长，人们会有相当概率患上阿尔兹海默症（老年痴呆），这是一个专属于老年群体的疾病，特点就是发病的年龄通常都在 65 周岁以上。

从心理学的角度看，一个人究竟活到多少岁才是最幸福的这个问题，没有一个标准答案。只要能够平稳安详地度过自己的晚年生活，在离开人世的时候少一点痛苦，在有生之年将自己的人生价值最大化，就是生命终点最完美的模样。

人生如梦，且行且珍惜。愿老年朋友们都能活出一个既有生命长度和宽度，又有生命高度和密度的健康快乐的彩色人生！

2023 年 10 月 10 日晨

1.9 生命六度：旅行归来得出的感悟

随着飞机安全降落在南京禄口机场，我们这次广西南宁、崇左、靖西等地十日深度游圆满结束。这是我在刚参加完公司长江三峡游轮五日游团建活动之后紧接着参加的又一个乐龄人快乐之行。

我们乐龄人快乐行，虽说是个松散型老朋新友小群体，但酷似一个快乐的"泛家庭"。虽说叶总这次未能与我们同行，其乐龄人精神领袖的核心文化理念却与我们这群乐龄人同在。旅游途中，团友们如兄弟姐妹般，相互关心、互帮互助，不是家庭胜似家庭；相互包容、互敬互爱，充分体现了"泛家庭"文化的大爱；在鬼斧神工的大自然面前，团友们更彰显出了博爱，表现在对青山碧水、花草树木、鸟语花香、人文景观等的热爱上，具体展现在彼此分享精心拍摄的一张张照片和一段段视频之中。试想，这样其乐融融的"泛家庭"氛围谁不喜欢？旅游出行就是要和"对"的人在一起，才能产生有益于身心健康的"对"的情感体验！

团友基本上都是"50后""60后"，辛苦一辈子，确实不容易。所以我们更要珍惜当下，每日开心；热爱生活，照顾自己；旅游交友，身心齐修；快乐养老，颐养天年。我们应向本团中"九零后"老前辈徐老先生学习，虽说已有九十高龄，却能身体力行健身之道，迈出雄健脚步，行走山水之间；举着相机、手机，捕捉美丽景色；交流人生经验，思维清晰益脑；如此身心愉悦，可谓终身成长！实乃我等年轻老人学习的榜样！

这次出游，我完全沉浸在大自然的美景之中，摘下面具，放飞自我，回归本我，追求超我，"三我"统一，天人合一，尽情享受着美景和美好时光，达到"心流"状态，感受"高峰"体验。我想很多团友一定也有与我相同的感受，那一张张美丽动人、阳光灿烂的笑脸足以说明一切！（有照片为证）什么是幸福？我认为这就是幸福！什么叫活出高质生命？我认为这就是高质生命！

在这次充分放松的旅游中，我脑洞大开，灵感迸发。我觉得过去曾与朋友们交流分享的有关"生命四度说"尚不足以说明生命质量的全部。

我一直认为一个人幸福与否同他的生命质量密切相关。而生命质量则取决于生命的"四度",即长度、宽度、高度和密度。

生命的长度是指一个人能活多久的时间长度。它取决于先天遗传基因和后天生活环境及条件,主要由DNA决定,常常身不由己,自己很难把握,但可通过自律行为和养成良好生活习惯得到微调。

生命的宽度是指一个人生活、学习与工作所涉及的平面,这面积大小同人的生活条件、兴趣爱好的广度、能力的范围以及是否愿意突破自身舒适区等有关。

生命的高度是指一个人在生活平面基础上所追求的立体层次,它同一个人的"三观"、进取心的强弱及志向高低、成长心态、自我效能、社交阶层等有关。

生命的密度是指一个人在所追求的生命高度层次中的活动频率。生命的密度同人的性格气质及健康活力有关。健康好、活力强的人,活动频率就高。

今天,我又感悟到:真正的生命质量除了上述"四度"外,还应包括生命的厚度和生命的热度。

生命的厚度是指一个人在人生经历过程中各种知识技能和经验教训的累积程度。它与一个人的智商、情商、意商、志商、健商、财商等因素有直接关系。

生命的热度是指一个人在生活、学习和工作中表现出来的阳光活力和影响他人的能力。它与一个人待人接物的热心、热情、热爱、激情程度有关。情感的感染力(热度)同样可以用热力学原理来解释。

所以,全方位的生命质量应包含上述"六度",它们直接关联到一个人的幸福程度和层次。我觉得修炼生命的"六度",可以大大提升我们的幸福力(请注意:幸福是一种能力,可以通过修炼得到和提高),这是我此次深度游的一大意外收获!

感谢陈锁庆教授为我们精心设计的这条旅游专线,他所做的旅游攻略真是太好了!美不胜收的亮丽风景,让我们在赏山赏水、怡情悦景之际,乐此不疲地拍照摄影,体验人生快乐,令人流连忘返,甚至乐不思蜀。感谢叶总在幕后关照我们的这次出行。特别感谢小叶领队无微不至的带团服务,帮我们协调处理了旅游中出现的各种生活琐事！另外，我们也要感谢小朱导游和司机师傅，他们的地接旅游服务做得相当不错，应当向他们道一声："辛苦了，谢谢！"

最后，还要特别感谢我们的每一位团友，大家对旅游的热情和对乐老养生的情怀及实际行动感染了我。"积极的人像太阳，走到哪里哪里亮。"我充分感受到了这个"泛家庭"松散型小群体的阳光氛围，在这样的群体中想不积极都难！团友们互敬互让、团结友爱、分享快乐等美事更是不胜枚举！感谢严老师、感谢宋院长、感谢心雨、感谢张书记、感谢 Meetlinda、感谢陈教授、感谢周主席等团友为我们拍了那么多的美照！我收藏了这些美照，留待日后慢慢回味，并让我反复体验幸福和快乐。这真是一件有益身心健康的大好事！十分荣幸与大家同行同乐在美丽的广西南宁、崇左、靖西等地的山水间！期待有缘我们再次同行同游！

2023 年 11 月 15 日晨

1.10 《旅行，人生最有价值的投资》一书泛读随笔

本书作者吉姆·罗杰斯，美国著名投资家，1942 年出生。他是量子基金的创始人，大名鼎鼎的投资家，年轻时曾获耶鲁大学奖学金，并在牛津大学

贝利奥尔学院深造。37 岁时，他做了一个大胆的选择——暂别华尔街。20 世纪 90 年代初他骑着摩托开始环游世界，并写成了非常具有影响力的经典著作《旅行，人生最有价值的投资》。

这本书正是记录了他的这次惊险刺激的环球旅行，历时 22 个月，近 10 万千米的路程，横跨 6 大洲 52 个国家和地区，经历了旅行的喜怒哀乐，重新审视了生命的意义。他的旅行不仅是对世界的探索，更是对自我和投资的深刻反思，揭示了投资的真正内涵和经典哲理，强调了投资自我生命的重要意义。就是这次旅行，成为他人生最有价值的一次投资。

我非常赞同将旅游视为一种对自我人生有价值的投资这个理念，因为旅游对我们人生而言是一种"大补"，主要表现在如下八个方面：

（1）天补。外出旅游，可以呼吸新鲜空气，摄入负氧离子（空气维生素、维他氧、长寿素、空气清道夫）；可以多晒晒太阳，多晒晒后背，有助于促进钙吸收；适度接受紫外线照射，可提高免疫力，促进维生素 D 合成，改善皮肤健康及心情。此乃"天补"。

（2）地补。旅游去山上、河边、湖边、小溪边、农田间走走，多接触大自然，看看花草，听听鸟语，闻闻花香，深入竹林，踏进花海，看日出日落，看弯月星辰，眼、耳、鼻、身均获得多重良性刺激，愉悦身心，幸福感爆满。这是一种缓解压力、消除焦虑、陶冶情操的好方式。可谓"地补"。

（3）人补。我觉得旅游景点固然重要，但和什么人一起同行旅游更为重要。多跟三观相同、志趣相投、习性相似、谈笑自在、正能量的人一起出游，就会令人快乐，我们就能获得更多的情绪价值，始终保持心情愉悦，有益身心健康。这是"人补"。

（4）食补。旅游途中品尝各种山珍海味及土特产，多吃水果、时令蔬菜、深色食物和五谷杂粮，促进食欲并坚持均衡饮食（七成饱），这是保证机体健康、不生病的方法之一。这是"食补"。

（5）动补。生命在于运动。旅游就得跋山涉水，步行运动，有助于强化肌肉骨骼，增加肌肉量和增强骨密度，预防骨质疏松；同时，加强心脏泵血能力，增强心肺功能；调节代谢系统，加速糖和脂肪代谢，有效控制体重。这是"动补"。

（6）静补。静心就是通过专注和放松来调节身心状态。旅游途中动中取静也很重要。有时我们要学会独处，静心观察和专注聆听；同时倾听发自内心的声音，放松身心，放空自我，静坐冥想，偶尔发发呆，也有益于神经体液调节，降低压力激素皮质醇水平，缓解焦虑与抑郁，提升情绪弹性。生理心理学研究表明：静心可形成"生理—心理—行为"的正向循环：身体放松→压力激素下降→情绪稳定→理性决策能力提升→健康行为增加→进一步促进生理健康。这就是"静补"。

（7）书补。读万卷书不如行万里路。旅游其实是一种"动态"读书。很多文人墨客在旅游途中都留下绝佳诗句和著名画卷，我们每到一个著名景点，都能嗅到那里浓浓的历史人文气息，感受到如诗如画的壮丽景色，令我们"思接千载，视通万里"，浮想联翩，灵感顿生，写出美篇（陈教授和小王老师的美篇作品真棒！）。通过旅游，我们还能阅人无数，正所谓："三人行，必有我师焉。择其善者而从之，其不善者而改之。"这也是"书补"。

（8）笑补。旅游途中，我们总能看到和听到各种各样的欢笑。温和而愉快的"微笑"；笑逐颜开的"浅笑"；有点难为情的"掩面而笑"；放声开怀的"泪花爆笑"；众人的"哄堂大笑"；全屋子的人"同声大笑"；笑得直不起腰的"捧腹大笑"；等等。这些欢笑涵盖了从"风乍起，吹皱一池春水"般的微笑到"惊涛拍岸，卷起千堆雪"般的放声大笑，表现出大家的善良、友好以及不同的性格特征。笑一笑，十年少。相由心生，爱笑的人慈眉善目，身心也更为健康。这就是"笑补"。

从以上旅游带来的各种大补,我们不难看出旅游可在多个方面给我们带来长期回报,具体表现如下:

(1) 强身健体醒脑。旅游不仅可使我们心情愉悦,而且还能强身健体,提升我们的身体素质和机体免疫力,提高防病抗病能力和自愈力,减缓机体衰老的速度。旅游时,我们在大自然中徒步、爬山、涉水、游泳等,这些运动能够锻炼我们的身体,增强我们的体质。另外,游走在花草树木间,新鲜空气和负氧离子可以帮助我们洗肺,吐故纳新;吸进新鲜氧气,可以提升血氧水平,有助于醒脑,改善脑功能状况。此外,旅游活动包含多种肌肉活动,不仅有助于大脑分泌多巴胺和内啡肽等神经递质,使人快乐,而且可以促进血清素的分泌,而血清素到晚上会变成褪黑素,能帮助我们改善睡眠质量,让我们的身体得到充分的休息和及时消除疲劳。

(2) 促进心理健康。现代人的生活节奏很快,工作压力和生活压力都很大,很容易出现紧张、焦虑、倦怠等心理问题。旅游可使人放松,给人带来轻松愉快感,让我们忘却烦恼和困扰。在旅游过程中,我们可以欣赏美景、品尝美食、体验异域文化和风情,这有助于缓解压力,消除紧张和焦虑,让我们感到快乐和满足,从而促进心理健康。旅行中的各种美好体验能带来愉悦感,增强整体幸福感,促使神经系统释放更多快乐因子,产生愉快的增力情绪,带来积极的阳光心态。

(3) 提升文化素养。旅游还是一种"动态"读书,大自然就是生动的天然课堂,我们在这里同样可以得到学习和成长:走南闯北,阅人无数;赏花观景,反思人生;人文景观,思接千载;天文地理,视通万里;应急排难,需要智慧;摄影摄像,更需才艺;通过参观博物馆、历史遗迹等,并在接触大自然中了解地质地貌和地理环境特点,以及动植物生态情况,从而丰富知识储备,完善知识结构。

(4) 增进人际关系。旅游也是一种很好的社交活动。在与家人、朋友、老同学、老同事、老战友一起旅游的过程中,我们可以彼此增进感情,加深了解。另外,旅游可以阅人无数。我们会遇到各种各样的人,和他们交流互动,可以获得各种信息。而且在交结新朋友的过程中,可以发展同理心和共情能力并提高情商水平，这有助于我们增加社交经验和扩大社交圈子，提升乐群性和人际交往能力。再者，旅游还能开阔我们的眼界，了解不同文化和思想，这对我们的人际关系和人生发展都有很大的帮助。

（5）拓展认知能力。经常旅游可以发展智力五要素，即观察力、注意力、记忆力、想象力和思维力，并能激发创造力和发现问题与解决问题的能力，同时提升了流体智力和晶体智力水平，从而使智商水平得到进一步提高。加上上文所述的，旅游还是一种"动态"读书，我们可以从中收获知识和能力。如此可见，旅游对我们的智商发展也是大有裨益。

（6）发展意志品质。在旅游中，我们会遇到水土不服、机体不适、肌肉酸痛等身体状况，这需要我们用坚强的意志品质去勇敢面对和妥善处理，使机体状况及时得到恢复。通过接受机体内外环境的挑战，并努力克服之，能提高自己的耐受性和坚毅力，从而发展我们的意商。

（7）促进终身成长。旅游可让我们接触不同的文化、历史和生活方式，提升对世界的理解，开阔自己的视野；能锻炼处变不惊的应变能力和提升适应新环境的能力，以及规划行程和独自处理问题的能力；能培养独立性和增强自信心；等等。旅游推动我们远离舒适区，在山水之间挑战自己，发现自己的潜力和兴趣；旅游能激发我们的探险精神、领导才能或跨文化交流等方面的能力。旅游还可以发现自我，开发自我，促进终身学习、终身成长。（有兴趣的书友们也可参见我 2023 年 12 月 8 日晨发布在赛柯罗捷公众号上的"旅游好处：浅议旅游与身心健康"一文）

我认为幸福感其实是一种感受能力。旅游对人生的"大补"作用，需要我们自觉主动地去感受并获取。通过上述各种大补，我们能感受到幸福快乐，获得身心健康的资本。所以，旅游是对幸福人生的一种十分重要的投资。心理学研究表明："有所知，才能有所感；知之深，才能爱之切。"旅游亦然，我们只有深刻理解旅游对幸福人生的意义，才能更加热爱旅游，从中获得各种大补，从而使我们的生命质量更高，自我实现延年益寿！

读万卷书固然好，行万里路更有意义。知行合一，才是真理；人境合一，则体验更深。这次贵州行，在不知不觉中我每天徒步就超过 10000 步。旅游本身就是一种愉悦身心的健身运动，更别说还可以悠闲地看景观光，使人在此过程中增长知识、陶冶心情、提升情操。真是好处多多！

愿我们珍惜人生时光，注重自己的生命质量，开开心心地过好每一天。平时多做做健身的旅游运动，经常出出汗，活络活络筋骨，保持肌肉含量；再常做做健心的韵律运动（唱歌、跳舞），偶尔流流泪（动情之泪），调动脏腑各器官系统，提高免疫力与自愈力。其实，旅游过程本身就兼有这一外一内两种运动，通过旅游可以达到身心健康的良好状态，从而延年益寿，幸福快乐！这是一件非常值得投资的人生大事！

让我们经常外出旅游，增加对幸福人生的投资吧！

（文中有些图片选用了团友拍的美照，在此深表感谢！）

2025 年 4 月 2 日于佳诚国际大厦办公室

1.11 唱歌的好处
——《歌唱动力学》晨读感悟

本书作者梅丽贝丝·邦奇是英国著名的声乐权威，曾当过大学教授，专门讲授歌唱和解剖课程，多次在世界各地举办声乐大师班，并编写了《表演者的嗓音》《创造性自信地歌唱》《歌唱手册》等著作，介绍了许多轻松、健康、快乐的歌唱方法。《歌唱动力学》是其主要著作之一。

本书是为那些对声乐感兴趣的人而写的，无论是专业的歌手、学生还是业余爱好者，都可以从中获益。本书的内容丰富多样，涵盖了声乐学科的各个方面，从声音产生的过程到歌唱技巧的应用，作者都进行了详细的讲解和指导。

作为一个心理学专业工作者和业余唱歌爱好者，我特别关注到了本书对心理因素与声乐技巧、歌手成长和身心健康关系的揭示。

书中探讨了歌唱机能状态与艺术表现力之间的关系，以及歌手成长与歌唱艺术的紧密联系；详细讨论了歌唱心理的重要性，探究了嗓音的心理因素、生理因素和声学因素，以及声乐教学中的心理问题；特别强调了感觉和运动意识在教学中的参与，以及语言交流在声乐教学中的作用；探讨了歌唱的协调、自然与歌唱家素质；强调了生理和情感的协调对于歌唱的重要性；提出了成为出色歌唱家所需的素质，包括对歌唱艺术的热爱、真情投入、献身精神、自然的歌唱风格和独特的个性。读者将获得如何成为具有活力、充满魅力和与众不同的业余或专业歌唱家的实用建议。

特别是第九章"用心灵歌唱"，强调了心灵的力量在歌唱中的重要性。它讨论了生命活力和身体活力之间的关系，以及节奏与活力之间的联系；探究了思想和情绪对活力的影响，以及振动和歌唱之间的关联。读者将了解到声音在治疗和治愈方面的作用，并深入了解真情歌唱的意义和价值以及对身心健康、延年益寿的促进作用。

美国老年学研究中心通过调查发现，歌剧歌唱家的心脏功能和普通人相比更加活跃。普通人不需要达到专业水平，只要在休闲时间自娱自乐、随便唱唱，也能愉悦身心，延年益寿。

我读书及在大学任教时，主攻专业是心理学，但从本科到研究生学习期间，我也系统地学习了人体生理学三遍。毕竟人的任何心理现象的发生发展都是有其生理机制的，身心之间相互联系、相互影响，从而实现互动。所以，从生理心理学的身心健康视角看，我认为唱歌至少有如下七大好处：

（1）唱歌可以促进人体新陈代谢，促进血液循环，增加组织细胞含氧量。进而使人精神充沛，面色红润，消化能力增强，睡眠质量提高。

（2）唱歌可以使人心情愉悦，改善人的心情，缓解人的压力，有利于缓解抑郁情绪和焦虑状态。

（3）唱歌能够锻炼人的心肺功能，有利于缓解支气管哮喘、肺气肿等症状，对肺活量的提升也有帮助。

（4）唱歌会影响人体内一些激素的分泌，促进人体的新陈代谢，防止人的衰老，提高人体免疫力。

（5）唱歌还能刺激身体释放内啡肽，达到松弛身心和纾缓疼痛的效果。

（6）唱歌能利用收腹呼吸法锻炼腹式呼吸，使腹部肌肉得到充分利用，消耗脂肪能量，从而达到减肥的效果。

（7）唱歌也是一种韵律运动，其旋律节奏会引起内脏器官振动共鸣，似有一股滚动的流水对脏腑进行按摩，同时刺激神经，引起多巴胺、血清素等快乐神经递质的释放。

无怪乎，新长寿秘诀排第一的竟然就是唱歌！唱歌时，气息在体内循环起到按摩的作用，带来的好处是任何其他运动所代替不了的！总而言之，唱歌的好处有：增强心肺功能、保持大脑活力、提高免疫力、改善肠胃健康等！

唱歌除了有益身心健康外，通过学习《歌唱动力学》书中的理论知识并将其应用于实践中，我们还将能够发展出独特而具有感染力的歌唱风格，并在艺术道路上取得更大的进步。对于无论是想要提升自己的声乐技巧的唱歌"小白"，还是追求更高水平的歌唱表演者来说，本书都提供了宝贵的资源和实用的建议，确实是一本值得一读的好书。

总之，我们不仅要常做肢体肌肉运动，健身健体健心灵，还要多做有益于脏腑器官的韵律运动（唱歌、跳舞等），保持器官系统健康，达到气血通畅、身心愉悦、内外兼修之效果，从而延缓衰老、延年益寿！朋友们，让我们为了身心健康，一起唱歌吧！

2025 年 4 月 7 日晨

1.12 唱歌之我见：聊一聊我的唱歌热情

我的唱歌热情有一个演变过程。年轻时，我在大学读书和任教期间，很少唱歌。中年下海经商后，我偶尔会陪客户去卡拉 OK 唱唱歌，但主要是为了让客户高兴；有时公司搞团建活动，偶尔也会去卡拉 OK 唱一下歌，虽然我也能附和随便唱唱，但说实话，那时并没有什么特别强烈的兴趣。

退休几年后，在 2021 年春天，正值新冠疫情愈演愈烈时期，有很多时间必须宅在家里。有一天，我在公司大楼电梯口看到一则唱吧小巨蛋（麦克风）视频广告做得挺吸引人，其品牌口号是"在家 K 歌，就用唱吧小巨蛋""在家里也能拥有极致的 K 歌体验"，故产生了买一支试试的念头。

在公司年轻人的帮助下，我花了 300 多元从网上买了一支唱吧小巨蛋，开始经常宅家独自瞎唱唱，自娱自乐。由于在唱吧里唱歌，平台会进行打分评定，自己便能知晓唱得是好是坏。这样有反馈，就有助于自我前后对比，从而克服缺点，提高唱歌水平。但是，宅家独自唱歌，总归是缺少了热烈的氛围，需要自己酝酿情绪，专注唱歌，好像效果要比与众朋友在一起唱歌时差一些。

后来，我发现一些老同学和老朋友都喜欢在"全民 K 歌"里唱歌，在他（她）们的建议和指导下，我在 2022 年 3 月底学会了用手机进入"全民 K 歌"的方法，开始在"全民 K 歌"平台上尝试唱歌了。

我发现这里唱歌更好，不仅不要花钱，还会给你提供客观的五维评分反馈，并能听到很多唱歌高手的动听民歌和流行新曲，更有一定的互动和唱歌技巧提示以及免费参加网上培训等诸多好处，引起了我极大的兴趣。

从此，只要有空，我基本上天天晚上都会唱 2~3 首歌。没想到一年时间里，我竟然在全民 K 歌平台上录唱了 600 余首歌。当然，有相当一部分歌曲是重复唱的（35%左右）。

最给人增添信心和乐趣的是，我乐感不错，学歌很快，一般听3遍原唱，再轻声跟唱2遍，第三遍就放声录唱发表了。给力的是，我所录唱的每一首歌，平台给分都在S级以上，大多数是SSS级，少数是SS级，很少是S级。当我将录在平台上的歌转发至众多微信群里，又都会得到老同学、亲朋好友们及歌友们的点赞。除了来自平台上反馈评定的正强化外，我在微信群里得到更多的也是积极的正强化，自然心情就好，唱歌的积极性也就更高了（心理学上的"皮格马利翁效应"）。

如今，我也发现，相比过去，我的唱歌水平有了很大的进步，特别是在韵律、音准及气息把控方面提高明显；在情感表露方面也因对词和曲的理解加深而有不小进步；在技巧方面，毕竟没有受过专业训练，只是听歌模仿，自己琢磨，所以还是有不少欠缺。

我学唱歌获得了很多感悟。

首先，多唱多练还是很重要的。俗话说："拳不离手，曲不离口。"任何事物都有一个量变到质变的过程，唱歌也不例外，量一定要唱足。我唱歌不喜欢一句句或一段段地练，因为我没有那么多闲暇的自由时间，更不可能去报老年大学跟着声乐老师从基础一点一点地学起。我喜欢自己琢磨原唱唱法，先依样画葫芦完整地模仿唱下来；再对照原唱，找出不足后再练；后续再一遍遍地唱，慢慢攻克到位。这也是我从心理学格式塔（完形）学派理论中得到的启发。

其次，快速学唱还有个问题就是歌词不熟，这常会影响唱歌时的情感表露和流畅性展现。要想真正唱好一首歌，背熟歌词真的很重要！然而，我闲暇的时间并不多，唱歌时性子也比较急，不太愿意花功夫记歌词，以致唱歌时常有"卡壳"现象，影响唱歌的流畅性和情感表露。

再者，我喜欢游泳运动，可以潜泳45米左右，肺活量还算可以，这对唱歌时的气息把控有一定帮助。所以，坚持身体锻炼，无疑对唱歌是有好处的。

最后，认识到唱歌的好处及其意义，并不断得到皮格马利翁效应的正反馈，这对增强练习唱歌的信心和持之以恒的反复练习是重要的。我通过唱歌，不仅愉悦心情、充实生活，而且明显感觉到了自己精气神的改观和身心健康水平的提高。人的情绪情感是有感染力的，你的阳光心态，也会感染周围的人，所以这也是潜移默化地在做一件好事。

很高兴能与朋友们分享我对唱歌的理解及其快乐！

2023 年 10 月 19 日晨

1.13 体育锻炼：高质幸福人生的基础
——《锻炼》晨读感悟

本书作者丹尼尔·利伯曼，是哈佛大学人类进化生物学教授、人类进化生物学系主任。1993 年获哈佛大学人类学博士学位。研究领域横跨古生物学、解剖学、生理学、实验生物力学等多个学科。在研究方法上，他既注重实验室研究，也频繁到野外进行考察。他还是畅销书《人体的故事》的作者，荣获 2010—2015 年"哈佛学院教授"称号，并于 2020 年当选美国艺术与科学院院士。

丹尼尔·利伯曼在《锻炼》一书中，从进化生物学和人类学的视角重新定义了锻炼的本质，并系统阐述了其对身心健康的作用。请看他对锻炼作用的论述及核心观点。

锻炼对身体健康有积极作用。

（1）锻炼可以预防慢性炎症与疾病。书中指出，慢性轻度炎症是心脏病、

2型糖尿病、阿尔茨海默症等疾病的主要诱因。锻炼能显著降低体内炎症水平，延缓这些疾病的发生。医学研究表明：规律运动可减少脂肪组织分泌促炎因子（包括细胞因子、趋化因子和前列腺素等），并通过改善代谢功能抑制炎症反应。

（2）锻炼可以改善代谢与器官功能。锻炼通过调节胰岛素敏感性、促进肝脏排毒等机制，降低肥胖、代谢综合征和2型糖尿病风险。睡眠质量的提升（如深度睡眠阶段生长激素分泌增加）也与锻炼相辅相成；锻炼还可以促进细胞修复。

（3）锻炼可以延缓肌肉流失与衰老。人到中年后肌肉就会自然流失，导致行动能力下降。锻炼（尤其是力量训练）可减缓肌肉萎缩，甚至实现逆增长。此外，规律的身体活动能延缓衰老进程，延长健康寿命。

（4）锻炼可以对抗久坐的危害。现代人普遍久坐，即使每周有规律运动，久坐仍会增加心血管疾病死亡风险。利伯曼建议通过频繁起身、小幅度肢体活动（如抖腿、伸展）来缓解久坐危害。研究发现，每小时短暂活动可将炎症风险降低25%。

锻炼对心理健康有积极作用。

（1）锻炼可以缓解焦虑与抑郁。利伯曼强调，锻炼能调节大脑神经递质（如血清素、多巴胺），减轻焦虑和抑郁症状。规律的耐力运动（如跑步、舞蹈）尤其有助于释放压力，提升情绪稳定性。

（2）锻炼可以促进脑源性神经营养因子（BDNF）的分泌，改善记忆力、注意力和学习能力，从而增强认知功能与大脑健康。长期有规律的适度运动还能降低阿尔茨海默症的发病风险。

（3）培养理性心态与自我认同。通过科学锻炼，个体能更理性地看待身体需求，减少因"不锻炼即堕落"等错误观念产生的焦虑。利伯曼提倡将锻炼视为对健康的"承诺"，而非道德枷锁，从而建立积极的自我认同。

20世纪80年代，我在大学教授普通心理学和运动心理学期间，也曾从生理心理学理论层面对体育锻炼与身心健康之间的关系做过专门研究，并发表了有关学术论文，现将主要内容与书友们重温分享。

第一，健康体魄是心理健康的物质基础。"健全的心灵寓于健康的身体"，欲使心理健康，必先维护身体健康。毛泽东主席曾经指出："体者，载知识之车而寓道德之舍也。""德智皆寄于体，无体是无德智也。"这形象地揭示了体与德和智这两个心理健康要素的关系。人体好似一座大"皇宫"，大脑就是该"皇宫"中的"皇上"，一切都得由它发号施令。2000多年前的医学著作《黄帝内经》指出："头者，精神之府。"科学心理观告诉我们：心理是人脑的机能，是人脑对客观现实的反映。认知能力是人的一种复杂的心理现象，人的大脑就是这种心理活动的器官，脑的一切工作形式都是以反射形式构成的，对内外界环境的各种刺激都是通过有关感官接收后，由反射弧传到大脑皮层综合分析，然后作出相应反应。认知活动实际上也是一个建立条件反射的过程，掌握新知识、新技能，并将其转化为智力，就是建立在形成牢固的暂时神经联系基础上的。个人智力的高低与其感受器官、神经系统特性，特别是大脑的机能特性有密切的关系。感受器官是否容易接收各种信息，神经元发放冲动、传递信息敏捷与否，大脑的分析综合灵活与否，反馈的敏锐与准确度如何，条件反射建立的快慢和牢固与否以及皮层中留下痕迹的深浅度，这些指标常是我们评定一个人认知能力高低的主要生理学依据。可见，人的大脑是认知能力发展当之无愧的物质基础。

"皇上"固然重要，但若无"皇宫"中的其他器官系统这些"奴仆"的供养，它也无法生存，更谈不上发号施令。汉代王充在《论衡·论死篇》中写道："人之所以聪明智慧者，以含五常之气也；五常之气所以在人者，以五藏在形中也；五藏不伤，则人智慧；五藏有病，则人荒忽。荒忽则愚痴矣。"这话有力地说明了认知能力与人体其他器官系统有着密切的联系。体内器官系统功能好，人就聪明；功能不好，就会影响认知能力发展。现代神经生理学研究表明：神经元内的物质代谢具有速度快、需氧量大的特点。仅占体重百分之三左右的人脑，需氧量在安静时高达每分钟46ml，血液供应占全身的16%。一天中，大脑能量消耗占整个人体能量消耗量的八分之一到六分之一。这些氧气和能量物质的供给，就是靠其他器官系统联合完成的，尤其是呼吸消化和血液循环系统。实际上，这些器官系统已成了认知能力发展物质基础的基础，说明了认知活动也是整个人体机能的一种综合反应。所以，重视认知能力发展的物质基础是十分重要的。不能想象一个大脑有缺陷且体弱多病的人会有超人的认知能力。进行科学的身体锻炼可使人强筋骨、明耳目，改善大脑的机能，对认知能力发展的物质基础有着极其重要的作用，同时对发展认知能力也有不可低估的作用。

第二，体育锻炼对发展认知能力非常重要。亚里士多德最早提出德、智、体和谐发展，以体育为先，即身体训练应放在认知训练之先。毛泽东主席也曾指出："人独患无身，体强心强，何事不可为？"我国近代教育家蔡元培先生说："有健全之身体，始有健全之精神。若身体柔弱，则思想精神何由发达？"他们都清楚地看到了认知能力和体育锻炼不可分割的关系，并告诫我们：要发展认知能力和提高心理健康水平必须注意体育锻炼。

第三，体育锻炼可为认知能力发展和心理健康创造良好身体条件。这个观点早已为运动生理学的理论和实践所证明，具体表现在：

（1）体育锻炼可提高人体各器官系统的功能。有利于营养物质的摄入，促进血液循环，改善心肺功能；有利于气体交换，吸入更多的氧气；从发展认知能力角度讲，最为受益的莫过于神经系统了。经常参加户外锻炼可提高大脑皮层神经过程的强度、均衡性和灵活性，提高综合分析能力以及对不断变化的外界环境有更强的适应能力。中枢神经系统各部位机能的提高，可使调节机体的各种机能达到高度的协调，因而也就普遍提高了机体的活动能力，对认知能力和情感能力的发展产生积极影响。

（2）体育锻炼可增强神经系统的营养作用，使脑中能量物质和氧气得到充分供应，促使脑细胞更好地工作，较长时间地维持其兴奋性；还可改善神经元中的生化成分，促使像RNA、DNA、肽类物之类与认知能力活动密切相关的生化物质更快合成，同时有助于促使与幸福快乐相关的神经递质（如多巴胺、内啡肽、血清素等）的分泌，发生不同程度的量和质的变化。运动生理学实验证明：运动有助于脑源性神经营养因子（BDNF）的分泌，给我们的人脑提供营养物质，有助于脑细胞的再生。BDNF促进了大脑神经元之间的连接，增强了神经元的活跃程度和膨胀程度，加速了神经元之间的生化放电，使连接数增加、连接变强，从而使大脑功能变得更为强大。

（3）体育锻炼还能使神经元上的棘突增多，便于建立更多的暂时神经联系，有益于认知能力和情感能力的发展。运动生理学研究表明：运动在人脑细胞生长的过程中起到很大作用。其机理就是：新生的神经元是完全空白的干细胞，干细胞要经历一个发育过程才能形成神经细胞，新生的神经细胞要经过28天才能加入神经网络中。在这个过程中，它们必须有事情做才能够生存下来，否则就会消亡。一个神经细胞要生存，并加入神经系统中，就必须生长出它的轴突。运动产生大量神经元，而环境优化的刺激则有助于神经元的存活。所以，在我们运动身体的同时，也锻炼着自己的大脑。如果我们不使用这些新生神经元，那么就会失去它们。可见，大脑是可以生长的，大脑生长的过程和运动有非常大的关系。对于老年人来说，运动可以防止脑萎缩，减缓脑衰老进程。

第四，体育锻炼具有积极性休息的作用。劳逸结合，有利于发展认知能力，减缓机体衰老，特别是脑的衰老。人的疲劳首先产生在大脑皮层上。在不违反生理极限的情况下，抑制疲劳越深，身体恢复越快。积极性休息就是以多种花样的轻微活动在大脑皮层上建立"兴奋灶"，利用它们产生优势兴奋，吸引和转移疲劳点的兴奋，加深疲劳点的抑制，从而达到加速消除疲劳的目的。《学记》中所提的"藏、修、息、游"，就是这个道理。学习时，努力进德修业；休息时，尽兴游玩娱乐。

第五，体育锻炼能预防和治疗抑郁症。抑郁症是在老年人群体中多发的一种心理疾病。通过运动，大脑不仅能分泌更多内啡肽和多巴胺等与幸福快乐有关的神经递质，而且可以解决大脑连通性问题，激发脑干功能，让我们更有精力和激情，产生广泛的兴趣和行为动机。神经生理学研究表明：当我们有高含量水平的压力激素的时候，皮质醇毁坏了我们海马体的神经元。所以，大脑当中的很多突触基本停止了生长，树突也都萎缩，导致神经元的交流被阻断。这在一定程度上解释了为什么抑郁症患者的大脑总是处于消极思维的状态，循环出现消极记忆，也许就是因为患者的大脑无法扩展旁路来形成替代性的记忆。我们若把抑郁症定义为一种连通性问题，有助于解释人们表现出的广泛症状，不仅感到空虚无助和绝望，而且还影响着注意力、精力和动力；同时还影响身体，阻断了睡眠的欲望、食欲、性欲以及自己的天性，甚至不想再活下去。原因是我们大脑被阻断，出现了连通性问题。然而，BDNF能够帮助我们修复，让神经元重新变得活跃。所以，体育锻炼对预防和治疗抑郁症的能力就在于它同时从上述两个方向出发解决抑郁症的问题。体育运动通过调节前额叶皮层内的血清素、多巴胺、内啡肽、去甲肾上腺素、BDNF 和 VEGF 等各种生化物质，自上而下地转变了我们的自我概念。与许多抗抑郁药物不同的是，运动不是选择性地影响哪种物质，而是通过调节整个大脑的化学物质来恢复正常的信号传递。它把前额叶皮层解脱出来，解决中枢神经系统连通性问题，使我们能够记住有益的东西，从而摆脱抑郁症的悲观模式。药物只能解决某一个要素的分泌，而体育运动是自然地调动大脑重新生长，让我们大脑分泌 BDNF，使神经突触重新膨胀起来，从而产生新的生物电交流。这时候我们才能把大脑前额叶腾出来去思考一些积极的东西、学习的东西。所以，要通过运动锻炼的方式来防止和改善抑郁症状。此外，老年人经常体育锻炼也可以保持观察力、注意力、记忆力、想象力和思维力这些构成认知能力的基本要素的水平，增强灵活性和对环境的适应性，这能有效预防健忘和失忆，防止早衰现象和阿尔茨海默症的发生。所以，在这里，我们需要做到知行合一，主动践行显得格外重要。

心理学研究表明：强制体育锻炼的效果远没有自愿锻炼的好。强制锻炼，容易产生抵触情绪，导致心绪不宁，低沉消极，淡漠懈怠，精神不佳，意志消沉，这是一种负性情绪，易使大脑皮层的抑制过程强于兴奋过程，具有减力作用，也易造成身体损伤。而自愿运动则会产生良好体验，对运动有清晰的认识和一定兴趣，同时有信心，情绪饱满，兴致高涨，这种积极情绪具有增力作用，可提升自我效能感，获得良好运动效果，助力身心健康。

综上所述，发展认知能力，提升心理健康水平，延缓衰老抗病，不可无"体"。一个不注意养花护花的园丁，不会得到美丽芬芳的花朵；一个忽视体育锻炼、体弱多病的人，很难有较高的认知能力和心理健康水平，幸福快乐的高质人生更是无从谈起。所以，年轻人要锻炼，60 岁过后的年轻老人们更要锻炼，人体器官系统的功能都是用进废退的。请赶快积极行动起来吧，自觉自愿、主动勤快地进行适度体育锻炼，养成良好锻炼身体的习惯，让自己的身心处于最好状态，助力身心健康，延缓衰老，延年益寿。

阅读本书，我注意到了《锻炼》通过进化生物学与人类学的交叉研究，揭示了锻炼的复杂本质：它既非与生俱来的本能，亦非单纯的健康手段，而是现代人在能量过剩时代对身体的理性管理。作者呼吁读者以科学态度接纳锻炼的"反人性",将其转化为可持续的生活方式,而非道德枷锁。正如书中所言:"承认锻炼之艰难,但仍愿以科学方法'惩罚'自己,才是理性现代人的选择。"我们也不难发现:锻炼与幸福的关系是双向且多维的,即生理上通过激素调节改善情绪;心理上增强自信与抗压能力;社会层面上则通过互动深化人际关系。科学锻炼的核心在于"适配性"——选择符合个体需求与兴趣的方式,将其转化为可持续的生活习惯。正如丹尼尔·利伯曼在书中所言:"承认锻炼的'反人性',但以理性接纳其必要性,才能真正实现身心健康的双赢。"

  以上是我与书友们分享的《锻炼》一书的晨读感悟。祝大家都能拥有健康的体魄,幸福快乐地生活!

2025 年 4 月 9 日晨

第二辑　修养积极心态

　　心态，简单来说，就是一个人对人、对事的态度。它涉及一个人对世间万物持有的观念，是正面积极的还是负面消极的。积极的心态能使人快乐、进取、有朝气、有精神；而消极的心态则会使人沮丧、消沉、难过、缺乏主动性。

　　在心理学上，心态是指动能心态与复合心态所包括的诸种心理品质的修养与能力。心态一般可表现为"八类心态"，包含成就观念、乐观态度、求知精神、奉献意识、自我管理、宽广胸怀、平和心境和感恩之心等诸多心理表现，它们构成了我们心理活动的核心，对我们的行为和决策产生深远影响。

　　选择何种心态完全取决于自己的想法。此外，心态还与个人特质有关。一个人拥有完整健康的心态，其力量远超众人的聪明才智；缺乏强烈的成功渴望，个体往往难以采取行动以实现梦想。而通过不断学习和积累，我们能够培养出积极、健康的心态，从而在人生的道路上越走越远。

2.1 心态决定人生
——复读《心态》之感悟

《心态》这本书的作者赖安·戈特弗雷森是美国加州州立大学商业与经济管理学院领导力教授,在业内享有盛誉。"心态"的英文为 mindset(思维模式),是我们心理能量的过滤器。心态从生理学层面来说就是神经元的连接通路。我们大脑当中几十亿个神经元会互相建立连接,一旦建立了连接,就会被周期性地快捷使用。

有人曾专门统计过:从早上起床到晚上睡觉,我们要做三万多个选择(先洗脸,先刷牙,还是先吃早饭?用哪个牌子的牙膏?一整天一直都在做选择),而90%以上的决策是根本不过脑子的,是下意识的。而这些下意识的选择就是通过我们最底层的、最基石的心态在起"过滤"作用,是心态决定了我们日常生活中大部分事情。这就意味着,我们一生中90%的判断抉择都是心态在悄悄帮着做的。

之前,我也曾阅读过《终身成长》,也是一本讲心态的书。《终身成长》提出:人的心态分成两种,一种叫固定型心态,一种叫成长型心态。但是,人的心态真的只有这两种吗?《心态》这本书就帮我们更加细致地剖析了人的心态的分类，让我们可以从四个维度了解自己的心态，并收获一套科学改善心态的行动方案，从而更加积极地面对工作与生活。

书中介绍了下列四对心态及其区别，告诉我们培养积极心态的一些具体方法，有兴趣的书友们不妨仔细读一读，想一想，做一做。

（1）固定型心态 VS 成长型心态；（2）封闭型心态 VS 开放型心态；（3）防御型心态 VS 进取型心态；（4）内向型心态 VS 外向型心态。（因篇幅有限，在此恕不详述）

这本书启示我们，要想拥有好的心态，最重要的一点就是克服内心的恐惧。当遇到别人指出自己的错误时，我们的内心不再反感，不会觉得对方在否定自己，而是认真思考他的话能否给自己带来成长。这种思维方式可以极大地消除心灵深处的恐惧，心态也会好起来。

心态好了，我们感受到的世界是每个人都充满善意。即使有人态度粗暴，我们也能站在他的角度去理解和接纳他。心态好了，即使我们遇到一些暂时失败的事也不会懊悔、害怕。因为我们知道，这只是生命长河中的一个历程，暂时的失败其实对自己是一种提醒，告诉自己在哪方面准备得还不足，还需要进步。

联系自身，我觉得自己最需要改变的应该还是那种急功近利的心态吧。例如，几年前有段时间我热衷于学习蝶泳这种泳姿。虽说我从小喜欢游泳（主要是蛙泳），可在退休之前我并不会蝶泳，在泳池中看到年轻朋友蝶泳很漂亮，我非常羡慕，便也想尝试一下。蝶泳，不仅需要强有力的臂力，对腰背的肌肉力量也有很高的要求，还需要肢体各部位有很好的协调性方能游好。

然而，我都 60 多岁了，却还急于求成，仅凭着头脑中普京蝶泳的泳姿照片和自己对蝶泳的印象就在泳池中开始挑战自己。虽说我的臂力还行，起初在泳池中也能扑腾游起来，可是动作既不标准，也不协调，顾了手臂动作，顾不了腿的动作，以致游成了蝶蛙泳（即手臂动作像蝶泳，腿的动作像蛙泳），而且也只能吃力地游个十多米。

被老同学和朋友笑话和提醒后，我开始查看蝶泳的教学视频，并向游泳教练讨教蝶泳的动作要领，并不断进行模仿练习。很快，我就学会了蝶泳，动作还是蛮漂亮的，老同学和朋友们纷纷惊叹、称赞。我得到了正反馈，当然非常高兴，心态也就更好。现在我每次去游泳，在完成标配蛙泳 1000 米和自由泳 50 米后，觉得体力还行的话，我就全力蝶泳 25 米，心情格外舒畅。

其实游泳健身和读书一样，都需要一个循序渐进的过程，而且要在这个过程中不停地纠错、精进且持之以恒，才能小有成绩，然后积小成为大成。

因为心态是生命最底层的东西，撬动底层，行为必然可以得到改变。所以，只有心态产生位移，才能带动思维和学习，行动才能产生根本性的位移。可见，心态改变状态，状态决定效率。

听读了《心态》一书，我再次受到了教育。从今往后，我要以更加积极的终身学习心态，用科学的方法重新进行我的健身之旅，让自己更上一层楼。

其实，一个人发生改变的最基本的路径是觉知、接纳、行动、反馈。其中，接纳这一步是必不可少的。我们觉知了自己的问题后不要总是自我批评（一般人会觉知、批评、不行动），因为自我批评会降低自尊水平，我们就会更没有行动的动力。而如果我们觉知了问题之后，能够接纳自己，知道"我不是一个完美的人，但我依然爱我自己"，这就是接纳。接纳之后再制定行动计划，并不断践行，给自己提供正向反馈，这样我们才能愉快进步。

这本书告诉我们：人生就像一艘船，而心态就像一只看不见、摸不着的船舵，正在下意识地控制着我们人生的方向，塑造着我们生活、工作的方方面面。只有真正了解自己的心态，培养积极心态，消除消极心态，我们才能更好地驾驭人生航船，达到理想彼岸，活出精彩人生。我觉得这本书的知识和原理能帮助我们从根源上改变自己的心态。心态好了，我们就会幸福快乐，就会家庭和美，就会身心健康。这个社会上心态健康的人越多，我们的社会就会越和谐，生活就会越幸福。祝我们都有个好心态，幸福快乐到永远！

2023 年 11 月 10 日晨

2.2 心态定长：固定型和成长型之比较

心理学研究表明：心态对人的成功和成才以及健康长寿都有着十分重要的影响。认识自己拥有何种心态以及怎样调整自己的心态，对我们能否获得终身成长至关重要。上周在与书友们分享我在晨读《心态》一书的感悟时，提到了四组心态类型，后续我将再与大家一一分享有关内容。今天，我们先谈谈固定型心态与成长型心态。

固定型心态和成长型心态的主要区别是：固定型心态的人，更重视自己的形象、评价、表现；而成长型心态的人更重视自己的成长、学习和挑战。

固定型心态的人这一辈子所做的最重要的一件事，就是"我要证明我自己""我要面子"。面子很重要，所以无论他做什么事，首先想的就是这事丢不丢脸、这事我能排第几、跟别人比起来我怎么样？一生中，他总是在和别人做对比。所以，这种心态的人容易傲慢、耍大牌、不讲诚信、轻易放弃、回避挑战。

成长型心态的人则认为这个世界是变化的，我这辈子不需要跟别人比。他们常常是跟过去的自己比，最关心的是自己能不能进步，能不能学到东西。虽然这件事情很丢脸，没关系，因为我今天学到东西了，我很开心。成长型心态的人更讲求诚信，因为他不认为这一次的博弈结果很重要，即使结果不是理想的，但是未来可能还会和对方打交道，说不定还有更多的合作机会。成长型心态的人更愿意接受挑战，能接受失败，因为他觉得只要我能学到东西就够了。

书中介绍了"字迹模糊实验"。研究人员找来了两组学生，先用问卷对他们进行心态测试，以此确定哪些学生更偏向成长型心态，哪些学生更偏向固定型心态。然后给这两组学生发了两套难度差不多的题目，让他们去做。前一半的题目比较简单，大家都会做，所以两组学生表现得几乎都一样，全都做了。

当他们做后一半题目时出现了一点小状况。因为后一半题目的字迹是模糊的，乱七八糟的，不仅有很多错别字，还有印得模糊不清的地方，需要他们去猜测题目写的到底是什么。（其实，这是研究人员故意设计的。他们故意出了一套非常模糊、质量低下的卷子。）这次的结果是：72%的成长型心态的人都继续去做题，并且做对了这些题目；而只有35%的固定型心态的人继续做这些题，他们大多数人觉得"这事又不怪我，谁让你把题目印得那么模糊"，找到了理由，所以就可以不参与了。

可见，固定型心态和成长型心态最本质的区别是：两者对于失败的态度是不一样的。成长型心态的人在面对字迹模糊时选择了继续答题，虽然也觉得有可能会失败，但是他认为"这件事可以努力一下，就当是测字游戏，挺有意思的；最重要的是，我的任务不就是做这个题吗，那就做呗，没必要去怪这怪那挑毛病"。这就是成长型心态。

20世纪80年代初，我曾对上海市田径队、上海体院及上海高校和江苏高校田径队（包括著名跳高名将朱建华等运动健将在内）共300余名高水平运动员采用我自行设计的《运动竞赛心理调查表》结合其他心理测评手段，做过心理品质与运动成绩之间关系的调研，发现运动成绩能否在赛中正常或超常发挥与拼搏精神这种成长型心态直接相关。[参见《苏州大学学报（自然科学版）》1983年第1期（P130－136）]

拼搏精神通常是在比赛激烈时易见，它和求胜欲关系密切，主要表现在意志方面。比赛中运动员会遇到来自对手的、自身的、环境的和心理的诸多困难，为了取得好成绩，运动员就必须调动最大的体力和精力去克服困难，否则他就不可能赛出好水平。因此，拥有成长型心态、信心百倍、精力充沛、斗志昂扬、积极拼搏是一个优秀运动员所应具备的。有没有成长型心态、拼搏精神往往可以通过与强手或与同等水平对手的比赛中体现出来。遇强手时，有成长型心态、拼搏精神的运动员不畏强手，奋力拼搏，并常常与"自己"竞争，力求超过自己的最好成绩。他们面对强手时顾虑很少，更多地考虑如何发挥自己最大潜能，选择可以提高成绩的最佳策略。而固定型心态、缺乏拼搏精神的运动员往往畏惧强手，过多考虑个人输赢得失，很少考虑如何赛出水平，继而丧失信心，无意争斗，故常常失常，赛不出水平。遇同水平对手时，心理活动更为复杂。有成长型心态、拼搏精神的运动员面对对手毫无惧色，对激烈争夺有充分准备，用智更多，既考虑如何提高成绩，又想方设法力克对手，常能以智以勇取胜。而固定型心态、缺乏拼搏精神的运动员，此时惧怕对手而顾虑重重，格外紧张，对比赛策略考虑较少，常抱侥幸心理，因而比赛失利较多。

其实我们每个人身上都有一部分固定型心态和一部分成长型心态。完全都是成长型心态的人极少见。既然成长型心态是我们更为向往的一种积极心态，那么，我们应该怎么做，才能从固定型心态转变为成长型心态？这里有几个方法可供学习参考。

首先，辨识自己的心态。当你出现了一个问题，需要先提醒自己："是不是我的心态有了问题，我有了固定型的心态？"在有了识别以后，就要给自己确定一个目标，设定一个改变路线，即"我在哪些方面需要达到一个什么样的目标""我打算做哪几件事来让我变得更加具有成长型心态"。

其次，写心态日记。这招很管用。作者很推荐这个方法。就是每天在本子上记录三件表现自己良好心态的事情，不断地积极自我暗示、自我鼓励。实际上，真正有效地让自己进步的关键，在于能发现自己的亮点，多鼓励自己。

最后，多跟其他人讨论关于成长型心态的话题，对成长型心态的积极意义有清晰的认识，想提升这种心态的愿望日益增强，并在日常生活中不断努力，自觉改进。

以上我向大家简要介绍了一下固定型心态与成长型心态的表现和两者之间的主要区别及其转型方法。有兴趣的书友们还可参阅《终身成长》一书，从那本书中你可以得到更加透彻的了解。

2023 年 11 月 16 日

2.3 心态收放：封闭型和开放型之长短

昨天晨读我与书友们分享了固定型心态和成长型心态有关内容的感悟，今天我们再来了解第二组心态——封闭型心态和开放型心态。

开放型心态是指个体对待事物和思想的开放、包容、乐观和积极的态度。具体表现在：

（1）对待新事物持有接纳和学习的态度。能够接纳新的事物、新的思想，对自己不熟悉的东西充满好奇心，有探求未知领域的强烈欲望；

（2）乐于与人交往和合作。善于沟通，积极寻求合作，与他人建立良好关系；

（3）面对困难和挑战时保持坚韧和乐观。不怕失败，勇于尝试，敢于面对挑战；

（4）不断学习和提升自身素质，以开放的心态积极吸纳新知识，充实自己，完善自己。

《心态》的作者对桥水基金的创始人瑞·达利欧特别崇拜。达利欧曾经说过，他公司的成功取决于彻底的开放思想。达利欧的员工可以在公司给他写信，说"你上个礼拜开会的时候，表现得太糟糕了"，并写出他有哪些问题。达利欧收信后可以把这封信转发给公司其他的人，让大家一块儿讨论怎样让老板变得更好。这其实就是一种完全开放型心态。

我是学心理学的，在大学工作时教的也是心理学，下海创业办公司后，主要研究管理心理学。在公司，我非常强调开放型心态，将它作为企业文化的一项重要内容，列入展板，挂在公司墙上，可以天天看见。即便如此，员工们依然非常照顾我的面子，我的话和有关决策未必都是对的，有些甚至感情用事存在明显错误，可是大家依然不肯多说什么，更不愿与我争辩，也许他们觉得"这会让老板丢脸的"。

其实,老板大多是很孤独的,他也需要充分交流和沟通,并接受员工们的"培训"。为了改变这种状况,鼓励大家畅所欲言,我也会召开公司发展战略研讨会,有时甚至还会请外面的专家学者一起参与。大家畅所欲言,建言献策,群策群力,以开放的心态听取并采纳意见,帮助我提高认知,帮助公司寻找突破发展瓶颈之路。在公司运营上,我们始终坚持"稳中求快速发展"的经营方针。事实证明,此法很有效,我们也因此挺过了好几次重大危机,迎来了较为稳健而又快速的发展。

封闭型心态是指一个人缺乏自信和勇气,常常低估自己的能力,认为自己无法胜任某些任务或者无法面对某些人或事,不愿面对挑战和困难,因而选择逃避,封闭自己。这种心理状态同过去的失败或者自我评价不足有关。

封闭型心态的本质来源是恐惧,就是我们恐惧被他人看到自己的错误,恐惧不能够把控一切,恐惧不确定性。作者在这一点上剖析得很透彻,他说:"你需要意识到自己内心的恐惧。"封闭型心态就是"我的地位、想法不能够被挑战"。

封闭型心态的主要表现特征如下:

(1) 感觉要采取防御行为,或者自我保护行为;
(2) 当有人反对你时,你会有一种挫败感;
(3) 不愿意听取他人的意见,会迅速表示拒绝;
(4) 感觉受到催促或者有压力;
(5) 执意要在孰是孰非的问题上分出一个高下;
(6) 对他人给出的意见极力地做出解释,而不是听取他人的意见;
(7) 认为自己比周围其他的人都懂很多。

我们在肯定开放型心态的同时，也要一分为二地看待封闭型心态。封闭型心态也有两大好处：

第一个好处，封闭型心态会让人显得很有魅力，更容易让别人接纳和喜欢。因为他能够表现出坚定感、领袖气质，让很多不明就里的人觉得"这个人很有魅力""他什么都知道"。

第二个好处，拥有封闭型心态会提高我们的做事效率。如果我们在每件事情上都保持开放型心态，那就没法做决策了。所以，如果有人斩钉截铁地说"就听我的，就这样做，没问题"，这样就可以更快、更高效地做出决策。可见封闭型心态在管理学和社会交往上是有一定意义的，故不能全盘否定之。

日常生活中，封闭型心态的人很多，其表现也无处不在。那么，我们怎么才能够从封闭型心态转变成开放型心态呢？作者在书中给出了三条方法建议。

第一，冥想。我们知道心态从物理层面来说就是神经元的连接通路。大脑当中几十亿个神经元会互相建立连接，一旦建立了连接，就会被周期性地使用。所以，假如一个人特别容易警惕、恼怒、发飙，他"生气"的这条线就会很发达，会变成"高速公路"。而"淡定"的那条线却是漆黑一片。如果你希望更换自己头脑当中的"高速公路"，把那个经常亮起的部分慢慢地暗下去，让从来没有用过的、淡定的、从容的、乐观的、开心的那部分亮起来，有效的办法就是冥想。冥想意味着打断，就是不再按照以往惯性走了。这可以通过冥想不断地反思、调整，来改变自己大脑神经元的连接，建立新的神经通路。

第二，改变认知。时常提醒自己一句话，"我或许错了"。在人际关系层面，你可以承认"我或许错了"；在工作层面，你也可以承认"我或许错了"；在对他人的判断层面，你还可以承认"我或许错了"。这种想法会改变你和他人之间的关系，使你用更加开放的眼光看待这个世界。

第三，增加思维容量。思维容量就是"器"。有人"器大"，有人"器小"。比如杯子已经装满水了，你再往里倒水，肯定装不下了。当你"器大"能增加思维容量时，就知道"人外有人，天外有天"，知道自己所掌握的知识永远是这个星球上相当局限的一点点，你的心态就会变得更加开放。

以上我们了解了封闭型心态和开放型心态的特征及其转变方法，希望对大家能有所启示和帮助。祝大家都能有一个适合自己发展的良好心态！

2023 年 11 月 17 日

2.4 心态守攻：防御型与进取型之强弱

今天我们再来一起了解一下《心态》一书中提及的第三组心态——防御型心态与进取型心态。

防御型心态就是老怕失去，总是在努力地构造一条护城河，让自己不要失去。这种心态最大的特点就是想赢怕输。丹尼尔·卡尼曼在《思考，快与慢》里已经讲得很清楚了，就是我们想赢怕输，厌恶失去。因为我们惧怕失去，所以才会花很大力气去避免问题的发生，以保守的防御型心态去处理事情。

很多朋友毕业以后就努力寻找一份稳定的工作，比如去大国企或事业单位，然后一辈子小心翼翼地呵护这份工作，并坚信"我一定要在这个岗位上干下去"。到了四五十岁以后，经历一次失业，仿佛一下子被打入人生谷底，什么都没有了。

世事无常。虽然防御型心态经常会让我们失去很多机会，造成很多损失，但也并非一无是处，它可以避免冒进犯错。所以，我们既要求稳，更要求进。

平时我们经常思考的是，如何限制和纠正糟糕的事，但实际上，我们更应该去做的事是如何让我们的工作和生活从好变成更好。在工作中，我们要用防御策略来实现防御性的目标，用进取策略来实现进取型的目标，这样的搭配会进一步提升员工的动力。当我们使目标与策略一致时，员工会更加投入、更加坚韧，能够更好地、成功地实现目标。

我在公司建立之初，根据本公司基础条件和特点设计的公司企业文化强调提倡"六种精神"，明确表明，要有"稳健精神"，更要"稳中求快速发展"。我觉得这是一种理智的进取。

进取型心态，是指一个人有雄心壮志，总在努力进取，勇攀高峰。它反映了这个人锐意进取、创新开拓、积极攀登的精神面貌。它表现为热爱生活、热爱科学、追求真理、不怕艰苦、不畏艰险，积极争抢工作任务，想方设法排除万难，出色完成各项任务。

虽然在攀登事业高峰的征途上，确有无数艰难险阻，但世界上没有任何悬崖峭壁、冰雪高峰是人类所不能征服的。世界之最珠穆朗玛峰就已被众多登山者所征服。马克思有句名言："在科学上是没有平坦的大道的。只有不畏劳苦沿着陡峭路攀登的人，才有希望到达光辉的顶点。"俗话说："涉浅水者得鳖，入大海者擒蛟龙。"总结众多人才成功的经验发现，许多人才对已经取得的成功，只是把它当作整个事业的一个小阶段，从不停步，锐意进取，不断开拓更广阔更深邃的求知世界。如果一个人缺乏进取心，只想躺在自己的舒适圈里，企望舒舒服服、不下苦功，那么他怎么可能干好工作，去成就他的事业呢？

可见，进取型心态是我们促使自己持续发展的一种积极心态，是获得成功和成就的必备要素，是我们探索人生最宝贵的一种修养。只有有了进取心，我们才能不断攀爬人生的高峰，才能挖掘自己的潜能，创造自己的价值，让人生更加灿烂多彩。人类如果没有进取心，也就不会有进化，也不会有今天的科技进步。从这个意义上讲，进取心其实也是人的一种求生天性，只是有的人发展得很好，而有的人发展得较差，甚至退化。请记住："心有多大，舞台就有多大。"

总之，人生是一个不断进阶、不断挑战、克服肉身、淬炼灵魂的过程。进取心是人类特有的素养，有了进取心，我们的人生才不至于空洞乏味，才充满了无限的可能。进取心不仅仅给我们带来成功，还能帮助我们塑造一个坚韧的灵魂。

由此我们不难看出，防御型心态与进取型心态的区别主要在于：前者属于消极心态，后者则属于积极心态。当处于消极被动的防御型心态时，我们更容易走向平庸；而当我们处于积极主动的进取型心态时，我们更容易走向成功。

如何判断自己的心态类型？

（1）是否有明确清晰的人生目标。当有明确而清晰的人生目标时，我们愿意为之而奋斗，这时的心态就会更进取；如果没有长远的人生目标，我们就会默认安逸与舒适，不愿突破舒适圈，这时我们的心态更趋防御。

（2）是否喜欢去做实现目标的事情。如果平时我们只喜欢做简单而轻松的事情，这时我们的心态会更防御。而如果我们喜欢做能够帮助自己实现目标的事情，哪怕很困难，我们也乐意突破舒适圈，迎难而上，努力完成。这时，我们的心态就会更进取。

（3）是否愿意解决问题和承担风险。如果我们总是关注如何规避问题和风险，那么这时我们的心态会更防御。如果我们总是关注如何实现目标，并预测问题与风险，愿意解决问题与承担风险。那么，这时我们的心态会更进取。

那么，怎么培养进取型心态呢？

首先，给自己定个目标。目标不能太小，要结合理想给自己树立更远大的目标。研究表明：理想对于进取型心态的产生与持续及目标的实现非常重要。

理想是激励一个人为未来的人生目标而奋斗的个性倾向。它像一座灯塔，激发着人的热情，指引着人的进取活动方向，是使人具备艰苦奋斗精神的力量源泉，对人的个性产生深刻的影响。它在个性心理结构中有很大作用。理想的形成与需求、动机、兴趣、世界观有密切关系。理想是在需求的基础上产生的，是一个人对未来的期望，可以激励人进取奋进。然而期望水平又与价值大小密切相关，而价值则与人的需求水平以及对需求的认识选择直接相关。理想与动机的联系表现在：一方面，理想的性质与水平影响着动机的形成；另一方面，理想又是人们从事各种活动的强有力的动机。另外，兴趣也是影响人的理想形成的重要因素。强烈的兴趣是理想形成的重要"激素"。理想也受到世界观的调节支配。科学的世界观有助于产生正确崇高的理想，错误世界观则使人产生不切实际的错误理想。可见"三观"对我们理想的形成和进取型心态的产生与发展有多么重要。此外，从生理心理学的角度考虑，要想办法让自己的左侧前额叶皮质多工作。因为左侧前额叶皮质工作时，人们会更容易积极进取。然而右侧前额叶皮质工作的时候，人们更容易焦虑烦躁、患得患失、产生很多烦恼，给人带来消极的感受。

让左侧前额叶皮质工作的方法有：

（1）运用冥想和保持正念的方法。这些方法能让我们的心态变得更加积极。

（2）去读一些宏大的好书，例如人物传记，向那些令我们钦佩的人学习，从而激发自己的进取心。因为人物传记能够帮助我们启发左侧前额叶皮质工作，当我们读了那些令人激动的人物的传奇人生后，负责我们积极心态的那部分大脑会变得更加活跃。

（3）坚持记日记，每天记三件好事。我们可以用一件事就把这两个心态都改善了。

通过对这一组心态的学习与讨论，我们更希望大家都能将自己的心态调整到走向进取型的这一端。因此，只有明确了人生目标，让自己的人生旅途有方向，并为之而努力奋斗，我们才能成为生活的驾驭者，否则就只能是生活的过客。

以上是我对《心态》中提及的第三组心态的一点晨读感悟，与书友们分享，供大家参考，同时欢迎讨论。

2023 年 11 月 20 日

2.5 心态倾向：内向型与外向型之优劣

今天我们再来谈谈《心态》一书中的第四组心态，即内向型和外向型的心态。

心理学上对内向型心态的描述为：

安静，离群，内省，喜欢独处而不喜欢接触人；保守，与人保持一定距离（除非挚友）；做事有计划，瞻前顾后，不凭一时冲动，做事可靠；日常生活有规律，严谨保守，遵循伦理观念；很少有进攻行为，常常悲观、焦虑、紧张、易怒还有抑郁，睡眠质量不好。具体表现与受教育程度、个人经历、生活环境诸因素有关，属于中医"气虚"体质。

内向型心态的特点是：心理状态内敛深沉，待人接物小心谨慎，喜欢独处，思考问题比较缜密，处理事务优柔寡断，缺乏自信，不善社交。

内向型心态的人，无法快速适应新环境的需要，经常进行自我分析和自我批评；他们大多喜欢独处和独立思考，不喜欢抛头露面和公开演说及与人争论，也不太爱笑；他们不好社交，比较社恐，不愿意与人交往，甚至害怕与异性交往。但是他们能冷静思考，善于对事情做出较为清醒的判断，理智地处理事情。另外，他们善于自圆其说，会列举一大堆理由自我安慰、自我解释、自我辩护。同时，他们也容易掉入自卑和沮丧的泥潭。

外向型心态的特点则是：心直口快，经常不假思索地说出自己想法；活泼开朗，善于交际，感情外露；待人热情诚恳，并且与人交往随和，比较率直，不拘小节，能迅速适应环境。

外向型心态的人，通常行动力强，勇于尝试新事物，喜欢冒险和挑战，具有较强的探索精神和创造力；他们通常比较活跃、充满活力和热情；不拘小节，不喜欢被束缚和限制；善于社交，乐于参加各种社交活动，能与不同类型的人建立良好关系；也能迅速打破冷场，促进交流；但他们不太愿意深思，也不愿考虑做事后果，较易上当受骗，有时显得有些"傻"，容易活在自我欺骗和麻痹的世界里，以为世界就是自己想象的那样。

内向型心态和外向型心态的主要区别在于：

（1）如何看待自己：内向型的人认为自己比他人更重要，世界围着自己打转，以自我为中心。外向型的人认为，自己是一幅大拼图中的一小块，所有拼图碎片都在人生这部巨著中，起着重要的作用。

（2）如何看待他人：内向型的人认为，别人都是物品或资源，是给了自己帮助的，至少不能对自己起阻碍作用。外向型的人认为，其他人都是真正有价值的人和合作者。

（3）如何看待他人的需要、情绪和情感：内向型的人认为自己缺少人性，不考虑他人的观点和需求及情绪和情感。外向型的人对他人很有人性，会了解别人的观点，以及考虑别人的需要、情绪和情感。

（4）如何看待他人的思想、行为和付出：内向型的人认为其他人都没有尽其所能，喜欢对别人评头论足、挑三拣四。外向型的人认为其他人都各尽其所能了，更容易与他人共情，不评判和批评他人。

（5）如何看待失败和负面经历：内向型的人认为，自己所经历的负面事件都是他人的错。外向型的人会反思自己在失败或负面经历中所承担的责任，如"我是不是可以承担更多的责任，我是不是可以做一些改变"。

心理学研究表明，人的心态是性格形成的基础，某种心态一旦得到长期稳定，就会形成某种性格特征。我当年的硕士学位论文《人才个性心理结构的理想模式》（1989年6月）对心态与性格及整个人格形成的关系也有揭示详述。另可参阅我的另一篇论文《个性心理结构问题的研究》，发表在《人力资源管理》2012年第12期第199－205页上。

人的气质与先天遗传因素密切相关，所谓"禀性难移"。然而性格虽与DNA有关系，但更受环境教育的影响。心理学认为，气质没有好坏之分，只有使用得当与不当；但性格可分好坏，并可通过教育培养，转变心态倾向，塑造优良的性格品质。

其实，在日常生活中我们能看到，也有一些内向型心态的人在多数场合表现得内向，但在某种场合也能表现得外向。例如，有人在平时工作时，显得比较内向，不和人说话，下班回家也是如此，不喜欢多说话，可是在酒桌上推杯换盏时却能妙语连珠，很是活跃。

所以，我们不能说外向型心态一定什么都好，而内向型心态就一定什么都不好，其实两者各有优缺点，只是我们在日常工作、学习、生活中要善于扬长避短罢了。在职场和社交等领域中，外向型心态的优势是明显的。那么，我们怎么培养呢？

第一，学会主动关心他人，从小事做起。学会每天做一些真正触及灵魂、让别人觉得你对他真的很关心的事，既愉悦了别人，也开心了自己。

第二，小心自我恐惧和自我背叛。内向型心态的根源就是恐惧和自我背叛。自我背叛就是老担心别人会做一些对自己不利的事，所以迫不得已先做一些与人不利之事。我们不妨先改变自己，打破自我背叛的恶性循环，对他人有一些更良好的预设，自己也会快乐起来。

第三，要学会关爱自己，别给自己太大的压力，别整天批评自己、辱骂自己、贬低自己，多看到自身进步的地方，把它记下来，并给自己一些慰劳。一个人如果不能爱自己，他也难以设身处地地爱别人。

在此，我也想从另外的角度与书友们分享一下影响我内外向心态转变的因素。

记得读大学时，心理测试结果显示我的神经类型属于安静型，气质类型是黏液质，性格类型本质上是内向型。是的，青少年时期，我不善言辞，不爱说话，不太合群，喜欢独处，表现出明显的内向型心态。如今反思我的成长过程，深刻地认识到主要是以下四个方面改变了我的心态，使我从典型的内向型逐步转变成内外向兼有，再趋向现在的弱外向型。

（1）当业余运动员

20世纪70年代初期，那时我正在读高一，一次体育课上百米测验时我跑出12秒7的成绩，当时体育老师沈邦杰（国家一级裁判）感到惊奇，没想到一个没经过专门运动训练的瘦小学生竟能跑出这个在当时常熟少年田径比赛中可进前三名的好成绩。于是沈老师就将我推荐给了县田径队冯伯炎主教练，让我直接参加即将举行的苏州地区少年田径运动会，参赛项目是100米跑、200米跑、跳远和4×100米接力。这对于还未完全发育、从未参加过重大比赛、喜欢读书、性格内向的我来说，压力巨大，紧张焦虑更是可想而知。短短十多天的赛前业余集训，特别是4×100米接力这个集体项目，它需要选手们的默契配合，对人际交往和主动乐群、融入集体是有帮助的。比赛则对克服胆怯、不畏强手、勇敢面对、奋力拼搏很有帮助。比赛结果出乎意料，我竟获得苏州地区100米和200米冠军、跳远第三，我们常熟接力也获得第一！从此，我真正喜欢上了体育运动，逐渐乐意参加运动训练和集体活动了。我连续二年获得苏州地区少年男子甲组百米冠军，参加过三次省运会。在1974年秋南京举行的江苏省第八届全民运动会成年男子百米比赛中，我还以11秒7的成绩打破了常熟尘封多年的县纪录。读大学后，我还两度获得过上海师大跳高和跳远这两个项目的第一名，两次代表上海师大田径队参加了上海市大学生运动会，参赛项目就是跳高、跳远和4×100米接力。

我真切体会到运动训练和集体项目对培养乐群和协作精神等外向型心态很有帮助。

（2）在学校当老师

1974年夏，我高中毕业后不久就响应上山下乡号召，去了五七农场务农。两年后，被母校常熟省中借调，当了代课老师。当时担任初二（2）班的班主任，并代上高中体育课和担任校田径队教练。起初，我在比自己小不了几岁的学生面前很紧张，不知所措，害怕因讲错和做错示范而遭到学生笑话。特别是上理论课和班课时，教研组组长等老师还要来现场听课，我更紧张了，有时还会将充分备好的45分钟的教学内容，在"抖音"状态中35分钟就讲完了，后面10分钟就不知讲什么了。但经过一次次课的锻炼，我的紧张焦虑感明显降低，平时也开始喜欢讲话了。特别是后来大学毕业后留校任教，当了心理学老师后，面对阶梯教室中100多名学生连续授课100分钟（两节课）的那十年经历，和时常被学校派出去为企事业单位和学校领导开讲座的锻炼，我的演讲能力和师生交往能力得到了长足发展，我不再害怕讲话了，也善言辞了，有时还能妙语连珠。后来，创办培训中心从事成人教育，特别是在给外商投资企业提供团体培训以及为苏州大学研究生课程班进行演讲和授课时，更是得心应手。

我深深体会到,大庭广众之下,自觉锻炼演讲能力,可以增强信心、克服紧张焦虑,有助于发展外向型心态。

(3) 当学会秘书长

我是很幸运的,留校任教后不久,恰逢苏州市心理学会需要恢复重建,在吴增芥和赵兴中两位省内外知名教授的推荐下,我参与了学会重建工作和后续日常工作。我在苏州市心理学会兼职工作有6年之久,先后担任过常务理事、副秘书长、秘书长。心理学会是个锻炼人的地方,做秘书长工作锻炼了我内外联络、上下协调的沟通能力和组织能力;也提升了我的服务精神和协作精神,使我的心态倾向向着外向型方向又进了一大步。在学会的推荐下,我还荣幸当选苏州市科协委员,增进了我与其他有关学会、协会、研究会之间的交流与学习,这对扩大社交圈及培养社交能力也有好处。我对心理学会充满了感激,在那里,我得到了历练,获得了成长。

(4) 在企业当领导

我创办公司、搞经营管理已有25年之久,身兼董事长、总经理、党支部书记和培训中心主任等数职,使我在心态方面又得到了实质性的全面历练。

第一,积极心态。我深知"以积极带积极"的重要性,想让员工积极主动工作,自己必须率先做到,给员工不断传递积极的正能量,鼓励员工积极进取。

第二,利他心态。我秉承"财散人聚"理念,尽量统筹考虑每个员工的切身利益,关心员工的身心健康及其家庭生活事宜,力所能及地为他们排忧解难,不断践行利他心态。

第三,包容心态。我提倡员工独立自主、积极主动,同时允许他们创新试错、主动纠错,以足够的包容心鼓励员工发挥主观能动性,积极开拓创新,提升业绩。

第四，服务心态。我深知管理就是服务，老板应是个好的后勤服务者，为员工们提供开展工作的良好服务，让员工心里感到温暖、踏实。

第五，感恩心态。我认识到是公司平台、员工和社会成就了我，离开了平台，没有了员工，脱离了社会，我的人生就会大打折扣。所以，我感恩公司、感恩同舟共济的好员工、感恩社会提供的各种发展机会，也感恩自己抓住了机会发展了事业。

第六，稳健心态。我在十分激烈的市场竞争面前，持有危机意识，学会了稳中求快速发展的方法。这种方法来源于自信和对公司的全面了解，足以让我在面对危机时，沉着应对，排除万难，争取胜利。

以上在领导力方面的历练，让我学会了宣传鼓动，提升了共情能力，塑造了人格魅力，获得了心态倾向方面的又一次积极持久的提升。

回顾自己的人生历程，我见证了自己整个心态和性格倾向的转变过程，感悟到了只要坚持努力，自己的心态完全可以由消极负向变成积极正向，性格特征也可因此向好的方面发生转化。

结语：

行文至此，我们介绍完了四组完全不同的心态：

固定型心态 VS 成长型心态；

封闭型心态 VS 开放型心态；

防御型心态 VS 进取型心态；

内向型心态 VS 外向型心态。

希望书友们都能努力走向心态更为积极的一端。"金无足赤，人无完人"，"江山易改，禀性难移"，这种修炼和改变当然不会一蹴而就，但是人生最有意思的事情，就是知行合一，不断探索，不断前行，终身成长。

同时，希望我的上述感悟能对书友们的家庭教育及孩子的积极人格品质培养有所启示和帮助！

2023 年 11 月 21 日

2.6　正念之光：读《正念的奇迹》有感

本书作者一行禅师，1926年生于越南，十六岁出家，后到欧洲定居法国。一行禅师是一位优秀的宗教实践家和活动家，同时还是一位诗人和作家。他已用越南语、英语和法语写过八十多本书。

正念源自佛教的正念禅修。在心理学上正念的核心内涵则是：

（1）对当下的注意。这是指将注意力集中在当前的身心经验上，而不是回顾过去或预测未来。这种对当下的注意有助于我们从行动思维模式（"doing" mode of mind）转向存在思维模式（"being" mode of mind），从而改变人们的思维模式，如将避免或逃避困难情境转变为用实际行动来改变自身的情绪或心理状况。

（2）对当下的接纳。这意味着不对当前的经历做出评价或判断，保持开放和接纳的心态。这种接纳的态度可以让我们不受过去失败的影响，也不受未来忧虑的困扰，让我们沉浸在当前的体验中，而不是过度思考或抗拒现状。简言之，正念就是通过全神贯注地觉察当前的身心经验，并以非判断、非评估的态度对待所有的感受、情绪和思维，从而达到关注当下、接受现实的目的，减少自动反应的效果。

作者认为：专注工作，保持警觉和清醒，准备好应对任何可能发生的状况，随机应变，这就是正念。他认为：只要你能学会保持正念，甚至只要能够提醒自己保持正念，你就会在一秒钟内变得心平气和。相反，在没有保持正念的时候，我们会被欲望折磨，被心事烦恼，被他人掌控，被情绪左右。

书中介绍了修习正念的具体方法：

（1）数息法。吸气，在心里数一，呼气，在心里数一。再吸气，在心里数二，再呼气，在心里数二。这样一直数到十，然后再从一开始。如果没有正念，你将很难数清楚，还会数错。当你不会数错的时候，就可以不用数息法，只专注于呼吸本身就可以了。

（2）行住坐卧都是禅。无论行住坐卧还是工作做事时，都练习禅修，就能保持正念。

（3）给自己安排一个正念日。当你做不到每天每时都在正念中时，可以每周给自己留出一天全身心地修习正念。这一天将使你养成修习正念的好习惯。

书中还介绍了24个练习正念的方法：

（1）早晨起来时，轻轻地微笑；

（2）闲暇时，轻轻地微笑；

（3）听音乐时，轻轻地微笑；

（4）发怒时，轻轻地微笑；

（5）平躺，全身放松；

（6）坐姿放松；

（7）深呼吸；

（8）用脚步测量呼吸；

（9）数呼吸；

（10）听音乐时，随顺你的呼吸；

（11）谈话时，随顺你的呼吸；

（12）静坐时，随顺你的呼吸；

（13）运用呼吸，静定身心，以知喜悦；

（14）对身体的姿势保持正念；

（15）泡茶时，保持正念；

(16) 在正念中洗碗；

(17) 在正念中洗衣服；

(18) 全神贯注地打扫房子；

(19) 慢动作洗个澡；

(20) 想象自己是一颗鹅卵石；

(21) 正念日，做自己的主人；

(22) 观照组成自己的五蕴（色、受、想、行、识）；

(23) 观照自己与宇宙；

(24) 观照自己的髋骨。

（具体实操练习，参见书中详述）

我们为什么要修禅？作者说：如果不修禅，主宰你的将永远是你的情绪，而不是你自己。当我们愤怒时，我们自己就是愤怒本身；当我们快乐时，我们自己就是快乐本身。我们既是自己的心，也是心的观察者。只有当心看好自己，迷惘的心就变成真实的心。真实的心就是自我，也即佛陀。所谓，"明心见性"。

我认为正念也是一种心理状态，它通过开放的态度将注意力集中到内部状态和周围环境的感知上，但并不对这些感知进行评价。正念的核心在于接纳和觉察，帮助人们观察自己的想法、情绪和当下经历，而不进行批判或评价，是一种活在当下的状态。正念的目的是帮助人们从消极情绪、执念和僵化的应对方式中解脱出来，从而拥有更积极乐观的人生态度。

人生路上，不如意事常八九，只要我们能学会保持正念，甚至只要能够提醒自己保持正念，我们就会在顷刻之间变得心平气和。与之相反，在没有保持正念的时候，我们会被欲望折磨，被心事烦扰，被他人掌控，被情绪左右。那种痛苦的感受，我想大家并不陌生。

所以，关注当下，平缓内心，不设预期，我就是我，活出真正的自我才是生活本真。当遇见不喜欢的人，不喜欢的事，听到不喜欢的话时，要学会与它和解，平和心态。如果能用平和的心看待周围的人和事，我们就会活得轻松自如。其实，心花怒放的人生也是始于点滴积累起来的平和！

《正念的奇迹》是一封向我们娓娓道来的长信。这本书正文部分只有不足

100 页。书中，一行禅师用一个个生活中的小例子，讲述如何感知正念，如何修习正念，以及正念的好处何在。它通俗易懂，深入浅出，道理透彻。如果我们想活得安宁、喜乐，并愿意为之努力的话，不妨读一读这本书，它将给我们更多的人生智慧和启示。

2024 年 1 月 9 日晨

2.7 运动益脑：运动改造大脑之途径
——《运动改造大脑》晨读感悟

本书作者约翰·瑞迪是哈佛大学临床心理学医生，国际公认的神经精神医学领域专家。

今天，我再次细读此书，感触颇多。作者用严谨的神经科学研究的确凿证据，突破性地揭示了运动与大脑的联系，条分缕析地论证了运动的魔力，并得出结论：运动可以改造大脑，消除压力、焦虑、抑郁、低效等各种困扰。对此，我深表敬佩。

我年少读书时，业余喜欢田径运动（百米跑、跳高和跳远），曾经达到国家二级运动员标准；读大学本科及研究生阶段先后学过三遍深浅不同的人体生理学和一遍运动生理学及运动医学；毕业后又在苏州大学任教心理学和运动心理学 10 年有余；早年我对体育运动与发展脑力（智力）的关系也有一定研究，并有相关论文发表。

所以，我对运动可以改造大脑、提高认知水平、缓解紧张焦虑、增进身心健康的科学论断十分认同。

生理心理学研究表明：运动能够改善人体器官系统功能，减缓衰老过程。其主要表现在：运动让心血管系统变得更加强健，调节血糖、减肥、提升压力阈值、改善情绪状态；强化免疫系统，强劲骨骼系统，提高动机能力，促进神经的可塑性，从而使我们能够延缓衰老，延年益寿。

本书作者的研究结论是：运动产生大量神经元，而环境优化的刺激则有助于神经元的存活。我们在运动身体的同时，也锻炼着自己的大脑。研究还表明：65 到 79 岁这一年龄段的老年人如果每周能有 2 次 30 分钟以上的运动，患阿尔兹海默症（老年痴呆症）的可能性会下降 50%。

书中还介绍了日本的一个小规模科研结果：每周只要慢跑 2 次，每次 30 分钟，12 周之后，就能够提高大脑的执行功能。有氧运动和复杂活动对人的大脑产生各自不同的有益影响，两者有互补关系。所以，养生之道一定要包括有技巧的锻炼和有氧运动。

书中提示：强制锻炼无法起到和自愿运动相同的效果，即强制锻炼远没有自觉自愿锻炼的效果好。

我的理解是，这可能是因为强制锻炼会令人感到沉重的压力，从而产生紧张、焦虑不安的情绪。这类负性情绪会引发不良生理反应，从而影响肌肉骨骼系统、心血管系统、内分泌及神经系统的协同工作，甚至产生拮抗作用，容易导致伤痛等不良身心反应。（"知之者不如好之者，好之者不如乐之者。"）所以，运动锻炼不能强求，只有自觉自愿、积极主动、有自我掌控感才会有好的情绪体验和好的锻炼效果。

其实，在当今的日常生活中，人们的运动量和运动强度严重不足，导致一系列生理和心理问题，包括抑郁症、焦虑症、恐惧症，甚至引发记忆衰退、失忆症和阿尔兹海默症，等等。

很多人不愿意进行运动的原因是"我没精力"，殊不知，这会产生恶性循环。因为没精力，所以不运动；因为不运动，所以更没精力。

因此，为了您的身心健康，我从运动生理学和心理学的专业角度出发，建议中老年朋友们每周至少运动 2～3 次。当然，假如身体状况良好，每周 4～5 次，每次做 30 分钟中等强度的有氧运动则更好，让您的心率在运动时保持每分钟 120 次左右。

青壮年朋友们则可以每周 5～6 天进行 45 分钟至 1 小时的有氧运动，其中 4 天中等强度运动，1～2 天高强度运动。另外，我也有很多养成良好运动习惯、改造身心状态的切身体验，有机会再与朋友们分享互动。

这里，与朋友们分享几个知识小点：

（1）肢体运动最大的魅力就在于它能让大脑处于最佳状态，使其保持青春与活力。

（2）唱歌是一种韵律运动，其旋律节奏会引起内脏器官振动共鸣，似有一股滚动的流水对脏腑进行按摩，同时刺激神经，引起多巴胺、血清素等快乐神经递质的释放。

（3）阅读是一种智力运动，最大的功效就在于它能让思想处于运动状态，使其在思考中迸发创造力。

（4）运动原理：运动平衡大脑；运动让大脑成长；运动诱发神经新生；越动脑，细胞发展越好。

（5）运动分为三种类型：最大心率 55%～65% 的低强度运动、最大心率 65%～75% 的中等强度运动以及最大心率 75%～90% 的高强度运动。

（6）计算自己最大心率的通用公式是用 220 减去你的年龄。

（7）运动量标准：美国疾病预防控制中心的建议是每周至少 5 天进行 30 分钟中等强度的有氧运动。

手捧《运动改造大脑》一书，认真读完，我受益良多！本书真正从科学的角度理解了运动的原理，并告诉我们运动可以促进大脑生长、调整心态、缓解压力、缓解衰老、抑制抑郁！这本书真的太棒了，解决了长期困惑人们的很多问题，而且方法极其简单，具有可操作性，特此推荐朋友们读一读。

为了身心健康、延缓衰老，让我们一起运动起来吧！

2024 年 1 月 4 日晨

2.8 心灵升华：一本汲取心流秘籍的书
——《心流》晨读感悟

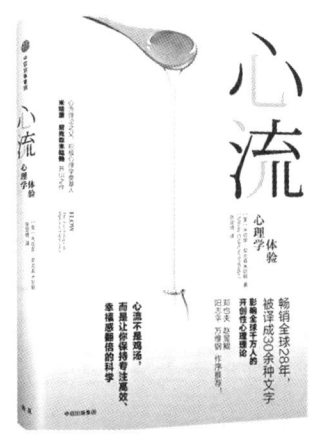

作者是米哈里·契克森米哈赖，"心流"理论提出者，被全球心理学界誉为"世界积极心理学研究领军人物"。

心流（flow，福流），是一种身心高度投入一项活动时所伴随的积极情绪体验，当人们全身心投入一项可控又富有挑战性的活动时，会沉浸在一种忘我的状态中，在活动中途或活动结束时会感受到满足和享受。

心流产生的同时会有高度的兴奋及充实感。例如，当你全身心地投入某件事，达到忘我的程度，并由此获得内心的秩序与安宁时，一种极大的满足感悄悄地潜入了你的心，使你快乐。这就是"心流"体验。

作者通过一种实证的研究方法，定义了幸福是源自我们内心的秩序这个结论。他在这里引入了物理学（热力学）"熵"及"熵增"的概念，用以解释人的心理现象中的种种混沌状态。

人在实际生活中很容易出现情绪熵增，即"精神熵"，提示人的精神混乱程度和人生的痛苦程度是相关的。米哈里认为，资讯对人们意识中的目标和结构的威胁将导致内心失去秩序，这就是精神熵。然而，精神熵的反面就是心流，一种最优体验。

研究表明：54％的心流状况是发生在工作当中的，18％的心流状况发生在休闲当中。所以，工作并非人们想象中的那么痛苦。如果我们能够学会识别并且想办法去创造更多的心流体验，那我们就可以把每一个工作的时机都转换成沉醉的时刻，庖丁解牛和卖油翁的故事就是典型例子。又如，打篮球时，你发现今天投篮手气特别好，命中率极高，这就是心流的体验。

所以，心流不是心灵鸡汤，而是能让人保持专注、高效、幸福感翻倍的一门科学。如果我们能够掌握心流的一些原理，知道心流是怎么发生的，并且知道怎么给自己的生活创造更多心流，那么我们便就会活得更加的淡定、从容、充满幸福感。

其实，除了工作外，我觉得日常生活中健身运动、唱歌舞蹈、书画摄影、旅游观光等都是能够带来心流体验的行为活动。当我们能够和音乐或美景融合在一起，同时感到身心愉悦，达到身心合一、天人合一的时候，浑然忘我的心流状态也就出现了。

所以，我们也应当多做肢体运动（健身健体）和韵律运动（唱歌跳舞）及观光旅游，让更多的心流体验出现在我们的生命中。

精神分析学派创始人、著名心理学家弗洛伊德曾经说过，快乐的秘诀在于工作与爱。工作是人生中最有乐趣的部分，如果我们能够重新认识工作，就会发现工作能够给我们带来最多的心流体验。孔子早就说过："知之者不如好之者，好之者不如乐之者。"

所以，我们应当学会像玩游戏一样地工作，创造性地寓工作于娱乐之中。"活到老、学到老、工作到老"是件快乐的事情，有助于我们产生心流体验。

总而言之，心流的核心含义就是能够学会追寻人生的意义。当我们能够学会不仅仅只满足于追求物质、社会地位和安全感的时候，我们的人生就已经开始进化了。

我们是选择做一个精神的流浪汉,还是做自己的主人;是让自己的精神不断地熵增,变得越来越混乱难以掌控,还是让自己成为自己精神世界的主人翁,经常活在心流当中,这个进化权就掌握在每个人自己的手上。

如果我们真的能够时刻活在心流当中,那么我们便能时刻保持快乐的状态,体会到此时此刻存在的意义。

这本书系统阐述了心流的理论、进入心流状态的条件以及在日常生活中获得心流的方法,为我们铺就通往稳定幸福的高速公路。

这本书采用了科学的研究方法,去解决心理学上难以定义的幸福问题。虽说理论性强了一点,但不乏可读性和较强的实操性,给我们生活带来了启发,让我们从每一件小事做起,去寻找那种成长的感觉,找到减少精神熵和保持幸福状态的方法。值得反复精读!

2023 年 12 月 15 日晨

2.9 慈悲为怀,离苦得乐
——《次第花开》晨读感悟

本书作者希阿荣博堪布,中国国籍,1963 年生于四川甘孜州德格县,是当今藏传佛教宁玛派上师法王如意宝晋美彭措仁波切颇具影响力的弟子之一。

次第花开的意思是指花朵一个接一个地按照一定的顺序开放。这个短语常用来形容春天的景象，花朵按其自身生长规律，有的开得早，有的开得晚。它不是一个佛语词汇，这里用来形容通过深入浅出的方式探讨佛学的真理。

书中处处散发着慈悲与智慧的光芒。希阿荣博堪布睿智柔和的文字，朴实生动的开示，帮助我们坦然地面对心的本性，并从各种困惑中解脱出来，获得重塑心灵世界的力量。阅读本书，我还发现书中包含种种佛教心理现象及其规律，是一本富含佛教心理学思想的好书，值得细细品读、认真理解和体会！

一、痛苦及其分类

根据佛陀的开示，解脱是从认识痛苦开始的。

佛经上把痛苦分为三类：

（1）苦苦：不折不扣的痛苦叫作苦苦；

（2）变苦：我们认为的快乐，因其本质为痛苦，而终将由快乐变成痛苦，这叫变苦；

（3）行苦：陷入轮回中的人们对整个存在状态的无奈和不圆满，被烦恼束缚，这叫行苦。

人间痛苦分为八种：即生、老、病、死、怨憎会、爱离别、求不得、不欲临。

承认痛苦的普遍性，看似悲观消极，实则不然。对痛苦的逃避，反而会加重我们的焦虑和恐惧。承认痛苦是正常的，我们就能集中精力处理问题本身，而不是纠缠在愤愤不平的情绪当中。

二、痛苦的来源及其解脱

1. 无常与痛苦

佛陀说一切痛苦的根源在于我们长期以来对自身以及外部世界根深蒂固的误解，执幻为实。万事万物都依赖内在和外在的条件而生灭，因此不具有固有性、恒常性，这就是无我和无常。人们误认为是无常带来了痛苦，而实际上造成痛苦的不是无常，而是对无常的恐惧。

克服这种恐惧有两个办法：一是熟悉无常；二是了解恐惧无常的原因。面对无常，观察它，你才会发现不只是自己在失去、在衰老、会生病、经历挫折、没有安全感。熟悉无常不仅令我们的内心得到真正的放松，胸襟变得开阔，还会使我们因此而更加珍惜人生，懂得生活的意义。

2. 安乐与痛苦

安乐，是一种心的感受。有时候人们并非不快乐，只是以为自己不快乐而已。其实，痛苦消失就是快乐。如果人们能够像观察自己的皱纹一样去熟悉自己的心念活动，就不难发现每一个单纯而直接的当下都带着淡淡的喜悦。如果不把快乐寄托于瞬息万变的外部世界带给人的刺激，那么感受是可以延长、扩大的。放下执着就会安乐。

3. 执着与痛苦

痛苦源自"我执"和"法执"，即对自己的执着和对周遭事物的执着。其实，没有一个绝对存在的"我"。耗费一生精力企图在自己与外界之间砌一道围墙的做法是徒劳的，而这种徒劳带来的挫败感让我们很不快乐。注意观察自己的各种情绪，能够帮我们安住在负面情绪中，而不是压制它，从而帮助我们培养菩提心。把快乐寄托在向外驰求上，就像喝盐水解渴一样，得到越多越不满足。

三、修行主要修炼什么

1. 修炼精神品质

修行不是去追求神秘的体验或获得某种超常的功能，修行是修养仁爱、宽容、谦让、与人为善等精神品质，也就是要关心关注其他生命的福祉，并且自觉调整自身行为让其他众生感到安适快乐。

2. 修炼恻隐之心

恻隐之心，就是不忍心看到另一个生命痛苦。在此基础上参与、分担另一个生命的痛苦，就是悲心。虽然我们有时候表现得自私冷酷，但这种能力始终存在。

3. 修炼自律意志

我们若真心替别人着想,首先要做到自律。自律的第一步是觉察。凡事想开点,就是不强化对事件和情绪的负面认知,不在心里编故事夸大、加重感受。自律的一个重要方面是不让自己沉浸在对人对事无益的想象中。负面情绪的存在就意味着幸福感的缺失。没有自律,无论对自己还是别人都没有好处。自律不是压抑情感,而是考虑他人的感受,目的是不伤害。

4. 修炼皈依佛性

在佛教中,皈依是指修行者对佛、法(教义)、僧三宝的归顺和依附,这个过程象征着对佛教信仰的承诺和实践。心理学上认为皈依也可以被用来描述个人或集体在心理或情感上的转变,这种转变可能源于对某个信念或理想的认同和承诺。

皈依,不是修行的起点,而是整个修行过程。皈依佛法需要胆识,因为佛法不向你承诺安全感或确定性,它恰恰要打破你对安全的幻想,持续的觉察训练会让我们逐渐习惯这种不迎不拒的做法。

5. 修行与无常和因果

佛陀关于无常和因果的开示给了人们勇力和希望。人的逃避无常是因为人们以为无常只是人生的一种遭遇,只要找到最佳解决方案就可以规避。无常不是人生的一段过渡期,而是整个人生。相信因果不等于相信宿命,人需要精进修行,去追求无上正等正觉。

修行只是让自己放松下来,自在地安住于此。修行对我们来说,是次第而行,是平凡而具体、每天都在做的一件事,就像吃饭、睡觉那样。

要读懂这本书,理解其中要义,体验佛性修行,我们需要了解一些佛教用语:

(1)菩提心

菩提心,指的是发愿成就佛道的决心和心态。这是佛教一个重要概念,菩提心的核心在于利益一切众生,帮助他们获得佛果,其本质是一种对众生的慈悲和关爱,以及对自我内在成长和外在成就的追求。菩提心是修学佛法的根本和基础。

要发菩提心，首先需要了解自己的内心，明确是否有菩提心；其次要培养对众生的慈悲心，想象无量的众生需要救度；最后要发愿为了利益这些众生而追求无上菩提。

菩提心的实践包括止息烦恼、培养慈悲心、观想无量众生、发菩提愿、持之以恒等步骤。菩提心分为自受用菩提心和行菩提心。自受用菩提心主要以内观为主，发愿时顺其自然；而行菩提心则是在心智成熟、因缘具足后，通过实事来实践菩提心。

（2）佛教"四无量心"

佛教"四无量心"的内容就是"慈悲喜舍"。

"愿诸众生永具安乐以及安乐因"，希望所有众生都快乐，这就是慈心；"愿诸众生远离痛苦以及痛苦因"，希望所有众生都远离痛苦，这就是悲心。喜乐，就是对自己感恩，对他人随喜；放下执着就是安乐，痛苦消失就是快乐。舍心，就是对一切欣然接受，自然平等地对待众生，包容一切，毫无偏见。

众善当中，首称慈悲和喜舍，它们紧密相连、密不可分。只有发慈悲心，才能舍得施与。但凡施与，必定是发了慈悲心，两者互为表里。有慈悲心的人，必定善良。慈悲是诸善奉行的基础。慈悲不仅是对他人，也是对自己，且首先是对自己。缺少对自己的慈悲，很难真正对他人慈悲。

佛教六祖慧能大师说："自性觉即是佛。慈悲即是观音，喜舍名为势至。能净即释迦，平直即弥陀。"在这句话中，他提出了四个标准：慈悲、喜舍、能净、平直。能净、平直就是心地清净，没有邪见和杂念。能净和平直都是内心的修养，是内在的标准。只有内心能净平直，才能做到慈悲喜舍。

（3）佛教"六度"

"六度"，梵语称六波罗蜜，意为"渡到彼岸"。这是佛教徒修行的主要内容，旨在帮助个人摆脱烦恼，达到清净的境界。这六度分别是：

①布施

布施，分为财布施、法布施和无畏布施。财布施，是指将金钱和物品给予需要的人；法布施，是指分享佛法精义，帮助他人领悟佛法；无畏布施，是对处于恐惧、忧虑中的人给予安慰和劝导，帮助他们消除恐惧。"布施"，其精髓是舍弃贪执，对已拥有的，随时能放弃；对未拥有的，不再贪求，内心满足，这就是最好的布施。

②持戒

持戒，是佛教徒必须遵守的戒律，包括五戒（不杀生、不偷盗、不邪淫、不妄语、不饮酒）和其他更详细的戒律。戒律指适当的行为，在适当的时候做适当的事，其目的是不伤害包括自己在内的一切众生。戒律不是束缚，而是保护。

③忍辱

忍辱，是指忍受各种困难和挫折，如他人的侮辱和打击，保持内心的平和与清净。忍辱，是在任何情况下都能适应，任何可能性都能接受，没有趋避，没有恐惧，也不会不耐烦。行为精准意味着保持正念，不轻易对状况下评断、做反弹，这是忍辱的要义。

④精进

精进，是指不懈努力，精进修行，追求更高的精神境界和智慧。"精进"不是因为必须而勤奋去做事。如果求知需要一辈子，我们就一辈子欢喜地走在求知路上，不因为路漫长而着急、沮丧，这就是精进。

⑤禅定

禅定，是通过静坐和专注来消除杂念，达到内心的平静和清净。"禅定"，是舍弃散乱，能够安住。能不离清醒地觉知，则一切行为都可以是禅定。

⑥智慧

智慧是在禅定和修行中获得的，能够洞察事物的本质，帮助个人和众生解脱烦恼。"智慧"，般若空性超越文字，它比较接近内心的极度开放状态，清明、辽阔、不固执、不僵化、不拒绝、不期求、不留恋，一切皆有可能。

上述六度是菩萨修行的核心，旨在帮助个人自度和度他，达到清净的彼岸世界。

佛陀当年讲法，首先讲苦，苦集灭道。对我们的启示是：认识"苦"的哲理，找到苦的意义，变苦为甜，苦中作乐也是甜，要活出微笑人生。（关于"苦"，我们前文已有介绍）

作者说："我们都生活在巨大的惯性当中，我们觉得这个事比那个事更好，是因为你更习惯这个事。如果你不改变习惯的话，你就会被这个积习所牵引，就会投身下一次轮回中去。"作者还说："真正的自由是能够摆脱整个社会的惯性，而最大的惯性是轮回的惯性。"

　　回顾自己人生之路，年轻时，我追求高效的学习与工作方式。记得20世纪80－90年代，每年年末《效率手册》一出，我就会去买一本，然后在小册子上开始规划下一年度的目标和计划，用目标管理法，制定出各阶段实施内容及检查细节，常常像打了鸡血似的学习和工作。久而久之，工作虽有成效，但身心疲惫不堪。

　　当然，我并不认为年轻人追求快节奏的高效生活与工作有什么不对，突破自己的舒适区，提升自己的能力对成长是必需的，但凡事得把握一个度，要注意自己体能和心能极限，切不可仗着年轻过度消耗。现在我对公司青壮年骨干也是这样提示的，注意劳逸结合，身心健康永远第一。

　　退休以后，我的学习、工作及生活节奏自觉慢下许多，明白了什么年龄段该做什么事及该怎么做事，我把这理解为与"时"俱进。我虽算不上"佛系"，但是佛教中许多修行理念与心理学相通，我还是非常认同的。特别是反复读了《次第花开》一书后，更觉得应该放下执念，接受无常，关注正念，活在当下，持续精进，靠近慈悲。我觉得这是我当下应有的身心状态，希望也是众多退休老人修身养性的生活状态。

　　《效率手册》和《次第花开》所倡导的人生哲理，看似大相径庭，其实，也有相通之处，这同我们对两种人生路的认知维度有关。一种是极致地规划自己的时间效率、身体精力以及工具方法，是一种有规划、有明确人生目标的有序生活；另一种是接受自己无常以及一切不足，关注自己的心念，对生活不迎不拒，活在当下，是一种不倦怠、不激进的慢生活。其实，这两条路没有对错和高下，都心怀天下，一个修力（能力），一个修心（心性）。

　　总之，《次第花开》非常值得一读，书中提及的人生哲理和态度，正是我们应该深思和追寻的。

2024年2月12日晨

2.10 滋养内心,恰如其分地明智孤独
——《恰如其分的孤独》晨读感悟

心理学认为孤独是一种较为强烈的情感体验,是指一种感觉到自己与他人难以建立联系、沟通或理解,生活在自己的世界中的体验。孤独常有三种类型:

(1) 社交孤独,是指一个人在人际交往方面的不足和缺陷。比如,感觉无法融入集体或者与其他人难以沟通和建立起心理上的互动,从而感到自己与世界格格不入。

(2) 情感孤独,是指一个人在感情方面的空虚和寂寞。比如,处在漫长的单身时间、离别亲朋、丧失爱人,情感上感到无人陪伴时所引起的孤独。

(3) 命运孤独,是指个体在面对生命困境时的孤独感。比如,在无法忍受人生各种磨难、挫折、痛苦及面临疾病、损失等严重打击而感到的孤独。

若从人的主观性(内心孤独)角度则可将孤独分为:

(1) 自我封闭式孤独,是指一种自恋到极致,进而听不到别人说话。典型例子就是苏格拉底和东方不败。

(2) 被动式孤独,是指感觉到自己被边缘化,感觉自己受到所有人排斥,觉得没有人喜欢他(她),融入不进群体。

（3）主动式孤独，是指能够真正地和自己的内心待在一起的情感体验。例如正念，冥想，内观及主动牺牲自己以满足他人时的感受。

孤独的形式是可以改变的。当一个人的内心圆满了，就可从被动孤独转变为主动孤独。所以，境界的提升来自内心的圆满。

很多人都曾经历过或正在经历各种形式的孤独体验。孤独并非完全无法解决和克服，孤独的背后，是未被表达的情绪与无法接纳的过去。只有去看见、去理解、去接纳，我们才能更好地善待自己，获得自由。

作者胡慎之老师（著名心理咨询师）在书中分享了他自我探索的故事，与读者一起重新认识"孤独"那些事，探索真实的自我和情绪，并进一步构建起有效的社交关系，筑造一个独立且坚定的精神家园，从而到达"恰如其分的孤独"境界。这让我们看到了孤独是可以改变的，孤独并非完全消极，它也有积极的一面。

恰如其分的孤独，是一种刚刚好的孤独，这种孤独不是孤芳自赏，也不是自卑，而是让人感受不到你的孤独。这种孤独既让别人舒服，也让自己舒服。虽然从外在看，你可能是安静的，也可能是忙碌的，但你的内心一定是宁静的，并沉浸其中，产生心流，提升智慧。其实，一个人的独处清欢，也是最高级的自由。

所以，这种恰如其分的孤独是有积极意义的，主要表现在：①进行自我整合；②恢复自我能量；③提高自我效能；④找到自我平衡；⑤看见自我情绪；⑥审视自我人生；⑦激发创作灵感；⑧提高生活质量；⑨和谐人际关系。

前不久，我与朋友们介绍过《修复玻璃心》一书。书中说："当你感觉痛苦的时候，如果能够默念'我要爱自己，接受自己本来的样子'，你就会变得更加淡定和宽容。"每个人都需要认识自己的孤独，拥有面对孤独的能力，只有这样，才会在孤独中成长，从而爱自己、爱他人、爱生活……

其实，孤独本不可怕，可怕的是掉落在孤独情绪之中无法自拔。《百年孤独》一书写道："只要一个人充分理解孤独，他就能变得非常有创造性。"这样看来，孤独还是一种能力，尤其是恰如其分的孤独。人们常常将孤独和寂寞冷联系在一起，叫作"孤独寂寞冷"，但若从创造性这个层面看，它恰似"冬天里的一把火"，充分地温暖着自己的心窝，给自己增添活出孤独的勇气，拥抱关系里的进退自由。

历练恰如其分的孤独有很多方法，我们不妨试试：

（1）先接纳自己。懂得自我宽慰，如："没事的，不就孤独一下吗？""又不是只有我一个人会孤独，许多人都有孤独。"

（2）融入大自然。天气晴朗，可以出去走走，大自然的能量频率很高，你可以沉浸其中，融入其中，放飞心情。

（3）自我安定感。内卷不过度，给自己一些积极性自我暗示，提升自信心，找到归属感，增强安全感。

（4）分散注意力。可以独自随便哼哼小曲、唱唱歌，或者去健身房做做运动，活动活动筋骨，练练肌肉，做做瑜伽。

（5）静心看书学习。不断充实自己，提升自身能力，特别是语言表达能力和在大庭广众之下演讲的能力。

（6）适当参加社交。克服害羞和恐惧心理，学一点沟通技巧，逐步放开自己，尝试交往几个知心朋友，敞开心扉，倾诉衷肠。

（7）了解自己，理解他人。学会全面认识自己，知晓自己的长处和短处，学会识别并处理好忽视、讨好、嫉妒、内疚感、控制欲等情绪。君子求诸己，正如塞林格所说："记住该记住的，忘记该忘记的。改变我能改变的，接受我不能改变的。"

总之，读完此书，我领悟到：恰如其分的孤独是一种能够让自己静下心来，细细体会和参悟的能力；是能从平凡的事物中参悟出大道理的能力；是格物致知，降服自己浮躁的内心，一切不向外求，向自己内心深处探究的能力。只有在这种孤独中才能得到内心的宁静与升华，进而产生我们渴望的心流体验。

2023 年 12 月 29 日

2.11 科学自我认知，构建合适自尊体系
——《恰如其分的自尊》晨读感悟

本书作者克里斯托弗·安德烈，法国著名心理学家，精神科医师及畅销书作家，著有《冥想》《幸福的艺术》《静能量》等作品。弗朗索瓦·勒洛尔，是一位在法国和美国皆屡获成功的精神病医生，创作了多本心理自助类畅销书。

一、自尊的基本概念

1. **自尊的心理学定义**

心理学认为，自尊，就是尊重自己，维护自己的人格尊严，不容许别人侮辱和歧视的一种心理现象。

2. **自尊的主要表现**

首先，自尊表现为自我尊重和自我爱护，它是一种良好的心理状态；其次，自尊还包含要求他人、集体和社会对自己尊重的期望。

3. 自尊对生活和工作的影响

自尊影响着一个人的生活质量和幸福指数。心态决定想法。当一个人无法改变外部环境的弱势时，他的想法将决定自尊的强弱。自尊提高了，生存环境才能得以改善。

具有自尊心的人，在生活上能够积极履行个人对社会和他人应尽的义务，为人处世光明磊落；在工作上能够对工作有强烈的责任心；在学习上能够发扬自觉、勤奋、刻苦的精神。

二、自尊的四大类型

人群中每个人的自尊不尽相同，有人自恋，有人自卑，有人刚好平衡。本书介绍了自尊的四大类型。

（1）稳定的高自尊：这类人通常具有较高的自信和自我价值感，能够在不同情境下保持相对稳定的自尊水平。

（2）不稳定的高自尊：这些人可能在一些情况下表现出过度自信或自负，但在其他情况下又可能感到自卑和不安。

（3）稳定的低自尊：这类人往往对自己的能力和价值持怀疑态度，缺乏自信和积极性。

（4）不稳定的低自尊：在某些情况下可能表现出一定的自信和积极性，但在其他情况下又可能陷入自卑和消极情绪中。

这些类型反映了自尊的稳定性和强度两个维度，稳定的高自尊和稳定的低自尊分别位于这两个维度的顶端，而不稳定的高自尊和不稳定的低自尊则分别位于底部。

高自尊和低自尊各有其优缺点，不应绝对评判哪个更好。实际上，社会阶层才是决定性因素；也许最重要的是拥有与你身边的人价值观相符的自尊水平。

三、构成自尊的三大支柱

自尊由三大"成分"构成：自信、自爱和自我观。自尊的这三大支柱通常是相互依存的,只有当它们恰当组合时才能让人拥有恰如其分的自尊。

(1) 自信源于我们所接受的家庭教育模式和学校教育模式。自信的人不过度地害怕未知或挫折,敢于尝试,坚持不懈,接受失败。自信的益处是:能够迅速轻易地采取行动;能够忍受失败。自信匮乏的后果是拘谨、犹豫、轻易放弃、没有毅力。

(2) 自爱就是无论遇到什么困难都尊重自己,听从自己内心的需要和愿望,对自己有一种积极的评价,不会过度害怕别人的评判。自爱的益处是:情感稳定;能与其他人建立充分信任的关系;能够忍受批评和拒绝。自爱匮乏的后果是怀疑自己没有被他人欣赏的能力;坚信自己达不到别人的要求;认为自我形象较差。

(3) 自我观的来源是期待、目标和父母的想法在孩子身上的投射。自我观的益处是:有野心和目标;能忍受挫折和不顺。自我观匮乏的后果是做选择时不够大胆;依赖别人的意见;不能坚持自己的意见,盲目从众。

在日常生活和工作中,高自尊者的自爱与自信程度更高,自我观更强,自我认知清楚,会用肯定和明确的方式谈论自己,用积极的方式描述自己,对自己的说法基本前后一致,对自己的评判较稳定,一般不受环境和谈话对象的影响。

低自尊者的自爱与自信程度较低,自我观较弱,评价自己时的措辞和方式都比较谨慎,说法常前后矛盾,不太有说服力,常用中性方式谈论自己,模糊地形容自己,对己评判不太稳定,常受环境和谈话对象的影响,从众随大流。

四、影响自尊形成的因素

(1) 外貌长相。外貌取决于基因,长得好看的孩子受人喜爱,容易受到老师和长辈的关注,能得到更多的关心和疼爱。

(2) 运动能力。运动能力出众,常常受人羡慕,容易有高自尊。

(3) 在同辈中受欢迎程度。他的性格特征及与伙伴们的相处关系如何,常会影响自尊。

（4）行动是否符合社会规矩。他若能够符合社会规矩，就不会在学校里被人罚站、批评。

（5）学习成绩好坏。皮格马利翁效应对学生的自尊有明显影响。

自尊感的形成还与安全感、归属感、成就感等因素密切相关，这些心理要素与个体的外在环境有关。

五、提升自尊的三个建议

（1）自省：认识自己，接受自己，诚实面对自己。

（2）交际：在与别人交流时多自我肯定，换位思考，学会依靠社会支持。

（3）行动：投入行动后，不要做自我攻击；如果行动失败了，分析失败原因，快速恢复，接着再干；越行动越有经验，成功机会就越多；把抱怨化作行动目标，重塑自尊。

自尊这个心理品质，不是天生的，而是在生活、学习和工作中逐步培养起来的。要培养正确的自尊心，需要做到：第一，寻找个人自尊的支点（支点是指自己突出的优势和长处）；第二，要有正确的方向（培养个人的自尊，应当懂得把个人自尊上升为集体和民族自尊）。

我们只有把自暴自弃、埋怨自己、埋怨他人化为自省、交际和行动，努力走出舒适区，才有可能重塑自尊体系，并建立一个独立完整的自尊体系。所以，我们要在了解自尊的意义的基础上，科学地认知自己，帮助自己建立完善、独立的自尊体系，让生活变得更美好。

2024 年 3 月 28 日晨

2.12 以轻松状态面对生活挑战
——《轻松主义》晨读感悟

本书作者格雷戈·麦吉沃恩,现象级畅销书《精要主义》的作者,被誉为"21世纪的史蒂芬·柯维""精要主义之父"。他是THIS公司创始人,该公司致力于帮助个人和企业摒弃琐碎,直抵精要;服务的客户包括苹果、谷歌、Facebook、Twitter、Adobe等多家世界优秀公司。他还是《哈佛商业评论》受欢迎的专栏作家之一。

这本书分为三大部分,一共十五章,每个部分有五章。第一部分叫"轻松状态",帮我们找到进入轻松状态的方法;第二部分叫"轻松行动",介绍了有哪些工具和方法能够让我们事半功倍;第三部分叫"轻松成果",介绍了怎样去获得杠杆收益,而不是简单的线性收益。这里,我们重点谈谈轻松状态。

作者在书中写道:所谓"轻松状态",是指身体放松,没有情绪负担,精神保持振奋。那么,如何拥有轻松状态呢?

第一,要主动追求轻松状态。也就是说,在做任何事情的时候要先想想,有没有更容易的办法,有没有捷径可走。

第二，要知道重要的事情也可以是容易的事。这就是不过度努力的方法，它的要求有可能更高，因为我们需要自然，需要投入，需要产生心流。以巴菲特的话说就是："怎么省事怎么来。"

这本书的核心思想就是要告诉大家，努力并不一定就是荣耀，我们不需要追求过度的努力，有时候过度努力反而会适得其反。我们要勇敢地相信，轻松也可以达成不错的结果。

如若过度努力，常常会给自己的认知带来沉重的负担。此时此刻，你的思想负担变得非常沉重，这会占用大脑的运算空间，耗费太多的神经能量，并会因兴奋的泛化作用，使判断和决策发生失误，或使行为和动作发生失调和变形，从而影响效率或导致失败。

心理学研究表明：越轻松，心理压力就越小，反而更可以达到好的工作效果。著名的"倒 U 曲线"已经充分说明了这个问题。

俗话说："着力即差，顺遂为高。"在生活当中，我们常常发现凡事过于用力或过于执着，反而可能无法达到预期的效果，甚至会把事情办坏。但是有时有些事情，你轻轻松松、不经意间就做成了，似乎"得来全不费功夫"。

生意场上有句话"吃力不赚钱，赚钱不吃力"，也是这个道理。光凭劳力苦苦干活，费尽力气也不一定能赚到多少钱。然而，能赚到大钱的，都是抓住机遇，靠智慧在轻松状态下而非过度努力后获得的。所谓"蛮干不如巧干"就是这个道理。

常言道："谋事在人，成事在天。"这不是宿命论的观点，而是要顺应天理、顺其自然，按事物原有规律去科学地做事，才能"四两拨千斤"，轻松实现目标。

所以，我们在做事时要让自己充分放松，处于轻松愉快的积极状态对做好和做成事情非常重要！那么，获得轻松状态的方法有哪些？

第一招：寓快乐于生活和工作之中

轻松主义认为：生活和工作、情趣和娱乐这两件事并不对立，如果我们认识不到生活和工作的乐趣，意识不到自己在生活和工作场所也依然能够获得快乐，那么我们就很难轻松地做事。

所以我们必须拥有这种娱乐精神，然后邀请快乐进入我们的工作，快乐工作，乐在其中。比如工作中的仪式感就是让工作快乐的一种方法。

第二招：学会享受，及时行乐

我们从小就受到一种教育："吃得苦中苦，方为人上人。"即要想享受，先得吃苦。这句话确有一定道理，鼓励人们励志奋斗，苦战过关。同样，"书山有路勤为径，学海无涯苦作舟"也是这个道理。

其实我们也可以根据自己所处的环境和条件，一边勤快地工作学习，一边美滋滋地享受生活，这是轻松状态非常重要的来源。我们也不一定时时处处都要去"延迟满足"，有时需要"及时行乐"，完全不必等吃完苦，再去享受期盼的甜，而应采取轻松主义的生活态度，去充分享受生活和工作的情趣与乐趣。

第三招：多用感恩，解除抱怨

我们觉得不轻松、不愉快，还有一个很重要的原因就是我们内心当中有很多负担，有很多诸如烦恼、生气、哀怨、憎恨等负面情绪和放不下的事情。

所以，如果我们内心放不下这些事，烦恼、哀愁、抱怨就会永无止境，试想：这样，我们怎么能轻松自如呢？

本书作者说，如果你想要改变自己喜欢抱怨的习惯，最有效的扳机就是，只要发完牢骚，就立刻感恩。作者自己就是这样做的，他尝试了这个抱怨以后马上感恩的"习惯处方"。

尝试多次以后，抱怨的话刚一出口，他就意识到不用说了，因为后边要感恩了。设定好扳机后，适时扣动，你的心态慢慢地就会从爱抱怨变成爱感恩，轻松之感油然而生。

第四招：积极放松，充分休息

让自己获得轻松还有个方法就是休息，有规律地无所事事，也就是让心情处于放空状态。本书作者在书中给了三个建议：

第一，把上午的时间用于重要的工作，因为此时人的精力最旺盛，工作效果最好；第二，把工作时间分为三段，每段不超过 90 分钟。工作 90 分钟后就要起来动动，进行运动生理学上的所谓"积极性休息"，让大脑皮层上的"优势兴奋中心"变换一下；第三，在两段工作之间，通过喝杯咖啡或茶、聊聊天等休息方式，消除疲劳，重振精神，你就又会感到轻松了。

另外，充足高效的睡眠特别重要。如果你晚上的睡眠时间不够，那一定要在白天找个机会打个盹，哪怕 20 分钟、30 分钟，也能让你的精力更加旺盛。

第五招：保持觉察，学会专注

心理学告诉我们：需要通过意志努力去做的事，大多艰难困苦，需要倾注更多的有意注意方能完成。

如果我们能够让自己的"注意力肌肉"得到训练，变"有意注意"为不再需要意志努力的"有意后注意"，我们的生活和工作就会轻松很多。

所以，平时加强"有意后注意"训练，保持做事的专注状态很重要。这样你的效率会很高，消耗的神经能量就少，自然也就觉得轻松了。

总而言之，"轻松状态"说来轻巧，其实并不简单。

从思维方式看，知道了倒置思考的重要性，要从问题的本质出发，找到最省力的路径。

从情绪管理看，要学会释怀负面情绪，用感恩的心态面对生活中的一切。

从时间管理看，高效休息很重要，不仅为了恢复体力和精力，更为了提高工作效率和创造力。

从行动策略看，做事情时不能盲目地追求完美和全面，而是要抓住关键点和核心要素。

本书还介绍了"轻松行动"和"轻松成果"的一些方法，我认为也很有启发性和可操作性，限于感悟篇幅，此文就不一一介绍，有兴趣的书友们可以看书全面细致地了解一下，定有收获。

通过听读《轻松主义》一书，我深刻地体会到了轻松主义的真谛。我的理解是，作者其实并非完全否定努力，而是反对过度努力。

世上不劳而获之事很是罕见，常态下凡事都需有一定程度的努力方能奏效，真所谓"No pain，no gain"（无劳无获）。在这个充满压力的社会中，我们需要学会以一种更加轻松、自然的方式生活。

这不仅可以让我们更加从容自在、快乐地面对生活中的艰难困苦和各种挑战，还可以提高我们的生活质量，让我们的人生更加充实、更加美好。

正确的方式是把握时机，顺势而为，不用太费力就可以达到结果。

当你在生活、学习和工作时，发现自己能够做到轻松了，就说明你的认知水平和技能技巧提高了。所以，我们千万不要觉得只有吃苦才光荣，其实轻松才更光荣。

《轻松主义》写道："人生是一场长跑，只有放轻松，做到轻而不浮，松而不懈，才能跑完全程。"是的，只有让自己松弛下来，方能告别内卷、内耗，找到内心的平衡，让生活轻松幸福。

愿书友们都能获得一个轻松、幸福的人生！

2024 年 12 月 17 日晨

2.13 找准自己的人生定位,让生命绽放光彩
——《在世界上找到你的位置》晨读感悟

本书作者朱莉·利思科特-海姆斯,知名 TED 演讲人,美国知名教育工作者,曾担任斯坦福大学新生教务长,获得过斯坦福大学教学奖。

今晨很兴奋地复听樊登老师讲述这本书,我还是很有感触。

发展心理学将成年期分成成年早期(18—35 岁)、成年中期(35—60 岁)和成年晚期(60—寿终,又称老年期),各个时期都有其身心发展的特点和规律。

我觉得本书作者主要是从成年早期这个层面来讲述成年人的成长与发展,并针对当今社会新形势,给正在走向成年和已经成年的人们写下这本超实用的成年人生存指南。他结合自己真实的成长案例,帮助年轻人在成人世界里独当一面。

所以,我认为这本书非常值得年轻成年人好好读一读。当然,这本书对于我们成年中期和晚期的人的身心发展和终身成长也很有帮助,见仁见智,我们可以在读书中慢慢体会。

发展心理学研究表明:在成年早期,绝大多数个体要吸收和整合各方面

的知识经验，形成自己的人生观和价值观，并恋爱结婚、成家立业。它在人的一生中起定位作用，并决定着个体终身发展的方向。

本书内容涵盖了成年过程中的思维模式、品行培养、人生定位、职业选择、社交规范、健康管理、用钱之道、逆商提升、责任激发等九大方面，为年轻人提供一张迈向成年的路线图，帮助他们在世界上找到自己的位置，以"成人思维"应对世界，在成年生活中闪闪发光。作者重点讲述以下几个重要内容：

一、成为成年人需遵循的九大原则

（1）拥抱不完美，在试错中学习；
（2）培养好品行，学会与世界共赢；
（3）勇敢做自己，取得人生的掌控力；
（4）走出自己的舒适圈，激活充满活力的自我；
（5）掌握社交规则，建立和维护圈子；
（6）学会管理钱财，让钱为自己服务；
（7）照顾好身心，让自己良性运转；
（8）在困境中破局，激发心灵的韧性；
（9）建立使命感，投身于社会责任。

在我们成人化过程中，最重要的标志是心智状态，也就是让自己更能适应未知的状态，在混沌中摸索，继续前行，能够自己做决定，并且承担后果，这是成年人的标志。

孔子说："君子不患无位，患无所立。"一个成年人在这个世界的位置，与他对社会的价值和意义有关，只有有所作为，才能有其地位。在成年过程中，人应该是有理想、有追求、有抱负的，通过成年过程寻找自己的价值感和归属感，从而找到自己的位置。

二、在成人过程中寻找自己位置的途径

（1）拥有好的心智模式（培养成长型心态，善用批判性思维；孔子说：

"学而不思则罔，思而不学则殆。")；

（2）拥有好的品行，修炼心性（孔子说："德不孤，必有邻。"）；

（3）好的人生定位（孔子说："困而知之者。"）；

（4）好的职业选择（孔子说："知之者不如好之者，好之者不如乐之者。"）；

（5）好的社交圈子（孔子的交友三原则，"三人行，必有我师焉。"）；

（6）好的健康管理（《吕氏春秋》："流水不腐，户枢不蝼，动也。形气亦然。形不动则精不流，精不流则气郁。"）；

（7）好的用钱之道（"君之爱财，取之有道，用之有方。"）；

（8）好的智慧提升（《论语》三商：因智商而悦，因逆商而乐，因情商而君子。）；

（9）自觉责任激发（孔子说："躬自厚而薄责于人。""君子喻于义，小人喻于利。"）。

三、保持成年人健康的十八招术

（1）学会并多做深呼吸；

（2）保持良好的睡眠；

（3）懂得喝水，善于喝水；

（4）活动身体，多做运动；

（5）懂得营养，营养进食；

（6）学会独立自主，愉快生活；

（7）坦然应对自己的感受，接受自己；

（8）在自我与社交媒体间找到平衡，进行有效有益社交；

（9）坦诚提出自己需求，有事要与人沟通，寻求帮助；

（10）定期体检，了解自己的身心状况；

（11）积极预防、接受治疗，"病从浅中医"；

（12）明智服用药物，不可病急乱投医、乱吃药或保健品；

（13）和"自己人"共处，即和情投意合、聊得来的朋友和谐快乐相处；

（14）开心地笑，尽情地玩；开心疗法，笑有很好的疗愈功效；

（15）拥抱他人，并接受他人的拥抱，有助于多巴胺分泌，愉悦心情；

（16）学会宽容大度。既要宽容如水，又要宽容似火；既能宽容别人，又能宽容自己；

（17）要能午间小睡。别低估小睡 15 分钟打个盹的力量；

（18）进行感恩练习，寻求指引。不愉快时，找出 3 件值得感谢的事，就会愉快起来。

四、成年人值得感恩的十件事

（1）感恩自身的存在；

（2）感恩身边人的存在；

（3）感恩自己所爱的人及同事们为你做的事；

（4）感恩各类服务人员为你提供的各种服务；

（5）感恩为你提供生活、专业建议及知识的人的工作努力；

（6）感恩其他人的优秀品质；

（7）感恩得到了优先体验；

（8）感恩你所拥有的物质资源；

（9）感恩随时发生的各种小事；

（10）感恩大自然。

成年早期更需要每天练习感恩，培育良好心态，有益于终身发展。

成年人的世界里没有童话，当知道了社会不确定性，懂得了生活是多种变量的组合，我们也就拥有了成人思维。

记得少儿时曾读过高尔基的自传体三部曲，其中第三部《我的大学》说到社会就是一所大学。是的，社会是最好的大学，也是最烂的大学。"近朱者赤，近墨者黑"，"蓬生麻中，不扶而直；白沙在涅，与之俱黑"。个性心理学的研究充分表明，一个人的个性倾向、个性特征（能力、气质和性格）及自我意识都同他所处的环境密不可分，社会环境对人的成长产生重要影响，对人的终身发展具有决定性作用。

所以，你的个性因素，特别是学习能力决定了你在这世界上的成绩和地位。子曰："吾尝终日不食，终夜不寝，以思，无益，不如学也。"孔子解决困难的方法就是学习，而且是"学而时习之，不亦说乎"。眼界决定了世界，知道向书本、向师长、向社会学习，能够自我赋能，说明你拥有了成为成年人的能力。

《他人的力量》一书也说："生活和事业中，你的能力表现有多好，不仅仅取决于你做了什么和怎么做，以及你的技能和本领如何，还取决于谁同你一起做。"单丝不线，孤掌难鸣，人是社会性动物，知道借助力量、与他人合作，说明你拥有了成年人的力量。

孔子曰："不知命，无以为君子也。不知礼，无以立也。不知言，无以知人也。"了解社会，知道生活规则，具有同理心，理解他人，能够共情和延迟满足，说明你已在慢慢变成成年人。

总之，成为成年人的指标有多个，重要一点就是修行修心，内在力量的大小是处世快乐与否的重要条件。心是人生的鼓点，不同的律动，带来不同的人生。人生有多少无常，就有多少修行，人总是在变故中成长。

因此，在成人的路上，风再大，我们也要努力修行修心，开好自己的花，不为苦纠结，不为乐陶醉，自主又自在，活出真自我，这才是最为重要的！

2024 年 2 月 15 日晨

2.14 学会爱和感知爱，走向幸福人生
——《感受爱》晨读感悟

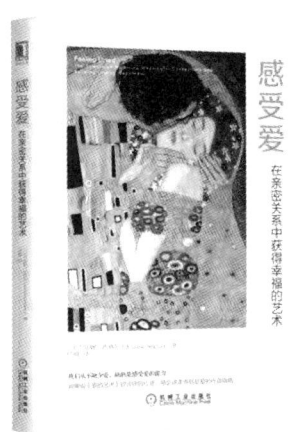

本书作者美国的珍妮·西格尔博士，拥有四十多年从业经验的临床心理学家，擅长整体健康、依恋、情绪智力、减压和人际关系领域，被称为"情商先驱"。

《感受爱》这本书通过深入探讨爱的本质和意义，为我们提供了一种全新的视角来理解爱、表达爱和感受爱。这本书挑战了我们过去没有涉及过的话题，那就是以何种心态去感受爱。

一、什么是感受爱

感受爱是一种与情商有关的能力，是在人际关系中体验和感受到被爱的感觉，是一种情感上的得到满足和拥有安全感的体验。

当我们感受到爱时，我们会感到更加安全、愉快、开放和接纳，能够放松戒备，注意到周围更多的信息，做出更加客观合理的判断。感受爱不仅是接受他人的关爱，还包括自我情感的满足和内心的平和。

这种感受来源于与他人的积极情感联结，能够促进人际关系的和谐，带来更多的爱和幸福感。

爱的本质和意义：书中强调，爱不仅仅是亲情、友情和爱情，更是对每个人的深切关怀和陪伴。本书提醒我们，除了在总体上关心人的个性发展外，更要关注人的情感需求。每个人都有自己独特的经历和情感，通过倾听和关注，可以更好地相互理解，提供更有针对性的关爱和帮助。

爱的表达和感受：书中提到，爱的感受常常产生在面对面的时刻，非语言的情感沟通在爱的传递中起着重要作用。眼神交流、暖心的问候和专业的交流都能为他人提供有效的解决方案，建立良好的关系。

爱的生理基础：书中提到，催产素是一种联系情感的激素，能够抵消皮质醇的作用，促进爱的体验和社交行为。感受到被爱可以中和压力，让我们感觉安全和放松。所以，要通过有关活动，促进催产素的分泌。

爱的实践应用：书中提供了实用的建议和工具，帮助我们培养有意义的关系，找到持久的幸福感。通过与亲朋好友及同学、同事的非言语的情感交流，可以改善身心健康和情绪状态，大大提高自己感受爱的能力。

爱的心理需求：随着年龄的增长，我们越来越渴望爱，但感受爱的能力有时却在减弱。这本书提醒我们，感受爱的时刻更加珍贵，通过各种非言语的亲切交流，彼此表达尊重，可以让自己更好地表达爱和感受爱。

事实上，在当今社会，我们身边从不缺少爱，缺的是感受爱的能力。明明相爱的夫妻，却感受不到彼此的爱意，这是一种很糟糕的感觉。

另外，工作、生活、住房、养老等，让我们倍感压力，然而，爱是压力的解药，用平静的心态审视自己的情绪、情感，让他人感受到爱，同时也能感受他人的爱，可以让我们的生活更美好。

二、感受爱强的人的特点

1. 情感表现特点

（1）共情能力强：感受爱强的人，往往同理心和理解力较强，能够深刻捕捉和感受到他人的情绪变化，无论是喜悦、忧伤还是其他复杂情感，他们都能感同身受。

（2）情绪体验深刻：感受爱强的人，对情绪体验更为丰富和深刻，任何情绪在他们那里都会被放大，包括痛苦和快乐。

（3）情绪表达细腻：感受爱强的人，能够敏锐地捕捉到自己和他人的情绪变化，因此，他们在表达情绪时往往更加细腻和真实。

2. 行为习惯特点

（1）注重细节：感受爱强的人，对周围人和事的细微变化非常敏感，常常能够捕捉到常人容易忽略的细节，从而做出适当的相应反应。

（2）独立思考：感受爱强的人，往往拥有自主独立的精神，不依赖他人，对事业全身心投入，同时保持经济独立和思想独立。

（3）内心丰富：感受爱强的人，拥有更加丰富的内在世界。他们梦想中的人生总是精彩纷呈，不需要依靠别人获得快乐。

3. 社交能力特点

（1）亲和力强：感受爱强的人，通常具有很强的亲和力，能够快速融入环境并与人为善，对自己和他人都有充分的认知。

（2）沟通力强：感受爱强的人，能够深刻理解和感受他人的情绪，在沟通中更加容易善解人意，能够建立更加深入的人际关系。

（3）社交平衡：感受爱强的人，既能享受独处时的宁静，也能在社交场合中自如地与他人交流，不会感到无聊或排斥。

三、感受爱弱的表现

感受爱弱在心理学上也被称为"爱无能"，是指一个人在情感关系中缺乏感受和表达爱的能力。爱，是一种美妙而深沉的情感，它如同温暖的阳光，照耀着我们的内心。然而，有一些人，或许是因为经历过伤害，或许是性格使然，却在爱的道路上迷失方向，变得"爱无能"。

"爱无能"有6个特征：

第一，难以建立亲密关系。爱无能者常常面临建立亲密关系的困难。他们似乎难以理解他人的爱意或善意，是无法融入群体的孤独者，虽也希望与他人建立亲密的情感联结，却总是非常不易。他们需要抓住机会，克服内心困难或障碍，努力与他人建立起良好的情感纽带。

第二，情感冷淡、表情淡漠。情感冷淡是爱无能者常常表现出的特征。他们好像是将情感锁在心底的守望者，不懂得如何表达自己内心的温暖。这种冷淡的态度，犹如冬日的雪花，让人感到冰凉。他们需要关心和关爱，用温暖来解开他们内心的冰冻，敞开心扉，释放情感。

第三，难以信任和依赖他人。信任和依赖他人是爱无能者的又一困惑。他们或许曾经遭受过伤害，或者拥有过不愉快的经历，以致对他人的真诚和承诺持怀疑态度。他们"一朝被蛇咬，十年怕井绳"。我们需要慢慢地向他们展示自己的真诚和坦率，建立起彼此间的信任，才能让他们逐步依赖起来。

第四，谨慎小心，避免亲密接触。避免亲密接触是爱无能者常常采取的行为。他们害怕陷入感情沼泽，宁可独处、享受孤独，不愿意与他人产生亲密的情感联系。他们需要我们耐心和体恤，温柔地与他们接触，显示出真正的关怀和爱意，帮助他们克服内心障碍。

第五，冲突处理和问题解决困难。问题解决困难是爱无能者面对的又一挑战。他们常常不知道如何有效地解决感情问题或困扰。他们需要我们指引和支持，帮助他们找到化解冲突和解决问题的方法，给予他们处事指南针，让他们勇敢地面对挑战。

第六，情绪忽冷忽热、起伏不定。情绪不稳定是爱无能者常有的另一种特征。他们的情绪时而波澜壮阔如潮水，时而风和日丽如晴空。对于这样的人，我们需要用爱心和理解，去做他们的心理支柱，稳定他们的情绪，让他们感受到快乐和安全感。

四、如何提升感受爱的能力

人们之所以老是觉得不幸福，常常是因为缺乏对爱的感受能力。一个人要想生活幸福，就要经常让自己处于爱的氛围中，敏锐和精准地感受到身边的爱。当你克服了"爱无能"，体验到足够多的爱时，你就可以把爱给予别人。这种良好的互动有利于我们愉快生活和改善人际关系。

提升感受爱能力的一些做法：

第一，要克服"爱无能"的状态。

（1）自我反思和认知：了解自己内心的情感和需求，思考自己对亲密关系的期望和障碍。

（2）寻求支持：与亲密的朋友、家人或专业的心理咨询师交流，分享自己的感受和困扰。

（3）学习沟通技巧：学习和练习积极的沟通技巧，提高自己表达情感和倾听他人的能力。

（4）建立信任：从小事开始，逐渐建立起与他人的信任，相互依赖和承诺。

（5）开放心房：放下过去的伤害和恐惧，敞开心房，用爱和温暖去接纳他人。

（6）寻找情感支持：加入爱心团体或参加志愿活动，多与他人交流和分享爱与关怀。

第二，把生活事件转化为正向资源。

在遭遇困难和失败的时候，不要总想着放弃或者逃避，要学会从事情本身找出积极意义，要想想这事对自己有什么好处，要将消极事件转化为正向资源，并将其当作今后可以利用的有利因素，这样可以提高自己的乐观心态和幸福感。

第三，从生活经历中发现积极意义。

如果知道一件事能让自己的生命变得更丰富，这件事就值得你去做。如果你能感受到人生的美好，你就不会去追求那些与快乐无关的东西；人生中每个经历都是有意义的，如果用积极心态去看待这些经历，就会从中学到东西和发现意义，并能感受到生活中的爱。

第四，用开放心态接纳别人和自己。

开放的心态，是指对他人和自己要有好奇心，有探索的欲望，愿意去了解别人和自己，而不是把所有事情都封闭在自己的内心世界里。用开放心态去接纳别人和自己，就要学会"多看优点，少看缺点"，要宽容自己，也宽容别人，这样你的自信心也会提高。

第五，生活中学会爱自己和被人爱。

人生道路上，我们要学会爱自己，让自己感到幸福和满足，这样才能更好地去爱他人、爱世界。如果一味地讨好他人，不但自己累，别人也累；如果一味苛求自我，内心会很痛苦。只有懂得爱自己的人才能得到别人的爱。

我们每个人都要在爱的道路上找到属于自己的光芒，克服"爱无能"心态，提升感受爱的能力，让自己经常体验到生活的快乐，并将温情和爱意传递给身边的人。正所谓："赠人玫瑰，手留余香。"

2024 年 8 月 8 日

2.15 读《宽恕》，让心灵更自由

本书作者德斯蒙德·图图，曾获诺贝尔和平奖，是一位为南非正义与种族和解而战的杰出领袖。

每个人都会有被人伤害而深感痛苦的至暗时刻，每个人也会有无意犯错希望得到原谅的时刻，愤怒与仇恨并不能化解痛苦，只会把自己和他人拉进黑暗的深渊。

宽恕，纯粹是了然人性后的豁达。我们主张宽恕，是因为体悟到人都不

完美，都可能犯错，都可能受伤。宽恕，是为自己及世界疗伤止痛的根本方法。

这本书是关于自我疗愈、与他人和解、与世界和解的心灵之书，希望通过这本书能够让我们学会宽恕，迎来平和的人生。

一、宽恕的意义

医学心理学研究表明，宽恕可以减轻抑郁症，带来希望感，增强自信心。熟谙宽恕的人，身心健康问题较少。而抓住愤怒与怨恨不放，抑郁症、焦虑症等心理疾病就会光顾，甚至在持续的压力作用下，伴生高血压、溃疡、偏头痛等躯体疾病。

宽恕的意义主要在于：它能让我们在身心方面不再受愤怒与怨恨折磨，帮助个人和社会从负面情绪中解脱出来，促进心理健康、人际关系的和谐与社会的整体稳定。具体来说：

（1）个人层面。宽恕能够减轻个人的心理负担，例如，当人们怀有怨恨或仇恨时，会感到心理压力，这种情绪可能导致心理问题，如疲劳、烦躁、焦虑甚至抑郁。通过宽恕，人们可以释放这些负担，感到心理轻松。宽恕还是一种自我治疗的过程，它让人们从内心的痛苦和不满中得到解脱，改善人际关系，增强社会信任和合作能力，使人们更加自由和自信，生活更加充实和有意义。

（2）社会层面。宽恕有助于解决冲突和矛盾，促进和谐关系的建立，减少暴力和冲突。宽恕能够缓解愤怒和怨恨的情绪，使人们不再以暴力的方式解决问题，这对和谐社会和幸福社会的建设很有意义。宽恕还能让家庭与群体（社会）复原。每个人内心都对和谐共处有着本能渴望，若永不宽恕，受苦的不只是个人，整个社会都会一起遭罪。是人都会犯错、伤人，当我们能够认识到彼此的角色可能互换时，就明白宽恕对于维持人类社会持续运转的非凡意义了。

二、宽恕之路的四段进程

本书指出：不会宽恕的人，会在报复的循环中泥足深陷；而个人幸福和社会道德也就在循环中沉沦毁灭。书中探讨了宽恕之路的四段进程，即把事情讲出来，正视内心的感受，予以宽恕，重建或放下这段关系。

报复循环：残酷暴行→痛苦→选择伤害→报复→残酷暴行。而选择宽恕的人则会开创新的循环：残酷暴行→痛苦→选择复原→把事情说出来→正视内心感受→予以宽恕。

宽恕不是一个慈悲的举动，而是要经过循环中的四段进程，才能艰难实现，那就是：

（1）把事情说出来；

（2）正视内心感受；

（3）予以宽恕；

（4）重建或放下这段关系。

请求宽恕同样要经过四段进程：

（1）认错；

（2）见证痛苦并道歉；

（3）请求宽恕；

（4）重建或放下关系。

三、如何正确理解宽恕

生物学家主张，我们天生就会在受到伤害后寻求报复；研究也显示，我们天生渴望人际关系。报仇雪恨并不能消除伤害带来的伤痛。

宽恕他人可带来外在的和谐；宽恕自己则会带来内在的和谐，不要紧抓自责不放，"囚禁"自己，这会限制潜能，并影响人生。

宽恕要求受伤者直面事实，而不是逃避真相，正视自己的情绪，体会共通的人性，然后予以宽恕。能怀着同理心去宽恕，这绝不是懦弱，而是真正的勇敢。

宽恕不是正义的沦丧，它让正义有得以伸张的空间，且意图纯粹，不带报复动机。

宽恕不是遗忘，它是无惧地记住伤害，是得理让人。

宽恕，在这个年代，也许会被很多人认为不合时宜。然而，我们主张宽恕，正是因为体悟到人非圣贤，都有不完美的一面。

四、怎样才能做到宽恕

有人说，当我们不能宽恕的时候，就是自己和他人都在受着伤害。也有人说，当我们选择了宽恕，不仅释放了别人，更是给自己更多的释放和自由。其实，宽恕是一种选择，当我们没有准备好，没有人可以代替我们或者强迫我们宽恕；而当我们准备好了，没有人可以阻止我们实现宽恕。

在这里，我顺便与书友们分享一段从网上读到的有关做到宽恕的十个要点：

（1）让自己保持开放的心态，意识到改变对于宽恕的看法是有可能的，认识到宽恕是一种出于力量而非出于软弱的行为。

（2）你愿意不再感觉自己像个受害者吗？选择执着于你的怨恨、伤痛和不宽恕的想法，其实就是选择了受苦。

（3）记住：你的怒气和评判并不能改变过去，也无法惩罚任何人，它们只会伤到你自己。过去发生的事现在不能伤害你了，但是，你过去所固有的想法会给你带来巨大的痛苦。

（4）看看放下所有的评判后所带来的结果。最快乐的人恰恰是选择不评判，且懂得宽恕的价值的人。

（5）认识到紧紧抓住冲突并不会让你得偿所愿。冲突与平和、评判与快乐并不会同时出现。

（6）惩罚自己毫无意义。意识到你的怒气以及对过去痛苦的回忆正在毒害你的生活。

（7）宽恕意味着放弃想要让过去变得更好的奢望。接受你的过去、宽恕你的过去，才能够拥抱现在和未来。

（8）选择快乐而非选择正确。当我们放下对他人进行控制的企图，转而关注自身时，便能够给予自己自由与觅得平和。

（9）相信自己有选择的力量，可以决定要把怎样的想法放入脑海当中。我们拥有的最棒的礼物是我们有选择的力量，可以决定把爱而非恨放入我们的脑海之中。

（10）内心的平静是首要目标，相信宽恕是快乐的关键。

让我们努力学会宽恕吧！学会宽恕别人、宽恕自己，获得快乐幸福人生！

2024 年 2 月 28 日晨

第三辑　越过心理障碍

　　心理障碍是指因为各种原因导致的心理异常现象，包括适应性障碍、焦虑性障碍、抑郁性障碍等多种类型。患者通常存在异常的心理过程，或有异常人格特征，会有一些不被社会理解和认可的行为方式，其主要表现是焦虑、恐惧以及社交障碍，甚至伴有幻觉、幻听、强迫或妄想等不良认知和情绪问题。

　　克服心理障碍需要综合运用心理治疗、药物治疗、物理治疗和自我调整等多种方法，并根据患者具体情况制定个性化治疗方案。患者可以寻求心理咨询师的帮助，情况较严重者，需按医嘱及时服用一些药物或进行认知行为治疗、精神动力学治疗、人际心理治疗等，以调整心理状态，减轻或消除心理障碍。

　　同时，患者通过积极主动、自我调整来减缓和消除障碍显得尤为重要，包括保持积极乐观的生活态度、进行积极的自我暗示以及通过运动、音乐等方式来缓解精神压力，还可以尝试深呼吸、冥想等方法，以及养成良好的生活习惯，保证规律作息，避免熬夜，保持平和情绪，多与家人和朋友沟通交流等。

3.1 心灵的自我救赎，突破心牢笼之策
——《越过内心那座山》晨读感悟

作者伊迪丝·埃格尔，匈牙利裔犹太人，奥斯威辛集中营幸存者、心理学家，50 岁时在美国获得了心理学博士学位。

每个人的内心深处可能都存在一些被自己或有心或无意地隐匿起来的心结。作者以其亲身经历的真实故事为例，将生活中最为普遍的心理困境娓娓道来，并提供了简单易行的化解方法。

作者以她疗愈自己的刻骨创伤和打开无数来访者心灵枷锁的故事告诉我们：把我们的心牢牢困住的往往不是外在力量，而是我们脑海里建造的精神牢笼。而打开精神牢笼，通往自由的钥匙，恰恰就握在我们自己手中。

心若是牢笼，处处为牢笼；自由不在于外，而在于内心；"物随心转，境由心造，烦恼皆心生"。内心世界的本质是超越，即对自己的生活与某种理想、某种希望之间关系的理解。

一个人真正的成熟，是学会与自己和解；不是屈服，亦非妥协；摒弃"习得性无助"，修炼"习得性快乐"；选择接纳自己，积极努力进取，冲破心理牢笼。

作者给读者介绍了 12 种心理牢笼类型及其自我疗愈方法：

（1）受害者心态型牢笼（对策：你要拥有选择的自由）；

（2）逃避型牢笼（对策：只有去感受自己，才能治愈自己）；

（3）自我忽视型牢笼（对策：成为自己，爱自己）；

（4）秘密型牢笼（对策：诚实，从对自己说真话开始）；

（5）内疚和羞耻型牢笼（对策：告诉自己"我能做到"）；

（6）悲伤型牢笼（对策：拥抱悲伤，珍视当下）；

（7）僵化思维型牢笼（对策：锻炼心理灵活性，柔软应对生活）；

（8）怨恨型牢笼（对策：走出旧循环，学会关照自己的情绪）；

（9）恐惧型牢笼（对策：识别自己的恐惧，做出微小的改变）；

（10）评判型牢笼（对策：你最讨厌的人是你最好的老师）；

（11）绝望型牢笼（对策：今天幸存，明天才有获得自由的可能）；

（12）不宽恕型牢笼（对策：宽恕他人，是为了让自己的心自由）。

这12种普遍的心理困境，不管其中哪一种都足以让我们迷失自我。王阳明有句名言，叫作"破山中贼易，破心中贼难"。我们要摆脱困境，就要改变自己的心智模式，要修炼"不以物喜，不以己悲"的超脱旷达心态，不对未来抱有不切实际的奢望，只求专注当下，尽己所能。于当下，我们既要有力所能及承受磨难的坚韧，也要有积极改变现状的勇气。只有这样，才能在疑无路之时，迎来柳暗花明之景。

卢梭说："人生来自由，却无所不在枷锁之中。"然而，心理枷锁常常是我们自己加的，既然是自己加的，通常都可以被取下。社会已经给我们织了一张网，心里的那座山我们理应自己越过，去追寻内心的洒脱和自由。作者强调说："自由需要终身练习。"

这本书有四个心理学基础来源：

（1）马丁·塞利格曼积极心理学（习得性无助 VS 习得性乐观）；

（2）认知行为疗法（ABC法则）；

（3）卡尔·罗杰斯人本主义心理学（强调无条件地积极自我关注）；

（4）弗兰克尔的理论（意义疗法）。

（上述四个心理学基础来源详见书中介绍）

生活中不如意事常八九，我们随时都会遭遇各种各样的困难和意料之外的痛苦，然而，做出什么样的选择，就会产生什么样的结果。董宇辉说过："厄运来的时候你没有躲，好运来了你才能撞个满怀。"世上无难事，只要肯攀登。在困难、困境的心理牢笼里，光有勇气是不够的，解困方法才是关键。而解决心理问题的方法，关键是向专业人士求助、求教，以取得专业人士的指导和治疗。另外多学习一些心理学知识。

与书友们分享晨读感悟是件愉快的事。后续再将书中 12 种心理困境（牢笼）及其解困之策与大家逐一分享，敬请关注。

2023 年 10 月 21 日晨

3.2 《越过内心那座山》助您健康成长

这本书讲了人们生活常见的 12 个内心牢笼及其自我疗愈途径，篇幅有点长，但确实对我们有一定的启发意义。有兴趣的书友，不妨把这本书多读两遍，细细品味其中内容，那一定会帮助我们审视自己的内心，给我们带来很大的安慰，同时找到摆脱心理阴影、走出心理牢笼的方法，让我们拥有身心俱健的人生状态。

其实很多心理问题，看似是一座座难以跨越的高山，但只要我们了解了它，就会"山重水复疑无路，柳暗花明又一村"，找到解决问题的钥匙。当我们通过不断地学习，认知就会不断提高，冲破一个个心理牢笼，进入"会当凌绝顶，一览众山小"的心境。

雨果说："世界上最宽阔的是海洋，比海洋更宽阔的是天空，比天空更宽阔的是人的胸怀。"学习不一定会改变生活，但一定会开阔我们的心胸。雨果还说："最大的决心会产生最高的智慧。"只要我们想改变，我们的世界就会与众不同；每一个改变的瞬间，都是我们自由飞翔的时间。

因此，我们要与自己和解，与世界和解，用钥匙打开自己心中的牢笼，一步一步去积攒那一把把钥匙，去自渡、自滤、自纳。人生中总会有风雨，我们需要的是有一颗坦然接纳的心。"舒"这个字由舍和予组成，舍得给予、帮助别人，就可愉悦自己。光阴早就把最美妙的东西加在了修炼它的人身上。那个美妙的东西，是平淡，是安稳，是从容不迫，也是一颗最自然的心。

我们的内心中都有两个小人，当面对一座山的时候，一个说"算了吧，这山也太高太陡峭了"，另一个说"让我攀登试试"。选择放下，好像是轻松了，但同时失去了一次机会；选择攀登，便有美好风景。所以，我们既要改变我们能够改变的，也要接受我们不能改变的，只有这样，我们才能解救自己，让心灵得到自由。

这就要求我们养成独立人格，不攀附富贵，不迷信权威。其实接受不能改变的比改变能改变的要困难得多，这涉及人生的智慧。日本经营之圣稻盛和夫零薪水接手日航，最终却带领已经申请破产的日航走出泥潭，实现飞跃，进入了世界五百强。换作其他人，别说创造奇迹，愿意接手这个烂摊子就已是勇气可嘉了。

稻盛和夫建议领导者的选拔标准是人格第一，勇气第二，能力第三。所以我理解的独立人格是立足于自身来分析事情是否可坚持、可改变。而自身来源于三个"Li"，分别是精力、阅历和动手能力。精力是卓越区别于平庸很重要的标准，历史上伟人普遍具有旺盛的精力；阅历决定格局，又间接引领了平台的选择，平台高，事半功倍；动手能力是真才实干和纸上谈兵的分水岭，事业是干出来的，不是吹出来的。

听读这本书之前，我自己刚刚又攀过一座内心的大山，虽感十分遗憾，万分失望，但也只能直面现实，必须理智想开，勇敢接受现实。诚然，攀"山"的过程有剧痛，如不时否定自己、孤独无助、痛苦无奈……然而，理智要求自己要重新设定目标、修正目标，重新出发。

自愈的过程也正如书中所说，要坦然面对现实，接受自己不能改变的，把它当作生命的礼物，打破自己铸造的精神枷锁，把注意力转移到当下和未来的现实生活，沉迷于工作和学习中，去做能让自己和家庭变得更美好的事情，这样才能获得真正心无挂碍且无欲无求的自由。一切顺其自然吧！

这确实是一本特别好的书，来得特别及时，能让正在遭受心灵磨难的人汲取力量，勇敢面对现实生活的挑战，积极克服困难，努力冲破心理牢笼，从而享受生活，提升幸福感。

我们会发现这本书的核心精髓跟《活出生命的意义》有异曲同工之处，就是我们永远都拥有选择权。作者埃格尔在书中的结尾写道："亲爱的，我祝愿你也能选择让自己逃脱牢笼，让自己获得自由；祝愿你能让自己的那些痛苦变为人生的重要经验教训；也祝愿你能够选择给后代留下哪种精神遗产——你可以传递痛苦，当然，也可以留下礼物。"

最后，我们用埃格尔的话来结尾："我不能说每件事的发生都是有理由的，也不能说不公平和痛苦是有益的。但我可以说痛苦、艰难和困苦是帮助我们成长和进化的礼物，有助于成就自己。"人生中品尝过的酸甜苦辣都是歌，我们应该唱着歌走在阳光路上，奔向精彩人生！

请记住：悲观者永远"正确"，乐观者永远前行。在人生路上，必须远离"习得性无助"，应怎么开心就怎么活。时刻牢记积极心理学"习得性快乐"的基本理念——快乐是可以习得的！

2023 年 11 月 9 日

3.3 晨读《屏幕时代，重塑孩子的自控力》之感悟

本书作者希米·康，哈佛大学医学博士，儿童精神科专家，英属哥伦比

亚儿童心理医疗中心主任，拥有超过15年的丰富临床经验。

开篇作者就告诉我们，长期滥用屏幕（手机、iPad）给我们的身体带来的伤害。

美国权威《儿科》杂志刊登的科研文章表明，长期使用手机等电子设备会导致一个人的脑白质异常。

脑白质是大脑内部神经纤维的聚集地，是信息传导的重要途径。每个运动指令从大脑发出后，都需要白质纤维传导到运动神经、脊髓来完成动作。

脑白质中的中枢神经细胞的髓鞘受到损害，就会引起脑白质异常，神经信号就不能正常进行传导，传导速度就会变慢，甚至停止，由此引发心理健康、行为以及神经病学方面的问题。

手机屏幕等互联网产品，由于"注意力经济"的驱使，都尽可能设计得具有吸引力、容易让人成瘾。这就让我们的大脑发生了这样那样的一些变化，影响了相关神经递质的正常分泌，从而影响到人的身心和行为健康。

一、人脑中五种重要的神经递质

在我们头脑中，跟日常生活最相关的五种重要神经递质，分别是多巴胺、皮质醇、内啡肽、催产素和血清素。

这本书就是以这五种神经递质为脉络，给我们详细讲解了每种神经递质的作用，以及我们该怎样去控制这些神经递质的分泌。

1. 多巴胺的作用

多巴胺让我们兴奋，让我们有获得感、成就感。如果一个孩子考试考了第一，他会分泌多巴胺，但如果他在考完试后，受到的都是打击、挑剔，他通过正常渠道获得多巴胺的可能性就越来越小。

为什么大量的孩子要从游戏中获得多巴胺？因为在日常的校园生活中，他都是沮丧的、痛苦的，都是被人挑剔、唠叨的，所以他没法正常获得多巴胺，只能通过打游戏、喝可乐、买东西来满足自己。多巴胺是一个成就导向的东西。

2. 皮质醇的作用

皮质醇跟压力有关。当我们承受了过大的压力时，为了抗压，为了打起精神，大脑就会分泌皮质醇。皮质醇能让我们应付艰难的工作。但是如果身体长期处在高压之下，我们的皮质醇就会过量，而过量的皮质醇会导致一系列的生理变化，甚至影响到海马体，使我们的记忆力变差。

3. 内啡肽的作用

当我们产生被关爱的感觉、沉浸在一件事情当中，觉得很满意时，我们会产生沉浸式的享受，这种享受的感觉就是内啡肽在分泌。对于很多孩子来讲，内啡肽的分泌是非常稀缺的，因为他们很少能有机会体会到享受的感觉。

4. 催产素的作用

催产素是爱的表达。当我们和孩子拥抱、相互交流、相互理解、一块欢笑、一块流泪共情的时候，他体内分泌的就是催产素，这代表着被爱。只有被爱、被接纳、有交流，这个人才容易为自己做出改变。

5. 血清素的作用

血清素，它让我们头脑清醒、冷静、理智。当你在做一些有创造力之事的时候，当你在不断学习、不断探索，做一些带来成长之事的时候，我们头脑就会分泌血清素。

二、神经递质分泌量对身心健康的影响

首先，"对有害的大量多巴胺的渴求，会导致上瘾"。

其次，"大量不健康的皮质醇分泌，会触发压力反应"。

再者，使用屏幕时间过多会"减少催产素、血清素、内啡肽的自然释放，这种自然释放是长期保持健康、幸福和成功的关键"。

也就是说，如果一个人长期沉迷于手机游戏或者社交软件，他体内多巴胺和皮质醇的含量会提升，但是内啡肽、催产素和血清素都会降低。

现在，我们再来看看玩手机和社交软件时这五种神经递质是怎么分别起作用的。

1. 多巴胺

它对我们的行为有着强大的掌控能力，大家不妨在帆书上听听樊登老师讲解过的《贪婪的多巴胺》一书，我们可以了解更多有关多巴胺的知识。有

很多孩子由于对多巴胺的过度追求，成了网络"瘾君子"。

请看，手机操纵头脑主要有七种方式：

（1）红色警报。比如微信上你没读过的信息会有个小红点，使你忍不住想要去点那个小红点。因为人们对于红色非常敏感，会觉得不舒服，所以不希望手机出现小红点。

（2）社会认可。在使用手机的社交软件以后，你就会发现，被人点赞是一件很愉快的事，很多人甚至会把被点过赞的那一屏截图后再发一次，让大家看看自己的朋友圈有这么多人点赞，这就是社会认可。

（3）自动播放与不停刷新。尤其是短视频软件，你根本不用做任何动作，它播完一个又一个，连续不断，让你看了一段又一段，牢牢地被未知内容所吸引，痴迷地看下去。

（4）可变奖励模式。手机游戏最常用这种方式，你打通这一关能得到奖励，但不确定能得到什么，有时候还得不到，这就会带来头脑的间断性满足，而间断性满足会让头脑中的多巴胺喷涌，这就叫可变奖励模式。

（5）偏爱新颖性。在手机上，似乎每天都在讲新的故事。今天是这个，明天是那个，后天又有新花样，但实际上它们都差不多，全都是人为包装出来的新鲜感来吸引你的眼球，人的头脑就是这样容易被欺骗，喜欢追逐这样或那样的新鲜感。

（6）社交控。就是容易被社交控制。人们有一种心理病，叫作担心被别人排挤或抛弃，不被重视，无人搭理，这种担心的感觉，就是社交控。你进入一个圈子后，只有不断地参与社交、找存在感，才会开心。

（7）社交的相互性。来而不往非礼也，别人给你点赞，你也得给别人点赞。

上述七个方面是屏幕（手机）操纵我们头脑的基本方式。

2. 皮质醇

它带来的是压力模式。当手机给人带来了大量压力的时候，他体内会分泌过多的皮质醇。正常的思考是在前额叶皮质进行的，但一个人压力过大的时候，他的前额叶皮质就不动了，开始用大脑边缘系统来思考，这就是进入了我们作为普通动物的那种生存模式。

我们说人的大脑压力有健康压力和不健康压力之分。

如果我们对压力的反应是面对生命威胁时产生的,那么这是健康的。例如,马上要参加比赛,你要精心地做些赛前准备;明天要参加一场考试,你需要马上做好考前复习和准备;后天要做一场论文答辩,你需要做好答辩准备;等等。这些都是健康的压力,因为这些是真实的、来自外部的挑战和威胁。

不健康的压力,仅仅给你的思想带来压力。这件事虽然没有发生,但是每天给你带来沉重的思想压力。比如你总是跟别人比较。它跟考试的压力、比赛的压力是不一样的。因为在那些压力面前,我们可以通过努力奋斗来缓解或解决。这些挑战和压力是有意义的,因为它可以带来成长,这叫作成长模式。

但是当我们面临生存模式的时候,总是觉得天天生活在重压之下,忧心忡忡,焦虑万分,我们的头脑就会变得越来越沉重,大脑分泌的皮质醇就会变得越来越多。

3. 内啡肽

内啡肽与我们怎么样去追求健康有关,它是一种自我疗愈剂。我们前面讲的两种神经递质是要规避的,而这个内啡肽则是我们要追求的。

自我关爱能够帮助我们分泌内啡肽。具体方法包括正念、冥想、大笑、听舒缓的音乐、有氧运动、充足的睡眠还有感恩。

4. 催产素

催产素又被称为"爱情荷尔蒙",也被叫作"拥抱荷尔蒙"。当我们感受到爱意或被爱意包围的时候,就是催产素在分泌,所以它是人和他人之间的连接器。人是社会性动物,天生就与他人相互连接。所以,当人长期处于孤独状态时,体内的催产素分泌会减少,进而可能引发多种疾病。

所以,要帮助孩子学会建立健康的人际关系,有助于摆脱手机和 iPad 瘾念。要善于引导孩子学会自我关爱;引导他们发展自己的乐群性、同理性和共情能力;在自我关爱和积极改变的征途中,要对孩子的努力和每一个小进步给予赞美。

5. 血清素

它是控制一个人冷静理智、自我感觉良好的神经递质。需要强调的是:

父母要少插手，少干预，给孩子自己探索创造、开发本能的空间。这时候他才能够分泌足够多的血清素。

关于血清素问题，记得我在不久前与书友们分享我晨读《减压脑科学》一书的感悟中已有较为详细的介绍，那本书的作者是脑科学专家，专门研究血清素，他倡导每天上午晒半个小时太阳，就可促进血清素的足量分泌。

血清素到了晚上就会转化成褪黑素，能够有助于睡眠。如果体内血清素分泌不足，晚上可能就会睡不着觉。另外，当我们能够创造的时候，大脑会分泌很多的血清素。

总结一下，我们需要增加的是血清素、内啡肽和催产素，也就是说，我们要让孩子沉浸式地喜爱一些东西，我们要让孩子跟家人、朋友之间产生爱的连接，我们要让孩子的头脑冷静、理智、富有创造力。

用这三种神经递质的提升来减少孩子对皮质醇和多巴胺的过度追求和依赖。

三、摆脱屏幕（手机、iPad）影响的六周六步法

要想摆脱手机对孩子日常生活的影响，要培养他们的自控能力。作者在书中介绍了一个六周六步的改变方法：

第一周，创建动机。先跟孩子一起盘点一下，现在使用手机的频率是不是太高，时间是不是太长，对要不要改变现状达成一个共识。

第二周，准备行动。跟孩子一块儿商量怎么改变，做一个改变现状的计划，并要跟孩子一块儿讨论怎么做。

第三周，采取行动。规定好每天哪些时间不看手机，哪些时间可以随便看，看哪些内容需要家长的监督……并开始实践。

第四周，维持行动。继续巩固之前的行动。当改变过程中出现反复时就需要关键对话，需要你能够跟孩子温和而坚定地讨论这件事的利害关系，而不是一味地责备或训斥孩子。家长需要表示理解、同情，共情地跟孩子说话，同时坚定地告诉他接下来该怎么做和如何坚持到底，也即一定要运用好"动之以情、晓之以理、导之以行、持之以恒"这条改变行为习惯的心理学法则。

第五周，控制复发，重回正轨。

第六周，巩固改变，形成新的习惯。最终让孩子拥有全新的自己，彻底摆脱离不开手机和 iPad 的困扰。

这六周六步法，从原理上讲，让孩子摆脱屏幕瘾念，就是让他的大脑恢复健康。他的头脑健康了，才不会因为过度的压力而分泌过多的皮质醇，不会因为追求刺激去获得劣性的多巴胺，才能够主动地放弃手机或减少手机使用频率。

四、结语

这本书为我们提供了一个全新的视角来看待屏幕与孩子之间的关系。它告诉我们，屏幕并不是敌人，关键在于我们如何正确地使用它，如何引导孩子正确地对待它。而在这个过程中，自控力的培养是至关重要的。

确实，在屏幕时代，自控力已经成为一种宝贵的品质。当孩子能够控制自己在屏幕前的时间，他们就能够在其他方面也展现出更强的自控力，比如学习、社交等。而这种自控力，对于他们在未来的生活和工作中都是非常重要的。

这本书也不是一味地强调孩子毅力和自控力的重要性，而是告诉我们自控力来自哪里，提醒我们必须了解孩子的大脑。书中的重要论点，不仅有脑科学知识作支撑，同时又具备正确的价值观和方法论基础，值得我们学习借鉴。

总之，这本书的思想和方法在当今社会具有很高的适用性。随着科技的不断发展，屏幕已经成为我们生活的一部分。我们不能完全避免孩子接触屏幕，但我们可以通过引导和教育，帮助他们建立正确的屏幕使用观念，培养他们的自控力。

2024 年 4 月 18 日晨

3.4 母爱的力量
——《原生母爱》晨读感悟

作者李南玉，心理学博士，德国费希塔大学教授，韩国心理咨询学研究生院教授，首尔夫妇家庭治疗研究所所长，家庭咨询大师。

《原生母爱》一书的重点在于：解析了孩子对母亲的两种依恋人格及其四种依恋关系；告诉了我们如何理解母亲与母爱；分析了四种需要改变的母亲类型；介绍了掌握改善亲子关系的"建立家庭疗法"。

一、孩子对母亲的两种依恋人格

1. 安全型依恋人格

这种人格建立在稳定、和谐、积极的家庭氛围当中，无疑会培养出身心健康的孩子。

2. 焦虑型依恋人格

这种人格又分为三种：一是缺乏母爱而造成的回避型依恋。这类人没有建立信任关系的经验，因此他们谁也不相信，干脆不与他人建立关系。二是由于母亲的爱并非"始终如一"而形成的抵抗型依恋。这类人在情感上渴望与他人建立亲密关系，充满负面情绪，终日缺乏安全感。三是因遭受母亲虐待而形成的混乱型依恋。这类人无法信任他人，很难与他人建立亲密的关系，害怕受到别人的伤害。因此，母亲与孩子的关系决定了孩子的性格、认知以及将来面对困难时所采取的态度。

3. 焦虑型依恋人格的改变方法

第一，重新构建心理根基。

自我否定是导致孩子产生心理问题的最大诱因。解决的方法就是重新构建心理根基，实实在在地体验一次父母的爱，而不是用父母的口气来求全责怪自己。

第二，倾听自己的内心。

心理学强调，维持或终止一段关系，是每个人拥有的权利。孩子没必要对自己父母的每句话、每个表情和眼神都马首是瞻，对于孩子来说，重要的是"他们想要什么样的关系？他们需要怎样做才能拥有这种关系？"

第三，重新认识父母。

孩子可以尝试找到父母痛苦的根源，从另一种角度去看待和理解他们。孩子需要更加关注自己的内心世界，父母的痛苦不应是孩子的痛苦。只有明白这点，才能逐渐从父母的痛苦中分离出来，拥有自己的幸福。

二、四种需要改变的母亲类型

1. 需要放手的妈妈

我们与父母天然会存在一种依恋关系，但随着慢慢长大，我们也要学会分化。书中提到了一个观念：健康的分化是"可分离，常牵挂"。妈妈要学会让孩子独立思考、独立学习与工作、独立生活，让孩子自主发挥潜能，创造美好生活，而不是妈妈包揽一切，过度呵护或溺爱。

2. 错误定位爸爸的妈妈

主要表现就是：妈妈经常向子女抱怨爸爸、说爸爸的坏话，引导子女怨恨爸爸，并渐渐疏远爸爸。她们常会对孩子说："要不是为了你，我早就离婚了；你一定要努力，我就指望你了。"其实，这些话对孩子来说是极大的绑架，孩子会觉得爸妈的不幸都是自己造成的，孩子很容易崩溃，甚至出现精神障碍。

3. 不管不顾不会爱的妈妈

有的妈妈自己都还没长大，生完孩子后一心只顾自己玩，孩子生下来后就直接扔给家里的老人，常年在外，也很少打电话关心孩子或回家看望孩子，懒于过问孩子的养育之事。

4. 区别对待孩子的妈妈

在生养两个或多子女家庭，有的父母有时会偏爱其中一个，有的父母重男轻女，喜爱儿子胜于女儿。其实，无论父母偏爱哪一个，所有孩子都会受到伤害，受偏爱的那个孩子也不一定会幸福。

《原生母爱》的作者解析了四种不同的母亲类型，可帮孩子找到与母亲相处的合适方法，重拾自己与母亲的美好回忆，成为独立而强大的人。

三、孩子与母亲的关系

孩子与母亲的关系是孩子一生中所有关系的基础；是孩子生命中最根本的力量；是孩子长大成人建立自己家庭且生儿育女后，在与下一代的关系中反复出现且影响深远的一种固定模式。

大多数孩子同母亲的距离都很近，近到无法分化，只得被迫承载母亲的期待、控制和指责。其实，孩子需要学会与母亲分化，关注自己内心的需求。母亲与孩子的关系应该是"既分离，又牵挂"，各自装点自己的人生。

有人说：幸运的人一生被童年治愈，不幸的人一生都在治愈童年。童年不仅仅是时间意义上的童年，更是原生母爱带给孩子的影响。

《原生母爱》一书让我们重新认识了自己跟母亲的关系，从而从母亲的角度来理解母亲、认识母爱。

法国有句名言："母爱是人类情绪中最美丽的，因为这种情绪没有利禄之心掺杂其间。"但对许多孩子来讲，母爱有时反而是一种束缚。母亲常以爱为名，把自己对人生的期待转移到孩子身上，反而让孩子不能自由翱翔。

爱孩子是件好事，但是过度的爱就会变成溺爱，溺爱是父母对子女的一种畸形的爱，也是一种失去理智、直接影响孩子身心健康发展的爱。

溺爱对孩子的危害主要在于：第一，失去独立自主能力；第二，形成不良习惯；第三，使孩子能力低下；第四，影响学校正常教育。

（限于篇幅，有关溺爱问题的矫正方法以后另文叙述）

父母养育孩子到18岁以后，一定要学会"体面地退出"。父母要学会过自己的生活，并有自己下半生的安排，不能继续附着在孩子身上。

四、建立家庭疗法

家庭疗法是以家庭（而非个体）为对象的心理治疗方法，其特点是把重点放在全家人身上，注意家人的相互往来、人际关系以及家庭功能的执行情况。家庭治疗的目的是使家庭成为心理功能健全的家庭，想方设法地矫正家庭关系，最大限度地改善家庭成员的心理和行为问题。

如果孩子出生在一个有健康关系的健康家庭，他们就可以学会如何维持健康的关系。如果孩子出生在一个功能失调的家庭，他们则可能很难与他人建立联系，影响正常的人际交往。

几乎所有家庭都会有这样或那样的问题，家庭治疗就是为家庭提供一个维持健康与和谐功能家庭的方法。

建立家庭疗法有个原则，叫作"先夫妻后子女"，即在一个家庭里，夫妻关系优先于子女关系。相信"夫妻好，家才好"，"家和万事兴"。

"皮格马利翁效应"告诉我们：积极的话语有着意想不到的强大力量。在纠正孩子行为习惯时，倘若父母循循善诱，常给予夸奖，孩子就会从表扬声中获得信心，从而给予自己积极的心理预期。这样的孩子会认为自己能够改良习惯，获得成功，而结果也往往是美好的预言梦想成真。

另外，孩子应该理解，父母的痛苦并不是自己的痛苦，他们之间的事由他们自己解决。孩子只需知道：我有父母爱我，父母给予我的是爱，而不是负担和压力。

2024年2月8日晨

3.5 驾驭自己的注意力，锚定人生新方向
——《掌控注意力》晨读感悟

我们正处于一个注意力稀缺的时代，每天被各处的信息"轰炸"，分散了大量的精力，所以注意力变得特别珍贵。对于每个人来说，注意力确实是一种很需要具备的能力，如果没有注意力，我们很难生活、学习和工作；若无法集中注意力，我们就很难做成事情。这就是注意力重要的原因。

从心理学角度看：注意是心理活动对一定对象的指向和集中。指向性和集中性是注意的两大特征。注意是一种心理状态，它是伴随着我们感觉、知觉、记忆、想象和思维等认知过程和情感、意志过程而发生的。注意可分为无意注意、有意注意和有意后注意三类。注意力在认知活动中起着"门户警卫"的作用，在情感和意志活动中也具有调节与监督作用。

日常生活中存在三种受注意力问题困扰的人：第一种人是永远提不起精神；第二种人是永远过度亢奋，而无法集中注意力；第三种人是忽冷忽热，一会儿在无聊这边，一会儿在过度兴奋那边。

这本书介绍了注意力分散的原因是肾上腺素分泌的变化引起的。在过去读书时，我就注意到自己的注意力会受体能波动控制，以致直接影响到学习和工作效率。精力旺盛、情绪亢奋时，很难完成学习与工作；精神颓靡、大脑空洞时，更是无法完成学习与工作；只有在心理平和的状态下，才能高度

专注完成学习与工作。可见，注意力的集中与分散有其发生的生理机制，与我们的身体状况、健康状况及疲劳与否密切相关。心理学研究表明：注意的生理机制主要可用"定向反射"和"优势兴奋中心"及"脑干网状结构"和"神经体液调节"等理论来解释。

米哈里·契克森米哈赖的《心流》一书告诉我们，当你处在注意力专区时，你会特别专注，很容易忽略时间的流逝。当外部刺激不够时，我们会觉得干什么事都没意思，提不起精神来，注意力难以集中，这就是一种缺乏注意力的表现；当刺激水平过高时，显得太紧张焦虑，肾上腺素分泌水平太高，以致坐卧不安，什么也干不了，此刻假如让你上台讲话，面对众人，你会没办法集中注意力，甚至完全忘记讲话内容。（见书中的倒 U 曲线图）

衡量我们对外部刺激的感受程度最重要的一个指标，就是我们体内的肾上腺素分泌水平。太少了提不起劲，太多了导致亢奋，适量分泌才是最重要的。当你处于缺乏刺激或过度刺激的状态下，是难以集中注意力的。你注意力最集中的时候也就是受到恰当程度刺激的时候。

两个步骤能让我们回到合适的状态，第一步叫作意识，就是你先感受自己是出了注意力专区还是根本没进入注意力专区。第二步叫作恢复或者平静，就是当你所受刺激不够的时候，给予自己足够的刺激；当你所受刺激过高的时候，让自己逐渐平静下来。

提升专注力的本质方法：

（1）克服肾上腺素分泌过多的干扰，焦虑恐惧会产生肾上腺素，过多的分泌会加剧负面的情绪，导致心情难以平静。

（2）实现复合胺与多巴胺的平衡。

作者从与我们的专注度密切相关的情绪、心理、行为三个层面的调节技巧，详细介绍了抗分心与焦虑、掌控注意力的八串钥匙，值得我们细细品味并付诸实践。

第一串钥匙，是唤醒自我意识：把自己的那个观察者调动出来，而不是完全被本性裹挟。

第二串钥匙，是改变状态：这也是情绪调节的方法，与其自责不如化解。

第三串钥匙，是终结拖延：接纳自己，建立信心，点燃希望，审视过去。

第四串钥匙，是抗焦虑：现实检查，替代思想。

第五串钥匙，是强度控制：调动理性、增强自信、快速冷静"熄火"。

第六串钥匙，是自我激励：找到目标与意义，以过程为中心，以努力为中心，并有可持续性。

第七串钥匙，是保持状态：自我对话，自我引导，找到一个锚，转变态度。

第八串钥匙，是健康的习惯：养成冷静而专注的生活方式和可以带来帮助的习惯。（1）充足的睡眠；（2）优质的营养；（3）明智地运用刺激；（4）健身；（5）放松和娱乐；（6）寻找良师益友。

上述每串钥匙都有三把钥匙，我们可以了解其中的每一把钥匙，然后选择自己最喜欢和认为最实用的那把钥匙或那串钥匙来掌控自己的注意力。

与书友们分享我的晨读感悟，愿朋友们都能拥有良好的专注力，并且心想事成！

2023 年 11 月 11 日

3.6 做自己情绪主人，走向快乐的人生
——《我的情绪为何总被他人左右》再读感悟

作者阿尔伯特·埃利斯，临床心理学博士，美国心理学大师，被公认为

世界十大最具影响力的应用心理学家之一。

他在心理治疗领域工作了60年，治愈了15000多名饱受各种情绪困扰的人。他是理性情绪行为疗法（REBT，Rational Emotive Behavior Therapy）的创建者，为现代认知行为疗法的发展奠定了基础。

作者在书中列出了四种典型不良的过激情绪及其产生原因，这是本书的最大亮点：

（1）过分烦躁：包括过度紧张、沮丧、恼火、担忧等。

（2）过分生气：突然之间对他人过度戒备、愤怒、气得发疯，等等。

（3）过分抑郁：干什么事都无精打采、情绪低落、一蹶不振。

（4）过分内疚：觉得所有不好的事都是自己的错，过分自责、悔恨。

如何判断是否过分？作者认为：什么是过分你自己应该知道，百分之八十五的情况之下，一个人都应该知道自己的某个反应是不是过分。

我的理解是，每个人的情绪两极性表现（弱与强、平静与激动、轻松与紧张等）自己最清楚，无须非要拿一个心理学量表来精准打分确定是否过度。

著名心理学家冯特于1896年发表的三维理论认为：情感不能只根据愉快和不愉快予以说明，而是需要三种维度（愉快—不愉快、紧张—松弛、兴奋—抑郁）才能做出有效的描述。情绪与情感的两极性就是多种多样的情感在性质、强度、紧张度等方面存在的向背两极状态。

作者告诉我们：四种不良的情绪是怎么来的，诱因可用ABC模型来解释。这里A代表常遇见的具体的人或事情，就是那些烦人的小事；B就是我们对具体发生的人或事的思考、判断；C代表在A的情形下你的感觉和你的行为。模型如下：A→B→C（见书中图示）。不是A这件事一定会产生C的结果，A本身不会导致C，而是B导致了C，A只是诱因。

行为主义心理学认为：刺激（S）和反应（R）之间的关系是：S→R，即给什么样的刺激，就会产生什么样的反应。事实上，在人的身上，刺激和反应的关系绝非如此机械简单。

新行为主义心理学认为：同样的刺激（S）作用在不同人有机体（O）身上，反应（R）就会有所不同，S→O→R。假如，我们把某种奖励（物质或精神）比作"风"作为对人的刺激，把人的情感波动比作"水"的波动，那么，由于人的个性及其心理需求的不同，同样的奖励作用在不同的人身上，会产生不同的反应。有的人接受奖励后心情犹如"清风徐来，水波不兴"，这一刺激尚未达到他需求的最低阈限，没有引起他的兴趣，所以不会产生情感波动。

也有的人接受奖励后心情犹如"风乍起，吹皱一池春水"，这一刺激引起了他的情感波动，使他产生增力情绪。

还有的人接受同样奖励，心情则如"惊涛拍岸，卷起千堆雪"，这一刺激引起他情感上的轩然大波，可以起到相当好的激励作用。可见，刺激和反应之间的关系，实际上如下图所示：

$$S \to O \to \begin{matrix} \nearrow R1 \\ \to R2 \\ \searrow R3 \end{matrix}$$

也就是说任何刺激通过人的个性及其心理状态和心理需求及思维方式折射后，会产生多种多样的反应。在"模型 A→B→C"中，我认为"A"好似新行为主义心理学"S→O→R"模式中的"S"；"B"好似"O"；"C"则好似"R"。由于 B 的不同及其折射，便产生了 C。以上是我的粗浅理解，不一定全面，仅供书友们参考！

在这 ABC 模型中，作者埃利斯认为有三种最常见的错误 B（病态思维模式）：

（1）恐怖化的思维方式。总喜欢把一件事想得特别严重，把什么都看成灾难，非常害怕，其思维模式就是"万一……怎么办"。它会让你陷入狼狈的境地。

（2）应该化的思维方式。就是"我必须……""我一定……""我非……不可……"，一旦具有了应该化思维，就会使得你对自我的要求过于严苛，把自己弄得很惨，从而也殃及他人。

（3）合理化的思维方式。就是觉得什么都合理，将不道德或不得体的行为合理化，骗自己接受这种行为，逆来顺受。这是一种软弱的应对方式，常与习得性无助习惯有关。

上述这三种常见的病态思维模式会令人产生 10 种非理性的人生信条，导致后续发生各种各样的痛苦。

信条1：太在乎别人怎么看待自己。这会导致你对拒绝行为产生恐惧感，它会让你要么四处讨好别人，避免冲突，而忽视了自己的需要；要么你把自己扮成刺猬，逮谁扎谁。其实更好的选择是："我希望你们喜欢我，尊重我，若是做不到，我也能忍受。"（恐怖化）

信条2：无法忍受在重要任务上失败。若你相信自己在任何重大事件上都输不起，就不敢冒险，你就会墨守成规。还有就是无法忍受别人的批评，无法忍受出错，在一些小事上也斤斤计较。（恐怖化）

信条3：人和事都应该朝着我要的方向发展，否则就无法忍受。这是由于低耐挫性和对不公平的敏感而造成的冲动反应，导致你半途而废，消极否定，逃避责任，缺乏坚忍的意志力。（应该化）

信条4：某件事出错了，肯定是有人出了问题。他们凡事绝对化，认为事情做得那么糟，肯定是有人不尽力。这些人善于把脏水往别人身上泼。（应该化）

信条5：我对即将发生的事情总是抱着深深的忧虑，比如截止日期前完成所有的任务或公婆到访、拜见岳父母。（恐怖化）

信条6：每个问题都有完善的解决方案，我必须立即找到这些方法。有时候完美主义造就了拖延症。（应该化）

信条7：在很多困境和责任面前可以让自己置身事外，从而心安理得。凡事都能找到一个合理化的理由。（合理化）

信条8：如果我事事不投入，保持若即若离的关注，我会永远开心。很多人貌似参与了很多事，但其实只是坐在那儿，被动地观察。（合理化）

信条9：因为过去发生的一些不好的事情造成我现在的样子，即使我努力也改变不了，以此为借口，不求改变。（合理化）

信条10：这些坏人坏事就不应该存在，我真不知道拿他们怎么办。他人他事会逼得你反应过激，这种说法看似有理，其实很业余。（应该化）

这10种错误信条会导致我们的人生出现许多不良的C。因为有这些错误的认知和信条，所以当我们面对各种各样的不佳A时，就会导向负性情绪C，即过分地烦躁、过分地生气、过分地抑郁和过分地内疚这四种过分的负面情绪。

本书告诉我们：应对上述三种病态思维方式的方法是形成第四种思维模

式。这第四种思维模式的 B 就是"更好的选择",就是我们要看除了这三种思维模式之外还有什么是更好的,比如"我想要……""我更喜欢……""如果……就更好了"。

作者说要让"更好的选择"成为习惯,有四个步骤:

步骤 1:反思自己的 C(感觉和行为),如我的感觉和行为是不是合适?

步骤 2:认真审视自己的 B 是怎么把自己弄成了 C 的样子,如过分焦虑、愤怒、抑郁、内疚等;

步骤 3:如何反击和对抗自己非理性的思考方式?

步骤 4:用更好的选择来替代非理性思维。例如,用"如果……就更好了"等。

通过练习,可以让自己形成这四个步骤的好习惯。(详见书中几个案例)

所以,我们应该知道:不是人和事牵着我们的鼻子走,而是我们的思想和理念在操控我们的反应和行为!不要让情绪过激,把情绪控制在一定范围内,我们才能在为人处世上得心应手,生活快乐幸福。

2024 年 1 月 26 日晨

3.7 聪明地生活,执着和完美并非必须
——《不执着,叫看破 不完美,是生活》晨读感悟

这是一本关于完美主义心理自助的书，作者是一个心理咨询师。完美主义者常常感觉自己对生活失控，对别人失望，觉得处处都不顺意。完美主义者与其说千方百计地想把事做好，不如说是害怕承担做不好的后果。完美主义者常常意识不到自己的问题所在，然而，人们最大的问题就是被完美主义困住，感觉不到自己真正的问题在哪里。

完美主义者的特征：

（1）非常注重各种细节；

（2）特别看重规则和条理；

（3）往往期望很高；

（4）过分注重外表整洁；

（5）会力求避免犯任何错误；

（6）一般缺乏信心；

（7）特别看重条理和逻辑；

（8）特别容易自我怀疑；

（9）常常固执己见，难以信赖别人。

完美主义者通常有上述九个特征中的一个或者多个。这些特征之间也有很密切的关联。完美主义者普遍存在的一条信念，就是："一旦与自己有关的事情出错或者不符合预期，那自己就会遭遇灾难性的后果。"这就不难解释，完美主义者为什么容易缺乏自信，害怕犯错了。因为自信的一个含义就是"我相信我能承受失败的后果，并且一直坚持尝试，直到得出某种成果"。一旦我们觉得失败会带来灾难性的后果，必然就会害怕失败。

这样呢，完美主义者就容易认为只有没有瑕疵的成果才是正常和安全的，因此也就容易抱有极高的期望。高期望，又催生对细节的控制。这也使得完美主义者无限地做准备，在需要果断决策的时候犹豫不决、过分担忧。回过头来，这又加剧了完美主义者的不自信和自我怀疑。同时，在完美主义者看来，其他人往往显得太不注重细节了，所以他们也有可能对他人缺乏信赖。

完美主义者的思维方式：

（1）非黑即白思维（二元思维）；

（2）夸大缩小思维（片面夸大负面因素，缩小积极面，看不到闪光点）；

（3）情绪推理思维（感觉不好，结果很糟糕）；

（4）线性思维（总想小事不解决，之后就会放大结果）。

我们应怎样走出完美主义的这四种思维误区？要知道人生可以完美，但也可以安逸。虽然完美主义也有好处，可以灭瑕疵，但别执着。要知道不完美才是生活，顺其自然，凡事"尽人事，听天命"，换个角度去看问题。宽容点，其实挺好！

形成完美主义有三个可能的来源：第一是我们先天的一些特性和禀赋；第二是受社会环境的影响，后天习得的；第三是孩子与父母或其他重要养育者的相处模式，在潜移默化中形成的。

完美主义有内向与外向两种，作者把总是担心自己表现得不够好的人，归结为内向完美主义者；把那些对别人过分严苛的人，归结为外向完美主义者。

内向完美主义者总爱跟自己较劲，强调对自己的控制，每个细节都要求规范、精致，过多地在意细枝末节，让事情无法推进；总担心事情的发展不符合自己的预期；于人于己都制定过高的行动目标，过于苛责；努力的过程既艰辛又漫长；情感极受折磨，不快乐，总是伴随焦虑、挫败、纠结、自责。

外向完美主义者对别人苛责，总爱批评和控制并惩罚旁人，和他在一起让人感到压抑、可怕，常常人缘不好，总花巨大的精力控制外部，所以总是显得焦虑疲惫，把自己累得够呛，并且人也孤独，还会导致周围的人和他相处也感到紧张焦虑。但是，某些时候他们也会乐于指导他人，让他人获得很多实质性的帮助。

大部分完美主义者，很可能兼具内向和外向完美主义的特征，不仅让生活一团糟，也搞得别人的生活鸡犬不宁。他们总是担心一旦事情的发展不符合自己的预期，就会有可怕的灾难，所以就容易给自己或者别人定下过高的行动目标和过于严苛的行动规则。这样一来，努力的过程就会变得既漫长又艰难，每一次行动都搞得跟渡劫一样。

而这种奋斗经历又会让人坚信：如果自己没有在情感、生理和心理方面都付出巨大的努力和能量，那目标多半无法达成。这种信念导致了完美主义者总是有一种受虐的宿命，生活也很难过得顺心如意。极端的完美主义甚至会造成各种心理疾病，比如焦虑症、抑郁症。

完美主义有时是很痛苦的，因为它总会让人掉进自我怀疑的陷阱。在工作和生活中，如果我们事事追求完美，总觉得自己不如别人，长久累积，就会变得不自信。因为不自信，在遇到新的挑战时，就容易错失机遇。所以，我们真的没必要事事追求完美，要敢于承认自己的不完美。

追求完美和卓越，本无可厚非，但凡事都得有个度。我们要做的是，保留完美主义注重细节、精益求精、追求卓越的好处的同时，努力降低它带来的危害。作者也说了，不是标准高或者努力奋斗有问题，但是当它让你在情感上备受折磨、事业上没办法成功、经常不快乐的时候，就成了大问题。

其实，人类进化本身就是不完美的，不完美是人生常态。人生就是一个在不完美中不断追求完美的过程。承认不完美，才能正视存在。只有不被完美主义困住，觉察真正的问题，允许不完美，才能用正确的态度和方式方法向着完美而努力。

过分苛求完美，只能给自己增添烦恼，让内心塞满负能量，透不进阳光。更不能以自己所谓的完美主义为借口，苛求周围的人按照自己的标准去打造世界。世界正是因为有太多的不完美，才造就了如此多姿多彩的灵魂。

辨识完美主义的九个特征，知晓完美主义的两面性，用认知行为疗法，让完美主义为自己所用，克服非黑即白思维、夸大缩小思维以及不客观的情绪推理，正确使用线性思维，摆脱完美主义的桎梏，做最好的自己。

我很欣赏这样一句话"Done is better than perfect."（完成好过完美），只要我们做了，比我们做得完美要重要得多。因此，我们必须放弃刻意片面追求内在完美和外在完美，调整好心态，放松心情，感受适度完美带给自己的收获和快乐，与周围人轻松地和睦相处，不再执着。

因为，人生无论怎么选择都不会十全十美，我们要学会接受，学会放下。追求完美无可厚非，但若因此给我们的身心带来困扰，那就得不偿失了。我身边也确有不少完美主义者，包括我自己过去在工作、学习和生活中也常有追求完美的倾向，做事亲力亲为，事必躬亲才放心，常常担心出差错、丢面子。现在想来，这就是过于追求完美。

所以，我们真的没必要事事追求完美，要勇于承认自己的不完美。我们要牢记：不执着，叫看破；不完美，是生活！我们要在轻松愉快的状态下，努力实现美好人生！

祝大家拥有一个轻松愉快的美好人生！

2023 年 10 月 20 日

3.8 自我效能，向光而行，自造幸福人生
——《自造》晨读感悟

作者陶勇，是首都医科大学附属北京朝阳医院眼科主任医师。毕业于北京大学医学部，医学博士，博士生导师、教授。

在本书中，他以医者和普通人的双重视角，忠实地记录了这个时代的医患关系、医者思考和医学故事，分享医院之内和医院之外的人生感悟。为你解答在快节奏生活中，我们应该如何沉淀自我，"自造"幸福。

今晨倾听作者解读此书，仿佛在听一个积极乐观的人在讲一些关于积极心理学的人生态度。他的很多观点我都十分认同，很有共鸣感。比如，积极乐观的人都不会去计较和比较，给自己找不痛快；同时我们需要监视自己每个阶段哪些地方还做得不够；等等。

又比如，他的中西医结合理论，不是头痛医头，脚痛医脚，眼干医眼，

而是积极找到根源和系统的平衡。还有，他认为很多人快节奏地吸收到很多信息，但是没有一个发酵的过程，这些信息就不能成为自己的。这样的观点也令人深思！而且，他对"技""艺""理"的总结也很到位。

作者与我们分享了他的人生感受：

（1）关于动态平衡。人属于一个动态的平衡。身体也好，价值认可也好，都是一个动态平衡。比如自我价值，"在比较中失去的，从存在中要回来"，"从存在中失去的，再从比较中要回来"。所以，我们要尊重平衡，学会平衡，自造平衡。

（2）关于"技""艺""理"三个阶段。作者分享了他医学的三个阶段。在"技"阶段，通过练内功和外功，锻炼自己的手艺。这个阶段需要靠勤奋和坚持，感受自己的进步感。在"艺"阶段，达到一个层次后，需要创新。这个阶段靠的是谦卑和勇敢，既认识到自己不足，又敢于打破现有的自我。在"理"阶段，就是领悟哲理和道理。通过慢慢发酵和体会，通过"窥镜"发现更加深刻的道理，一个平衡的哲学。

其实，一个人的自我成长、行业探索、家庭建设都符合这三个阶段。我们要清晰认识自己的知识边界，保持谦卑，同时还要勇敢向前。

（3）关于人生成长。人生成长需要节奏，需要规划，让它循着难易程度来，顺着克服困难而去，不必把自己困在某些特别细节的问题上，既放它一马，也放自己一马。

（4）关于"带毒生存、带菌生存和带瘤生存"。我们常常会不接受自己身上有菌，但是其实人体就是跟菌共生共存的（请参阅书中举例和理论阐述）。所以，我们不能滥用抗生素，真菌感染的一个危险因素就是长期使用抗生素。

听读《自造》一书，我有如下感悟：

（1）每个光鲜亮丽的背后，都会有一段不为人知的辛酸历程。你羡慕别人，别人也可能在羡慕你。

（2）良心是不能从众的，真正的勇敢是顺从自己的内心，去做不可能的事。

（3）要根据自身情况，适当调整节奏，等等自己的"灵魂"，来不及思考和沉淀的快节奏生活是导致空心病（就是自己内心价值感缺失）的主要原因。

（4）每种人生都有一个从"技"（勤奋和坚持推动技艺精进）到"艺"（依靠谦卑和勇敢走向创新）再到"理"（悟出人生哲理）的过程，也即磨技、创艺、悟理三阶段。

（5）花一秒钟就能看透事物本质的人，与花一辈子都看不透事物本质的人，注定会有截然不同的命运。

（6）要善于发现身边的美好，美好有时并不在远方，而是就在自己心里。

（7）但行好事，莫问前程；因上努力，果上随缘，时间会给出答案。

（8）遵循平衡法则，"在比较中失去的，从存在中要回来"，"从存在中失去的，再从比较中要回来"。

雨果说："世界上最宽阔的是海洋，比海洋更宽阔的是天空，比天空更宽阔的是人的胸怀。"《自造》一书也是一本励志好书，不仅治愈我们的眼睛，让我们看清人生旅程；更是治疗了我们的"心盲"，驱使我们去创造美好人生。是的，眼睛可以眺望高空，但双脚必须踏在地上，知行必须合一。

陶勇医生在书中向我们娓娓道来他的人生经历和工作感悟，字里行间充满感恩之情和通透的智慧。放下过往，展望未来。他说了两个看待问题的角度。

第一，"从比较中失去的，从存在中要回"。我们看到的是别人的光鲜，却可能不理解别人背后的心酸、压力和痛苦。

第二，"从存在中失去的，再从比较中要回来"。去看看那些拼尽全力也要活着的人们，想想自己有多幸福。"我们总在与外界进行交换，达到平衡的状态。"他的观点确实清奇，但细思之下不无道理。万事万物，都会给予我们力量。所以，我们千万别蒙蔽了自己的心智，把自己逼到死胡同里死磕。没有光就造出光，没有路就走出路，一路向光而行，自造幸福人生。

2023 年 12 月 1 日

3.9 成熟心智,自律会爱,遇见更好的自己
——《少有人走的路》晨读感悟

本书作者 M. 斯科特·派克,毕业于哈佛大学,获得硕士和博士学位。他长期从事心理治疗实践,成绩卓越,被誉为"我们这个时代杰出的心理医生"。

这本书主要从自律与爱的角度探索了心智成熟的旅程,它帮助我们探索自律与爱的本质,引导我们过上崭新、宁静而丰富的生活;它帮助我们学习自律、学习爱,也学习独立自主,教会我们成为更称职、更有理解心的人,并告诉我们怎样找到真正的自我。

一、什么是自律

自律是指个人能够自觉遵守社会规范、自觉控制自己行为的能力。它是健康心态的一种基本要求,也是有效提高个人素质、实现人生价值的重要因素。在作者看来,自律还是解决人生问题的最主要工具,更是消除人生痛苦最主要的方法。

自律，是一种能力；自律，是一种态度；自律，是一种坚韧的意志精神。

要做到自律，需要经得起诱惑，耐得住寂寞，经得起艰苦，扛得住困难；不随波逐流，不随遇而安，内心有目标；具备自制力，明白什么可为、什么不可为。自律的本质，就是激励自己向更自信的方向走去。

二、自律的主要表现

1. 自我超越
自律的人有着强烈的好奇心，喜欢不断探索，无论年龄多大，总是热衷于学习新东西，喜欢做一些有难度的事，挑战自我，无论是工作还是生活，他们总是追求每天进步一点点。

2. 独立自主
自律的人通常都是非常独立的，他们有做出重要决定与执行决定的能力。无论在生活还是工作中，他们都不会被别人牵着鼻子走，会自己解决问题，从来不想依靠他人。

3. 自我认知
自律的人往往都有着非常清晰的自我认识，他们知道自己该做什么不该做什么，对于自己的身体和精神状况有很好的认知。

4. 善于规划
自律的人会做计划，能有意识地规划时间、管理时间，井井有条地工作和生活，表现出较高的活动效率。

5. 自控力强
自律的人能有意识地克制自己，克服贪吃、懒惰、拖延、浪费时间等不良习惯，让自己更加专注于工作和生活以及热爱的事情。他们能控制住自己的欲望，拒绝做"喜欢"但"不应该"做的事情。这是自律的一个重要表现。

三、自律的四条原则

1. 延迟满足
延迟当前的满足以获得未来的收益，这是自制力和耐心的重要体现。

2. 承担责任

勇于承担自己的过失和责任，不找借口、逃避责任，通过行动解决问题。

3. 忠于事实

理性对待信息，深入了解实际情况，避免因为误解或偏见做出错误决策。

4. 保持平衡

认识到自己的能力和限制，在追求目标的同时，也会考虑自己能力边界，实事求是，避免过度强求。

四、自律在自我成长中的作用

第一，自律是克服内心弱点、实现自我超越的强大力量。它能够帮助我们锻炼自制力，提高自己的素质。

第二，自律是实现人生价值的重要人格品质，能够帮助我们实现自我价值，增强自信心，不断探索自我，实现自我超越。

第三，自律不仅能够提高个人素质，还能够帮助我们建立良好的自我价值观。

第四，自律可以帮助我们锻炼自控能力，控制住情绪，使自己更加坚强、坚定，从而实现人生目标，成就梦想。

第五，自律可以让我们凡事沉得住气，面对困难时不轻易放弃，保持冷静和耐心，等待时机成熟再出击，并持之以恒地努力达到目标。

克里斯托弗·奥本海默的传记《人生的意义》中有句名言："人生的意义就是获得逆熵，即不断地对抗熵增的过程。"（逆熵是热力学中的一个概念，指的是系统的熵减少，即系统的有序程度增加。）纵使生活有千般阻挠，我们也需要迎难而上，只有自律地面对工作和生活，人生才更有意义。

五、爱是自律的动力

本书作者认为自律背后的原动力就是爱。

爱，是一种强烈的、积极的情感状态，代表着一个人对人或事物有深切真挚的感情,是一种对人、事、物十分深刻的喜爱。

爱,是为了促进自己和他人心智成熟,而不断拓展自我界限,实现自我完善的一种情感体验。这种情感起源于人与人之间的亲密关系,或人和事物之间的联结,也可以起源于钦佩、慈悲或者共同的利益。

爱,是喜欢达到很深的程度,是人类主动给予的或自觉期待的满足感和幸福感。

爱会带来温暖的吸引、强烈的热情以及无私的付出。它存在于人际关系中,可以显现在家庭成员之间、朋友之间或者伴侣之间。

爱的表现主要在:

(1) 关注;

(2) 不惧风险;

(3) 独立;

(4) 充分投入;

(5) 勤于自省,平等交流;

(6) 懂得自律。

真正的爱,是一种扩展自我的体验,它与自我界限密切相关。在爱的过程中,我们感觉自己的灵魂无限延伸,奔向心爱的对象;我们渴望给对方滋养,希望对方能够快乐成长。为了达到爱的承诺,我们开始驱动自我付出努力,并因此做到自律。

我们很多人并不懂什么是爱,以为爱就是依赖和占有,是精神灌注,并以爱为幌子来满足自己的需要,却从未想过把对方的心智成熟与进步当回事,甚至把自我牺牲当作是爱。

其实真正的爱,要善于倾听,理解对方;要尊重对方的独立性,不要把自己的情绪当作别人的情绪,不能总是自恋地只顾表达自我情绪。

接受爱,就要承担失去爱和面对冲突的风险。人生就是一场艰难的修行,而这个修行的过程需要自律。

六、阅读小结

本书最重要的贡献就是让我们知道什么是真正的成熟,什么是真正的自律和爱。延迟满足感、承担责任、忠于事实、保持平衡的四个自律原则加上投入和付出努力的爱，这些的完美结合才能让我们走上心智成熟的旅程。

综上所述，自律是实现人生价值的重要因素，不仅能够帮助我们提高自身素质，还能够使我们建立良好的自我价值观，实现自我超越，实现人生价值。因此，我们要努力做到自律，学会去爱，不断提高自我素质，成就梦想。

愿我们都能成为自律和会爱的人，拥有逆熵的行为，谦逊而快乐地开启心智成熟之旅程。

2024 年 2 月 1 日晨

3.10 博采众意，允许质疑，赢得认同支持
——《认同》晨读感悟

本书第一作者约翰 P. 科特，哈佛商学院的终身教授，举世闻名的领导力专家，世界顶级企业领导与变革领域最权威的代言人。

在现代社会中，变革已成为常态。企业需要不断适应市场变化，调整战略；团队需要面对各种挑战，不断创新。而在这个过程中，难免会遇到各种反对者和质疑声。如何在这种环境下建立认同，实现目标，是每一个企业和团队都需要面对的问题。

本书告诉你怎样才能保护你的好主意，让它赢得支持。作者通过鲜活的故事形式及幽默的笔法告诉我们避开、退让、回击都不可行。

最好的做法是：尊重对方，让反对者参与进来，给出令人信服的回应，这才能反败为胜。

你可以"邀请反对者"抨击你的想法，但同时你需要对这些可能的反对意见做好充足的应对准备，通过这样的方式，你能够引起人们的关注，使得大家意识到你提议的价值，最终赢得他们全身心的支持。

1. 反对者的各种质疑方式

书中列出了 24 种质疑方式，并给出了相应的回应方法，这些明智的建议非常实用。这本书可以帮你预判到可能的抨击意见，并能把它们转化成你的优势，这样有助于你的好主意带来积极的变革。

24 种质疑方式如下：

（1）已经很成功，为什么要变革；

（2）资金才是现实问题；

（3）把问题夸大了；

（4）你是说我们一直都不尽责；

（5）提议隐藏的动机是什么；

（6）问题确实存在，但方法不够好；

（7）不能否认这个问题；

（8）会产生这么多问题，肯定有疏漏；

（9）两方相互依赖，陷入死循环，这方案行不通；

（10）两方面不能并存，两者不能兼得；

（11）这事没意义，人们大都不喜欢；

（12）如果是绝佳主意，为什么没人做过；

（13）过于深入或不够深入；

（14）计划太简单了，行不通；

（15）这在放弃我们传统的价值观；

（16）太难以理解了；

（17）推行计划需要做的工作太多；

（18）不可能获得大家的一致同意；

（19）那个我们以前做过，行不通；

（20）这会使我们面临越来越糟的情况；

（21）等手头上的其他事忙完再说；

（22）我们的资源和成本负担不起；

（23）情况不一样，在这里行不通；

（24）根本没有条件去做这件事。

2. 反对者抨击好主意的常见方式

书中也列举了4种扼杀好主意的攻击方式：

（1）制造恐慌。描述并强调风险与困难，引起与会者焦虑害怕，阻碍人们思考并提议。

（2）无限拖延。多次开会讨论，可就是谈而不决，消磨提议者对此提议的耐心和热情，让其不了了之。

（3）混淆视听。反对者会摆出毫不相干的事实和复杂难懂的道理，千方百计阻挠有效沟通。

（4）冷嘲热讽（或人身攻击）。反对者直接对提议者本人发难，让其难堪，同时影响其他人对提议者能力和人品的判断。

3. 应对反对者抨击的原则

如何应对反对者抨击，要把握以下原则：

（1）允许反对者开炮。

（2）回应一定要清楚，简洁明了，符合常理。

（3）始终尊重对方。

（4）关注所有的受众，不要受到反对者太多的干扰。

4. 具体回应方法

（1）让反对者参与到讨论中来，让他们"炮轰"你。

（2）回应清楚，简洁明了，符合常理。

（3）始终尊重对方，既不打口水仗，又不变得崩溃或处于防守状态。

（4）关注所有参会者，不要受批评者的干扰。

（5）要对那些肯定会遭遇的反对意见有所准备，涉及的风险越大，准备越要充分。

作者在书中说，我们并不是要把"说不"的人都拒之门外，而是要欢迎他们参与新计划的讨论。那些反对你的人不是真的敌人，他们反而可能是最大限度能够帮到你的人。

只有如此，你才能够让他们把话讲出来，让你跟他们之间的争论获得大家的关注，这才真的有可能使得这件事被解决。

现实中，赞成的人许多都是稀里糊涂地随大流赞成；而反对的人，大多是经过思考并能提出自己建议的人，他们的提问和质疑至少有两个好处：一是他们提出的疑问有可能也是一部分持中立态度者的疑问，在这个辩论过程中，你可以打消这部分人群的疑问，更能赢得他们的认同；二是在这个辩论过程中，能够把计划方案中的困难、经费、人员等问题全部暴露出来，让大家意识到困难的存在，从而增加在实际执行中的支持力度，对变革有一个理性的预期。所以，他们的意见有时具有启发作用，反而会促进你完善计划方案，成就事情。

总之，我觉得《认同》是本非常值得一读的实用好书！作者不仅深入剖析了人们在变革中产生抵触心理的原因，还为我们提供了具体可行的解决方案。这些思想和方法对于个人成长和团队发展都具有重要指导意义。

2024 年 3 月 6 日晨于云南昆明

3.11 收获抗压力智慧，逆境中绽放光芒
——读《抗压力》有感

简言之，抗压力是一种从压力（痛苦和紧张焦虑情绪）中获得成长的能力。

压力本身也可以成为一个人成长的养分。正确抗压，不是消极地逃避和消解压力，而是直面压力，在压力和逆境中汲取智慧与经验，获得最大程度的成长。

压力是一把双刃剑，人无压力就会丧失信念，压力过大又会损伤信念，找到抗压的黄金分割点，可以增强人的信念，促进人的成长。

压力分外在压力和内在压力。外在压力往往表现在任务或目标与能力不匹配，内在压力往往表现在对自己的期望值过高，或太在乎他人对自己的评价。找到了压力的症结所在，也就找到了解决的方法。

《抗压力》这本书较为系统地揭示了人在压力中成长的有效方法论。通过实操性强、系统有效的抗压七步骤来提升我们的抗压能力，让每个人都能了解并发挥自己的优点，重拾自信，积极应对工作和生活中的种种问题。

抗压力七个步骤：

（1）摆脱负面情绪的恶性循环。有觉察负面情绪的意识，停止给自己施压，从压力里抽离出来，比如做运动（切换优势兴奋中心）、深呼吸（腹式呼吸）、听舒缓音乐（莫扎特）、唱歌抒情（释放压力）、自由写作（吉德林法则：把难题清楚地写出来，便已经解决了一半。解决不了的难题，倾诉在纸上，可缓解心理压力，并可将问题理出头绪以便向外求助，这就大大增加了解决问题的可能）。

（2）驯服思维定势犬。习惯性思维的消极信念，就是思维定势犬，包括批评犬、正义犬、投降犬、放弃犬、忧虑犬、内疚犬、冷漠犬等7种。是这些思维定势犬对事件做出的解释，决定了我们的感受。因此，我们要通过认知疗法，驱逐思维定势犬（控制消极思维定势）。

（3）培养自我效能感——我能行（提升自信心）。制造实际成功的体验，让自己获得直接成就感；观察他人顺利处理问题的过程方法路径，学习之（别人可以，我也可以）；自我鼓励和来自重要人物的鼓励；不断体验兴奋感。

（4）磨炼发挥自我优势（扬长避短，建立自己的优势领域，把自己短板之事想办法交给擅长此事的人去做）。

（5）良好亲密的人际关系是心灵后盾（优先处理对自己重要的人的事情，获得亲朋好友的支持）。

（6）提高感恩的积极情感（及时表达感恩之心）；

（7）从逆境中复盘，从困境中汲取智慧，努力走出低谷（正如尼采名言："但凡杀不死我的必将使我更强大。"）。

王阳明说："心外无物。"对于任何天大的事都能坦然面对，没有哪根稻草能真正将人压垮。其实，压力大小同人生格局大小有关。

老子说："见小曰明，守柔曰强。"老子还说："为之于未有，治之于未乱。"格局大的人就能居安思危，临危不乱，处事不惊，既有忧患意识，又能防范风险。

因此，要摆脱压力负面情绪的恶性循环，就要主动采取让自己心情开朗的办法，防止反复琢磨不好的情绪，以免负性情绪愈演愈烈。

著名心理学家阿尔伯特·艾利斯提出的ABC法则，就是用转变思维方式来缓解压力状况。

首先要接纳压力，而非抗拒压力；其次再化解压力；最后得到受益。此法则值得我们在现实工作和生活中提升抗压力参照运用！书友们，让我们再多读一些积极心理学的有关书籍吧，找到更多提升抗压力的科学实用方法。

2023 年 10 月 11 日

3.12 心灵的轻柔拥抱，疗愈心疾的良方
——读《轻疗愈》有感

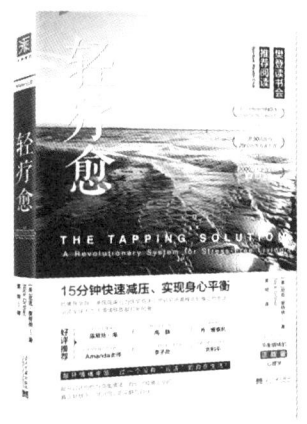

作者尼克·奥特纳是享誉全球的"1分钟"疗愈导师。他是将西方前沿心理学与东方文化精髓融会贯通的顶级疗愈大师，也是美国最知名、最亲民的情绪释放疗法权威，他主持的每年一度的在线盛事情绪释放疗法世界峰会（The Tapping World Summit）已有 100 万人参加。

当今社会，人们亚健康状态很严重，负面情绪导致经络不通、血液循环不畅，心与脑的血和氧供给不足，加剧神经紧张，心情焦虑，致使身体的五脏六腑进入恶性循环式的脏腑功能下降。

轻疗愈（The Tapping Solution）是一种情绪释放疗法，它被哈佛医学院、美国国家行为医学临床应用研究所列为推荐的身心疗愈法。这种疗法暗含东方的穴位按摩、拍打技巧，同时传承西方心理学的情绪宣泄联想法。它

曾被用来治愈焦虑、抑郁、强迫、恐惧、疑病等身心痛苦，让上千万人获益。

情绪释放疗法（Emotional Freedom Techniques）简称 EFT，其实它就是一套结合东方经络穴位按摩及西方心理学的能量疗法。这种奇特疗法，主要是通过外力敲击疏通经络，使血液循环畅通，负面精神状况就会好很多。方法很简单，就是通过依次轻敲手侧面、眉毛内侧和眼睛外侧、眼睛下方、鼻子下方、下巴、锁骨、腋下以及头顶这八个部位的有关经络穴位，每处敲击5～7次，边敲边大声说出有关"压力王事件"的紧张焦虑情绪及其情景感受，例如："尽管……但我还是全然地接纳我自己"敲完并念完后深吸一口气然后放松。（具体操作方法，详见书中介绍）

情绪释放疗法是让我们认知自己内心最深处的美丽，理解并原谅过去，发现未来蕴藏的可能。此法虽然不能改变问题产生的情景，但是可以帮我们改变看问题的角度和面对问题的反应，用"选择"代替"应该"，就会有一种积极主动的生活体验。（其科学的生理心理机制详见本书介绍）

通过敲击可以疗愈各种心理问题，甚至对减肥美体也很有效果，这看似神奇的背后，有着强大的科学依据。敲击经络的穴位似乎可以关闭杏仁核所发出的警报（大脑负责应激反应的组织叫"杏仁核"，是"身体的警报装置"）。

在原始社会，当野兽或危机出现时，杏仁核会发出预警信号，大脑则会通过战斗或逃跑反应，动员整个身体，人体肾上腺素分泌增加，心率上升，体内就会积累更多的皮质醇，而皮质醇含量增加容易导致抑郁、焦虑。所以，我们控制的核心就是缓解杏仁核的兴奋。

在道森·彻奇博士的试验中，使用情绪释放疗法的受试者比不接受治疗的受试者皮质醇平均下降 24%，最高下降 50%，这是个科学发现！

情绪释放疗法的操作步骤：

（1）找到你的"压力王事件"（Most Pressing Issue，MPI），即最头痛、最苦恼的事情，并使用尽可能详细的提示语（"压力王事件"带来的感受）；

（2）用主观焦虑评分，为你的"压力王事件"打分（0～10 分），看看你的苦恼达到哪个级别；

（3）认真拟定一份描述语，把"压力王事件"填进空白处：尽管_____，我还是全然接受我自己；

（4）用一只手的四指敲击另一手的手刀点，同时将问题描述语重复3遍；

（5）依次敲击身体的8个部位，同时大声说出"压力王事件"的提示语，每个部位敲击5～7次；

（6）将8个部位敲击一番后做个深呼吸；

（7）再次用主观焦虑评分为你的"压力王事件"打分，检查效果；

（8）重复以上步骤，或寻找其他"压力王事件"，再进行治疗。专心投入地做5轮或10轮，便可以获得你想要的解脱。

当这一"压力王事件"消除后，你可以开始用此法治疗其他想要改善的事情了。通常很多人在敲着敲着就泪流满面，这说明压力得到了释放！

创建自己的敲击树（忧伤、压力等深浅不同，如同一棵树的树叶、树枝、树干、树根的结构），这样才能在情绪释放疗法中真正了解自己当前的状况，系统地从更深处挖掘并解决各种问题，还你一个健康快乐的自己。

情绪释放疗法带来的改变有：

（1）纾缓焦虑、缓解压力；

（2）用"选择"代替"应该"；

（3）促进改变，走出抗拒的泥沼；

（4）拥抱童年的自己；

（5）唤醒身体的疗愈力量；

（6）享"瘦"身材，也享受食物；

（7）营造健康的情感关系；

（8）释放匮乏，创造丰盛。

认知自己最深处的美丽，理解并原谅过去，发现未来蕴藏的可能，这就是情绪释放疗法！

《轻疗愈》是一本得到众多人推荐的奇书，因为它实实在在地解决了千万人的困境。可以说，是口碑将其推至了亚马逊畅销榜头名的宝座！这种疗法暗含东方的穴位按摩、拍打技巧，同时传承西方心理学的情绪宣泄联想法。它在一次恐水症病人的治疗过程中偶然被发现，后来在医疗实践中又让上千万人受益。

经过 20 年的研究、推广和众多的使用案例，现已得到越来越多患者的普遍认可。这是用来疗愈诸如地震、海啸、战乱、疫情等各种天灾人祸导致的病痛、焦虑、抑郁、强迫、恐惧、疑病等身心痛苦的好方法。

总之，这确实是本解压疗愈的实操好书，作者尼克在书中毫无保留地披露这个新疗愈时代的伟大秘密。阅读此书，我们可以获得：情绪释放疗法的操作步骤；学会走出负面情绪，获得幸福与安宁；重新审视生活，探索内在的自我；学会如何将轻疗愈方法运用在财富、健康、亲密关系等人生各个层面，邂逅更理想的自己。

有兴趣的朋友们，特别是心理学工作者和心理咨询师，不妨精读一下此书，或许会给你们带来意想不到的收获。

2024 年 1 月 15 日晨

3.13 《拯救记忆》助您重拾遗忘的片段

本书作者丹尼尔·亚曼，曾被美国《华盛顿邮报》评为"全美最受欢迎的精神科医生"，"智脑计划"的创始人。

本书介绍了损害大脑健康的 11 个风险因素以及教我们吃些什么、养成怎样的生活习惯对大脑有好处。也许我们无法逆转生命将走向衰老，但我们能延缓它的到来。

听读此书，我们可以了解到：

（1）怎么知道自己的大脑衰老了没有；

（2）为什么人会患上阿尔茨海默症；

（3）人体最优先器官——大脑是如何运作的；

（4）11 个风险因素会损害你的大脑健康；

（5）两个方法助你饮食更健康；

（6）两个锻炼大脑方法，预防大脑"生锈"；

（7）四个创新疗法治疗大脑疾病。

本书主要知识点如下：

（1）没有海马体，我们无法存储新的信息和新的体验。所以，要不惜一切代价地保护好海马体；

（2）自言自语的时候要说一些正能量的话。记住，你对自己说的话就是你大脑播放的电影剧本；

（3）最好的脑力训练就是不断获取新的知识，不断去做从未尝试过的事情；

（4）阿尔茨海默症，俗称老年痴呆。它是神经系统的一种退行性疾病。通俗地讲，也就是大脑的一种衰老。阿尔茨海默症患者会逐渐丧失对过往事物的记忆，到了晚期，甚至连家人或者自己都会遗忘；

（5）衰老的大脑从外观看，它的体积会萎缩，大脑表面的脑沟和脑回也会变得更深更宽，就好像人脸布满了皱纹；从功能上看，大脑衰老最主要的表现之一，就是记忆力减退。

（6）"智脑计划"（"Bright Minds"），就是通过一系列方法阻止或治疗对大脑造成伤害的风险因素，从而达到增强记忆力、延缓大脑衰老、预防阿尔茨海默症的效果。

本书告诉我们：β-淀粉样蛋白和 tau 蛋白是大脑的两种代谢产物，它们同阿尔茨海默症发病原因（造成严重记忆丧失）密切相关。当今有两种主流理论解说：

（1）β-淀粉样蛋白斑块的异常积累。这种蛋白就像一块黏稠的口香糖，它如果掉落在神经网络的这条高速公路上，就会造成大脑短路，从而影响甚至中断神经元在神经网络中的高速运行，导致记忆缺失。

（2）脑细胞内的tau蛋白扭曲地纠结在了一起。当这种蛋白扭曲地纠结在一起后，就会形成神经纤维的缠结，就像打了死结的丝线一样，也会造成大脑短路，造成记忆障碍。

对于记忆缺失痴呆症来说，预防重于治疗。本书作者建议，这个行动要越早启动，效果才会越好。无论现在年龄多大，哪怕是30岁、40岁，也要开始严肃认真地对待和记忆有关的症状。

作者在书中介绍了预防记忆力减退以及增强大脑健康的"四步法"。他把这个方法叫作拯救记忆的智脑计划。他说："如果能做到这四步的话，每个人都会变得更加健康、更加年轻。"

第一步：了解风险因素。

风险因素共有11个：（1）血流量；（2）退休老；（3）炎症；（4）遗传学；（5）头部创伤；（6）毒素；（7）精神健康；（8）免疫性或传染性疾病；（9）缺乏神经激素；（10）糖胖病（糖尿病和肥胖病）；（11）睡眠问题。

第二步：智脑饮食计划。

（1）热量限制式饮食；（2）间歇性禁食（保证每天有12～16个小时不进食）；（3）饮食中注意"一多一少"，即多补充ω－3脂肪酸，少吃麸质。

第三步：锻炼大脑，丰富生活。

"大脑就跟我们的肌肉一样，用进废退。"无论年龄多大，只要动脑学习，就能像练肌肉一样，它会产生新的连接，从而增强记忆力。运用记忆术可以扩大大脑的记忆网络，记忆超群的人除个别人是因天赋异禀外，其实大部分人都是后天锻炼出来的。

第四步：正确采用强脑治疗。

强脑治疗有四个方法：（1）高压氧疗法；（2）经颅磁刺激疗法；（3）脑神经反馈疗法；（4）视听夹带疗法。

上述四步法可供我们防治阿尔茨海默症做参考。有兴趣的朋友可详见书中介绍，其中医疗方法则应听从专业医生诊疗意见，并用专门仪器设备进行。

本书还介绍了锻炼大脑、提升记忆力的3个方法：

首先，改变饮食思维。

（1）端正思想：健康饮食不为减少饮食，而为丰富饮食。

（2）把卡路里想象成钱，要理性消费。

（3）采取间歇性饮食，每晚禁食12～16小时。

（4）避免摄入引起炎症的食物，如快餐、含激素食品。

其次，改善饮食方式。

（1）食用健康的蛋白，如坚果、西蓝花。

（2）吃健康有益的脂肪，如鱼油、鳄梨。

（3）多吃绿叶蔬菜。

（4）不吃不健康的糖，如含糖食品。

（5）选择有益大脑健康的糖类，如水果、蔬菜。

（6）多补充水分。

（7）做菜时添加健康的草本植物和香料，如肉桂、大蒜。

最后，科学锻炼大脑。

（1）锻炼前额皮质，如：文字拼图游戏、围棋、冥想。

（2）锻炼颞叶，如：背诵诗词散文、学习弹奏乐器。

（3）锻炼顶叶，如：跳舞、打高尔夫、不依靠导航学看地图。

（4）锻炼小脑，如：打乒乓球、练瑜伽、打太极。

请"爱护自己的大脑吧！它决定了你生命中的一切"。

2024年1月14日晨

3.14 《情绪急救》教您摆脱焦躁之困扰

作者盖伊·温奇博士,心理医生,拥有多年临床经验。

感冒头痛,我们会去看医生,可是为什么在经历心理伤痛时,我们却不去就医呢?盖伊·温奇分析道:"我们此时基本都在独自疗伤,但这并不是闯出情绪迷雾的有效出路。"

拒绝、孤独、丧失与精神创伤、内疚、反刍、失败、自卑这些情绪如同毒药,蚕食着健康快乐的自己。作者通过生活中的实例告诉我们如何治愈自己,因此这本书也可视作每个人都需要的心理药箱,内存可预防和治愈多种负面情绪和心理障碍的"心药"。

作为拥有多年临床经验的心理医生,作者所给的建议很多都是心理疗伤的"阿司匹林",是多年治疗经验的精华,非常有效。但若是严重的心理伤害,自我疗愈不起作用时,一定要找专业医生帮助。

作者在书中揭示了心理伤害的"七宗罪":

(1) 拒绝:日常生活的摩擦伤害;

(2) 孤独:人际关系的"肌无力";

（3）丧失与精神创伤：心理的伤口；

（4）失败：情绪低落、痛苦体验、自尊心受损；

（5）内疚：情感体系的毒药；

（6）反刍：情绪感冒会发展为心理"肺炎"，反复发作；

（7）自卑：削弱人的情感免疫系统。

作者在书中细述了这"七宗罪"带来的伤害：

（1）拒绝造成的伤害

拒绝是一种最常见的情感创伤，它会导致四种不同的心理创伤：

第一，拒绝会产生愤怒和攻击性，会对无辜的人做出伤害的举动；

第二，拒绝会伤害我们的自尊，给自己下一个负面的结论；

第三，拒绝令我们找不到归属感；

第四，被拒绝的人拒绝理性。

除此之外，作者还介绍了拒绝的四种疗法：首先是与自我批判争辩；其次是恢复你的自我价值；再次修补社交感受；最后是自我脱敏。（上述内容详见书中介绍）

（2）孤独造成的伤害

长期的孤独会损害我们最基本的快乐，会导致抑郁症、失眠以及产生自杀倾向和敌意。更重要的是，孤独对我们身体健康具有惊人的破坏力，容易导致心血管系统疾病、内分泌系统疾病以及阿尔茨海默症。

孤独是会传染的，与孤独者最亲近的人也容易变得孤独。长期的孤独会导致社交能力的"肌无力"，既无法体会别人的感受，也无法寻求别人的帮助。所以"社交肌肉"不能缺乏，越是缺乏锻炼，"社交肌肉"越容易萎缩，恢复起来就更困难，需要更多耐心。

作者给我们介绍了孤独的几种治疗方法：①摘掉自己的有色眼镜，战胜自己的悲观看法，把别人想象得好一点；②找出自己的自我拆台行为，提醒自己社交时避免类似行为；③学会换位思考，深化自己的情感联系，这是锻炼移情能力的最佳方法；④为自己的社交设定一个额外目标，创造些新的意义；⑤收养小动物。

（3）丧失与精神创伤

丧失会造成四种伤口。第一，生活被打断：铺天盖地的情绪困扰；第二，身份被改变：挑战个体角色和自我定义；第三，信念被切断：丧失会挑战我们的价值观；第四，人际关系被断开。

作者介绍了三种治疗丧失的方法：第一，以你的方式舒缓情绪上的痛苦；第二，恢复你迷失的自我；第三，寻找悲剧的意义。

(4) 内疚造成的伤害

内疚会造成自我谴责，让我们无法体会喜悦和幸福感；内疚会阻碍健康的人际关系，妨碍沟通。有三种内疚伤害最大：第一，未解决的内疚；第二，幸存者内疚；第三，分离的内疚。

内疚的治疗方法：第一，掌握有效道歉的秘诀；第二，自我原谅；第三，重新投入生活。当你没有必须承担的责任时，内疚更难治疗。

(5) 反刍造成的心理伤害

痛苦的场景，记忆和感觉一遍遍重放，每一次都令人感觉更糟，陷入恶性循环。反刍增加了我们变得沮丧的可能性，并延长抑郁发作的持续时间；提高了酗酒和饮食失调的风险，让我们产生负面思想，阻碍问题解决，增加心理和生理应激反应，提高心血管疾病风险。

反刍的治疗方法：第一，改变视角；第二，分散注意力，缓解情绪痛苦；第三，愤怒重构；第四，善待你的朋友。

(6) 失败会带来的伤害

主要有四：第一，自尊心会受挫，对自己的评价会一下子变得很低；第二，会养成一种被动和无奈的心态，这也是一种自我保护；第三，会产生大量的焦虑和恐惧；第四，你的失败会投射到孩子身上。

正确处理内心对失败的看法，这是非常重要的一个技巧。方法是：第一，寻找情感支持，然后进行客观评估；第二，寻找能够控制的要素，改变它。孔子说："尽人事而听天命。"当你能够尽人事（影响圈）而听天命（关注圈）的时候，你会发现自己的心情轻松了许多。所以我们要努力去做那个影响圈里能够掌控的事情。（影响圈就是我们力所能及可以改变的事；关注圈就是我们只能看，只能发表议论，但是没法改变的东西。）

(7) 自卑会带来的伤害

自卑可以造成三种心理创伤：第一，它使人更加脆弱；第二，它让人抵制正面的反馈和情感滋养；第三，它让人更容易放弃对合理权利的争取。

作者介绍了五种自卑的治疗方案：第一，采用自我同情，压制脑海中自我批评的声音（自我同情能够更好地建设自己的情感免疫系统）；第二，找出并肯定自己的长处；第三，提升你对赞扬的宽容度；第四，提升你的个人力量；第五，提高自我控制的能力。

总之，《情绪急救》这本书是一个心理伤害的"急救箱"，其中案例丰富，非常实用。如果你出现了孤独的感觉，出现了被拒绝的感受，出现了丧失或创伤的感受，出现了内疚感、经常烦心和自卑等，你就可以针对每种情况从书中找到些方法，做一个尝试，来缓解各种负面情绪和情感障碍，努力自救。需要强调的是：如果是严重的心理伤害，而自我疗愈又不起作用的时候，一定要寻求专业心理医生的帮助，进行专业诊治。

2024 年 1 月 20 日晨

3.15　从阴霾到阳光，《我战胜了抑郁症》

本书作者格雷姆·考恩，《心理健康中心》和《今日心理学》专栏作家、

精神健康倡导者，曾是一位严重的抑郁症患者，4次自杀未遂，他的治愈是一场异常艰难的重生之旅。

成功后，他写出了这本《我战胜了抑郁症》，书中收录了美国前众议员肯尼迪、英国前首相布莱尔的首席顾问等9位国际知名的公众人物走出抑郁症的真实故事，发人深省。

抑郁症如今已成为全球第四大疾患，令全球3.5亿人饱受痛苦。在我国，据不完全统计，抑郁症患者数量超过3000万人。

有关专家认为：中国可能会有5400万人是抑郁症患者，更有众多潜在隐形的抑郁症患者未被统计在册，而且抑郁症发病率现在正呈上升状态。

什么是抑郁症？

抑郁症是一种常见的精神障碍，以显著而持续的心境低落为主要特征，伴随着兴趣减退和愉快感的丧失，常常影响个体的工作、学习和社交功能。临床上的病症标准为持续发作两周以上。

典型的症状包括情绪低落、失眠或睡眠过度、食欲改变、疲劳、自卑感或无价值感、过度自责、注意力难以集中等。严重者可能出现幻觉、妄想等症状，甚至产生自杀观念或行为。

我们多数人对抑郁症仍抱有下列误解：

（1）抑郁症全都是心理疾病——事实上，某些类型抑郁症含有生物性致病因素；

（2）只有受过重大刺激才该得抑郁症——事实上抑郁症的成因非常复杂，任何人都有可能患上此病；

（3）抑郁症的病发与康复均属于患者主观问题，只要"想得开"就能痊愈——事实上某些抑郁症须配合药物治疗。这些误解常导致患者不能及时就诊。

如何自我鉴别抑郁症？以下迹象可供参考：

（1）自我评价或自我价值感下降；

（2）睡眠模式改变，比如：失眠或睡眠断续；

（3）食欲或体重改变；

（4）情绪控制能力降低，易激怒或产生罪恶感，或容易陷入悲观、愤怒、焦虑之中；

（5）一天内情绪变化多端；

（6）体验愉悦的能力下降；

（7）对痛苦的承受力降低；

（8）性冲动减少或消失；

（9）注意力很难集中，记忆力减退；

（10）生活动力减少，感觉一切毫无意义，或者没有值得去做的事情。

（临床医生提供的诊断信息）

抑郁症有哪些类型？

常见类型有：忧郁型抑郁和非忧郁型抑郁；精神病性抑郁和非典型性抑郁；还有单向抑郁和双向障碍（躁狂或轻躁狂）（详见书中介绍）。

抑郁症的产生与哪些因素有关？

抑郁症可能是由多种因素引起的，包括遗传、生物学、心理社会和环境因素。

（1）遗传；

（2）生物性因素；

（3）大脑老化；

（4）性别；

（5）压力；

（6）人格（高焦虑；羞怯；自我批判或低水平的自我价值感；对人际关系高度敏感；易怒；内向保守）。

……

作者格雷姆对大量抑郁症康复者进行采访，请他们评定每种疗法对自己的疗效，收集到了来自4064名心理障碍患者的经验。

据此调查，他总结出五大主题：情感支持或同情；心理治疗；养生之道；有意义的工作；处方药。根据调查数据的支持与自身经历，他得出了一个有效的康复方案。

（1）制定有效的康复计划 CARE 方案

C（Compassion）：寻找同情与情感支持；

A（Accessing）：接触精神健康领域的优秀专家；

R（Revitalizing）：寻找带来新生的工作；

E（Exercising）：日常锻炼。

(2) 寻找适合自己的心理评估方法

找到一种有效的测评当下状态的方法，用来不时地了解自己的状况，追踪自己进步的状态。

(3) 建立一个情感支持系统

值得信任的医生；亲人（家庭成员或亲密朋友）；互助小组成员；同事和员工帮助计划成员，他们能帮助患者自己在最黑暗阶段过关。

(4) 寻求正确的诊疗

一定要寻找到精神健康领域的专业人士，务求确诊。最好由一位亲友陪同就医，可作为你与医生之间沟通的桥梁，并可帮你做些辅助记录与补充。

(5) 寻找一份能给患者带来新生的工作

(6) 日常锻炼

20分钟轻快散步或与之运动量相当的锻炼，会使心境得到显著改善。

(7) 开始行动

以一周为单位做好计划，设立适度可行的进步目标，并为自己的每一点进步而庆祝，同时为自己安排一些娱乐活动。

书中列举了美国前众议员肯尼迪等数位名人战胜抑郁症的情况，以及格雷姆·考恩本人战胜抑郁症的感悟。这让我们了解了抑郁症是一种需要治疗，并可以治愈的疾病。抑郁症很普遍，它有轻重之分。

我认为，较轻的抑郁症可以通过学习来转变认知观念和思维方式。通过保持正念，积极锻炼身体，寻找自己喜欢做的事情，行善积德做好事，从生活中找到生命的意义，保持心情愉悦，抑郁状况就会越来越轻，逐步好转。

另外，适当就医问询还是很有必要的。当抑郁时，倾诉并得到专业且不反感的治疗便是好的开始，只要有良好的开端，何愁见不到雨后的彩虹。

然而，针对比较严重的抑郁症，则需要专业医生的帮助和药物治疗，同时需要来自亲朋好友的关怀，并加以情感上的宣泄。这本书最重要的观点就是抑郁症是可以完全康复的，并不是没有办法治愈。

患者需要坚信这一点，才能治愈抑郁症。所以，我们无需讳疾忌医，更无需谈"郁"色变！

2024 年 1 月 23 日晨

3.16　晨读《应对焦虑》，穿越焦虑迷雾

本书作者埃德蒙·伯恩，著名焦虑问题专家，从事焦虑症、恐惧症和其他应激相关障碍治疗工作 20 余年，曾任加利福尼亚焦虑症医治中心主任。

时代越发展，焦虑越盛行。如何应对焦虑成了当代人的普遍问题。本书凝结作者多年焦虑症治疗成果，提供了九种简易方法，帮助我们摆脱焦虑，重获恬静快乐的人生。

一、什么是焦虑

心理学认为：焦虑是指一种情绪反应，它是一种针对现实或想象中威胁或危险的情感体验，带有不安、担忧、恐惧、紧张等情绪成分，常常导致心理、生理上的反应。焦虑通常由对未来的担忧、对未知的恐惧、对自身能力

的怀疑等引起，也可由内分泌系统的失调、药物的作用、神经系统的异常等引起。

焦虑是人的一种普遍感受，当它产生时，人们往往说不清自己焦虑的到底是什么。它的产生并非来自具体事物或情境，而是想象中的危险，而且这个危险发生的可能性很小。

焦虑会在心理、行为和生理三个层面上影响整个人体。首先在心理上，它使人恐惧不安，甚至让人陷入对死亡或发疯的恐惧。其次在行为上，它限制人的活动能力、表达能力和处理日常事务的能力。最后在生理上，它会引起心跳加快、肌肉紧张、恶心反胃和出汗等身体反应。

二、焦虑症的种类

过度焦虑就是焦虑症，这是需要特别关注和解决的。

1. 惊恐障碍

它的特点：（1）突然发作；（2）反复出现；（3）每月至少发作一次。比如，有人半夜突然坐起，觉得呼吸困难。

2. 广场恐惧症

它的特点：在一些场所或情境出现惊恐发作。比如，离家远的地方、高速公路上行车、餐厅排队等。

3. 社交恐惧症

它的特点：在社交场合过分害怕尴尬或丢脸，通常伴有回避行为。比如，和陌生人吃饭、上台演讲都很紧张。

4. 特定恐惧症

它指一个人极害怕某一特定事物或情境，从而回避它。比如，有人怕蜘蛛，只要一谈到蜘蛛，就吓得汗毛倒竖。

5. 广泛性焦虑症

它是一种慢性焦虑障碍，担忧的问题至少两个，持续时间至少 6 个月。

6. 强迫症

它的主要特点是强迫观念和强迫行为。比如，重复同一种思维，不停地洗手，反复检查门窗。

7. 创伤后应激障碍

它是指人经历自然灾害、人身侵犯等严重创伤后产生的精神障碍。症状为：持续发怒，不断想起创伤经历等。

三、焦虑产生的主要原因

1. 长期诱因

它是指产生于出生至童年时期，导致日后患焦虑症的因素。比如，遗传因素、早期创伤性经历，包括被父母忽视、过度批评等。

2. 近期环境原因

比如，近1～2个月内压力突升，遭受重大损失、生病。

3. 使焦虑持续的原因

包括肌肉紧张、消极的自我对话、错误的信念、缺乏运动、饮食不健康和缺少自我呵护能力等。

4. 神经生理因素

它主要表现在三个方面：（1）血清素、去甲肾上腺素、r-氨基丁酸等神经递质的缺乏或失调；（2）杏仁核和蓝斑等脑结构过度活跃，导致人易焦虑；（3）额叶皮层和颞叶皮层等中枢不能抑制杏仁核和蓝斑等脑结构的过度活跃。

四、应对焦虑的九种方法

1. 放松身体

（1）渐进式肌肉放松；（2）腹式呼吸和镇定呼吸。

埃德蒙·雅各布森医生曾说过："身体放松的时候，精神是不会焦虑的。"

2. 放松精神

（1）引导式内观；（2）冥想。

3. 思考问题从现实出发

灾难化思维最易导致焦虑，而扭转灾难化思维需要三个步骤：

（1）识别扭曲思维；（2）质疑扭曲观点的正确性；（3）用符合现实的想法取代扭曲的观点。

引发焦虑，还有七种扭曲思维：

①过滤，即只关注负面信息。应对方法：迫使自己关注事物积极的一面。

②极化思维，即认为事物非黑即白、非好而坏。应对方法：使用百分率界定自己。

③过度泛化，即根据一个证据或单一事件得出一般性结论。应对方法：用数字替代描述感受的形容词。

④看透他人心思，即揣测别人的心思。应对方法：提醒自己别瞎猜他人心思。

⑤放大，即夸大问题的严重性。应对方法：停止使用"可怕的""糟透了"等类似的话，改用"我能应付""我能处理"。

⑥个人化，即认为别人说的和做的都与自己有关，爱与别人比较，把自己的价值建立在与人对比之上。应对方法：当认为别人的反应与己有关时，没有得到合理证据前不要下结论；与人比较时，提醒自己，每个人都有优缺点。

⑦"应该"陈述，即对人对己的行为有一套严格规则。应对方法：别总以为什么都是"应该"，要找出一些例外。

4. 正视恐惧

这是克服恐惧最有效的方法，具体疗法是：（1）暴露疗法；（2）脱敏训练。

5. 经常运动

运动有益于改善心肺功能、调节内分泌功能、促进皮肤健康、缓解压力、提升睡眠质量，并有助于神经递质的分泌。

（1）跑步运动，能够给身心带来特别多的影响和改变。

（2）游泳运动，可以提高肺活量、调节关节的运动灵活性、减肥塑形。

（3）球类运动，能够提高有氧能力和身体机能；提高反应能力、决断能力、观察能力和领导能力；锻炼胆量和冒险精神；培养团队精神和自信心及坚毅力；敢于面对失败，勇于承担责任。

（4）走路运动，能够改善全身血液循环，避免下肢血栓形成和关节肌肉萎缩；可以消耗体内多余能量，调控体重和血糖，有利于降低血脂，减轻心脏的负荷。

（5）旅游出行（详见 2024 年 12 月 8 日发布的晨读感悟《让我们一起去旅游吧》）等等。

6. 呵护自己

（1）给自己找空闲时间（休息时间、消遣时间、关系时间）；

（2）读书养心、听听音乐、冥想反思等；

（3）感官享受（泡热水澡、洗桑拿浴、做按摩等）。

7. 简化生活

（1）断、舍、离，清理不需要的东西；

（2）缩小居住空间；

（3）从事自己喜欢的职业；

（4）控制电话时间。

8. 停止忧虑

（1）转移注意力；

（2）解离，即放开无用的想法，不管那想法是真是假。

9. 即刻应对

不要排斥或对抗你的焦虑，应及时采用前述的各种方法来应对。克服恐惧最有效的方法就是正视恐惧，继续回避恐惧情境只会让心心念念想要消除的恐惧进一步加深。

总之，在现代社会快节奏的生活状态下，人们愈发频繁地感到焦虑，引发恐慌和不安，导致心理障碍，甚至发展为心理疾病。因此，有效应对焦虑应该成为我们每个人的必修课。

《应对焦虑》是一本实用书籍，像一把锋利的手术刀，在指导人们精准判断并有效切除附着于现代人身上的情绪"恶性肿瘤"的同时，教会人们与其良性部分和平共处，学会控制焦虑，让我们理性应对焦虑，还生活简单、本真的面貌。通过阅读本书，我们将能认识焦虑的本质；了解焦虑产生的原因；掌握应对焦虑的方法。建议朋友们不妨认真读一读这本书，相信您一定会得到更多的启示和收获。

2024 年 2 月 21 日晨

3.17 自我调整或缓解焦虑可参照的方略
——《你好，焦虑分子！》晨读感悟

本书作者阿兰·布拉克尼耶，精神分析医师，巴黎菲利普-伯麦尔研究中心负责人。已撰写并出版《情绪的性别》和《青少年指南》。

这又是一本讲述焦虑的书。记得前几天，我在晨读《应对焦虑》一书感悟中与书友们分享过有关焦虑的定义，知道了焦虑通常由对未来的担忧、对未知的恐惧、对自身能力的怀疑等引起。

一、辩证地看待焦虑

焦虑是每个人与生俱来的本能，对生存至关重要。焦虑情绪只有在警醒反应过度时，尤其是在采取防御措施不恰当时，才会成为问题。焦虑也并非人们想象的一无是处，它既有坏的一面，又有好的一面。

1. 好的焦虑（适度兴奋）

好的焦虑可以起到预警和防御的作用；当你有好的焦虑的时候，你会获得随机应变的能力，你会发现你的焦虑是短暂的，此时你的好奇心、创造力、认知力和共情力被调动了起来；你还能获得幽默和置身事外的能力；当焦虑程度适中时，你甚至可以讲脱口秀。恰到好处的焦虑会让人感到适度兴奋，有益于获得最佳活动效果（著名的"倒U曲线"理论足以说明问题）。

2. 坏的焦虑（兴奋过度）

坏的焦虑有以下几个特点：

第一，精神过于激动，停不下来；第二，出现很多消极性的自我暗示；第三，会有极端的防御心理，急于否认，甚至产生人格分裂和投射；第四，自卑；第五，过度关注自己；第六，身体出现不良反应，如胃痛、背痛、皮肤病、掉头发等。

3. 判断好坏的标准

简言之，焦虑是好是坏的判断核心是程度，如果焦虑的程度适中，那么就是幸福的，能够创造出一些东西。但是，假如焦虑过度，就会对身体带来伤害，就算你能够做出一番事业来，你那不可抑制的神经递质也会导致你出现狂躁的状态。

二、焦虑产生的原因

1. 基因因素

这是从母胎里带来的。科学研究表明：基因和焦虑之间是有关系的；焦虑性格（气质）更多同遗传基因相关，有一个基因片段决定了焦虑状况。先天遗传基因是焦虑产生的物质基础。

2. 环境因素

主要有三：一是生活事件带来的种种影响；二是家庭养育过程中言传身教、潜移默化的影响；三是学校和社会因素对人的心态及其后天性格演变的影响。

3. 精神生活

就是你是怎样学习与思考的，喜欢看什么样的书，有没有读过那些令你心境开阔、很有触动的书。例如，有的人读了一些好的小说就疗愈了自己。所以你的精神形成过程，以及你的抗压能力是和你的焦虑状况有关系的。

另外，焦虑也可由内分泌系统的失调、药物的作用、神经系统的异常等引起。

简单地说，其实焦虑主要来自先天气质和后天依恋。临床心理学研究表明，有焦虑性格特征的人更容易患焦虑症。书中列出了12个关键性问题，帮助我们判断自己是否具有焦虑性格特征，书友们不妨自测试试。

三、焦虑者的类型

1. 焦虑者自身的三个小人

焦虑者自身的三个小人（不一样的感觉）就是：

（1）爱操心的挂虑者，整天叮嘱这个，叮嘱那个，唠叨个没完；

（2）爱担心的焦心者，觉得这有问题，那也有问题，总是担心不断；

（3）爱害怕的忧惧者，总觉得有坏事要发生，担惊受怕、十分紧张。

所以，一个焦虑者既有挂虑的部分，也有焦心、忧惧的部分，三者一起合成焦虑者。

2. 焦虑者的类型

书中共列举了九种焦虑者类型：

（1）创造型焦虑者；

（2）自省型焦虑者；

（3）好胜型焦虑者；

（4）外倾型焦虑者；

（5）内倾型焦虑者；

（6）外倾-内倾型焦患者；

（7）疑病型焦患者；

（8）恐病型焦虑者；

（9）分离焦虑症。

请看，创造型焦虑者的典型特征：第一，对自己的境遇从不感到满意；

第二，很少对自己的作品感到满意；第三，沉浸在幻想之中；第四，在反对的立场中感到自得；第五，往往具有消极的世界观；第六，为了逃避现实，可能会尝试酒精或其他依赖物；第七，从不会失去实现完美的希望。例如贝多芬、毕加索就是创造型的焦虑者，他们是靠不断地创作作品来减缓自己内心的焦虑的。

另外，自省型焦虑者的特点：第一，谨慎；第二，认真，有时甚至到了"严苛"地步；第三，有"文人"气质；第四，常常过虑；第五，始终抱有怀疑；第六，做事喜欢不紧不慢；第七，有自知之明。类似苏格拉底这样的人，他们容易成为哲学家。

再有，就是疑病型焦虑者。他们总怀疑自己得了病，经常会说"我不行，我这儿难受，我得去医院"。等他们去医院看病，医生检查完了说没事，但他还是很生气，觉得"我明明有事，医生非说我没事"。经过多方多次确诊，他的身体生理状况确实没有问题，但他自己就是不相信医生的诊断结果，这是疑病型焦虑者的典型特征。

上述九种类型焦虑者的典型特征，请详见书中逐一介绍。

3. 极度焦虑者及其特点

这是从焦虑程度的角度对焦虑程度极高者的一种称谓，其特点是：焦虑感（焦虑状态）基本上持续 6 个月以上，并会出现以下 8 种状况：

（1）经常性的注意力偏移走神，没法集中精神；

（2）持续地自动聚焦，翻来覆去地琢磨某种小事；

（3）嗜好黑暗，并是"噩运预言家"，总觉得自己是个很倒霉的人；

（4）思维不由自主，满脑子都是糟糕画面；

（5）严重自信不足；

（6）有无能为力的感觉；

（7）对他人有恐惧感，见陌生人紧张害怕，不愿见人；

（8）逃避现实，"鸵鸟主义"，眼不见心不烦。

四、怎样调整或减缓焦虑状态

1. 做好两件事，即调整好自己的气质和调整好依恋关系。但这里面临三个问题：

第一，到底能不能改变自己的性格（江山易改，禀性难移）？

第二，身边的人可以帮助你吗？焦虑是会传染的，接触性情平和的人，是最能安抚焦虑情绪的办法之一。

第三，专家有没有用？当然有用。专家可从生理和心理两个层面上来缓解你的焦虑。

2. 缓解焦虑要靠自助。对于焦虑，有三个"过滤器"：

一是对事件的个人感知（认知行为疗法 ABC）；二是对调整策略的实际应用（认知后就要行动，接纳承诺疗法 ACT）；三是积极寻求他人的帮助（向别人倾诉或找医生咨询）。

也即，我们能做的三个"过滤器"：第一是改变你的认知，这个最重要；第二是做出积极行动，去做事；第三是向别人求助。

3. 运用调整策略：第一招，抑制或转移（读书、写作、体育、娱乐休闲、学会幽默）；第二招，直面和行动；第三招，照顾好身体。

如果焦虑让我们感到痛苦，那就让我们大声把它说出来并寻求帮助。

要想有效缓解焦虑，我们要做的不是完全消灭它，而是与它握手言和。书中介绍的各种缓解焦虑的方法值得我们学习借鉴。

这本书还给了我两个启示：（1）焦虑者最需要的不是跟他讲道理，而是被爱的感觉；（2）共情是可以采取的最好姿态！

2024 年 2 月 26 日晨

3.18 《走出强迫症》教您从强迫到释然

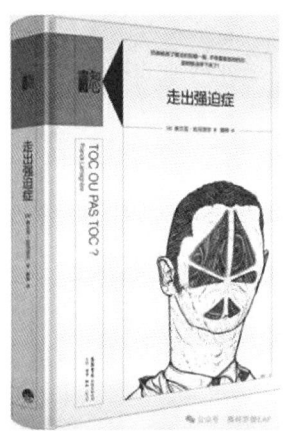

本书作者弗兰克·拉马涅尔,法国强迫障碍领域知名专家、精神科医生,在认知行为疗法方面已做出了重要的贡献。

本书作者基于 30 年治疗强迫症患者的经验,系统地介绍了与强迫症有关的方方面面,帮助我们正确认识强迫症。同时,作者揭示了有效的防治方法,从而帮助病人走出孤立无援的境地。

一、什么是强迫症

强迫症是一种较为常见的精神疾病,以反复出现的强迫观念、强迫冲动或强迫行为等为主要表现。多数患者认为这些观念和行为不必要或不正常,违反了自己的意愿,但无法摆脱,并为此深感焦虑和痛苦。

强迫思维就是头脑中有了一些不是自愿产生的想法和画面,因此产生不适的情绪,从而产生自主的强迫行为,也可以理解为强迫思维是自己的心智进入某种特定的模式,从而导致了习惯强迫行为的发生。

例如，出门后总担心门窗或水电燃气没有关好，马上返回查看；桌面摆放必须横平竖直；怀疑有些地方不干净而反复擦拭；反复洗手，甚至将手皮洗破了，仍觉得没洗干净；等等。

人群中患强迫症的比例是 1/50，即约 2% 的人都有程度不同的强迫症症状。强迫症患者一定会有强迫思维和强迫行为。强迫思维是不请自来的念头，当它进入大脑后便很难清除，这种强迫念头就叫强迫思维。而这种强迫思维会引导你一定要做一些事而让你感觉更舒服。这些让你感觉更舒服的行为，就叫强迫行为。

每个人多少都有点强迫行为，它也并非一无是处，我们应当辩证地看待。只要不是过度离谱，没产生各种危害，在一定程度上是可以接受和和平共处的，有时甚至对自己的事业发展有一定帮助。

古代"元四家"之一——倪瓒，有典型的强迫症，不过不得不承认他这种强迫的完美令他的书画水平无人能模仿。正常人追求完美必须有个度，否则，就会跌入"完美陷阱"。

二、五大类型强迫症

第一大类，叫作宗教、道德、迷信主题的强迫症；

第二大类，叫作污染与纯洁主题的强迫症；

第三大类，就是精确、秩序、对称及完美主题的强迫症；

第四大类，叫作对于潜在危险和灾难的保护主题的强迫症；

第五大类，叫作无法归类的强迫症。

上述五大类强迫症，书中都有详述，作者对每一种类型的强迫症都有举例解释。这些强迫症，若是普通的，那还能忍受；若是严重的，则会对日常生活造成了极其严重的后果，甚至会丢掉工作。

看完这些内容后，我们能够对强迫症的类型有个大致了解。强迫症不仅只有普通的行为强迫症和心理强迫症，还有许多其他类型的强迫症。书友们若有兴趣，可以选择有关内容看一看。

三、如何识别强迫症

本书作者在书中教我们如何更好地辨别和认识强迫症,告诉我们不能把什么强迫性购物癖好之类的归到强迫症中去。强迫症的成因至今还没有绝对的定论,只知道它是大脑中的某个区域出现了问题。

到目前为止,强迫症都是非线性因果,说不清楚到底是因为什么而发生的。强迫症未必出现在强迫型人格身上。强迫性观念和抑郁念头非常接近,但它和谵妄性的观念不一样。所以,我们需要正确地辨别什么是真正的强迫症,不能把其他症状错当成强迫症。

判断强迫症的核心要点是强迫性怀疑。强迫症的标准模式:一定有一种感觉出现,有一种评价的、怀疑的想法出现,然后用一个行为来弥补,这是典型的强迫性怀疑的特征。怀疑是强迫症的根本。强迫症有一个很重要的概念,叫作完美主义的图式、不容存疑的图式。

四、强迫症的治疗方法

(1)认知行为疗法(EPR),即"预设了惯例化回应的情境疗法"的简称,有六个步骤,可详见书中介绍。

(2)药物疗法。做放松练习;实施用于强化新行为的策略等。至于用药详见书中介绍,切记不可自作聪明乱用药物。就医时,必须到有处方权的专业医生那里去配药,并遵医嘱服用。

其实,强迫症和其他的精神障碍一样,对患者的影响超出很多人的想象。生活中很多人都有强迫症,有的是阶段性的,有的是偶发性的;有的症状不是很明显,如果没有人提醒或者谈论这事,大部分人没有感觉,以为是一种生活习惯,或者是性格使然。他们一直都在这样的状态下生活,不影响别人,也不会对自己的生活有多大影响,那就让他们这样幸福地生活下去吧。如果症状很严重,对生活造成了困难和麻烦,那就一定得趁早去看医生,对症治疗,病从浅中医。

这本书让我们对强迫症有了一个全面的了解,帮助人们辨别分析自己的日常行为,从而起到预防强迫症和早期干预强迫症的效果。

2024 年 2 月 23 日晨

3.19　突破害羞阴影圈,释放真实的自我
——《不再害羞》晨读感悟

本书作者是享誉世界的心理学大师菲利普·津巴多,数十年如一日地深耕于害羞研究。

书中介绍了作者调研了几千个害羞人的情况,发现曾经有过或者现在仍然有害羞情况的,占了 80% 多。这个人群中,既涵盖了西方人,也涵盖了东方人。其中,东方人占比约 60%。所以,如果你容易感到害羞,不必担心,实际上大多数人都有类似的体验。

一、什么是害羞

1. 害羞的定义

心理学认为:害羞是一种常见的情感体验,通常表现为在社交、公众场

合中感到紧张、不自在或不安。

害羞既可以是一种性格特质，也可以是一种情绪反应。不同人的害羞程度各不相同，有些人可能只是在特定情境下感到害羞，而对于其他人来说，害羞可能成为他们日常生活中的障碍。

害羞的人常常表现出回避社交互动的倾向。他们可能会避免和陌生人交谈，避免在人群中引起注意，或者避免在公共场合发言。这种回避行为往往是因为担心被他人评价或批评，害怕自己的言行会引起尴尬。在面对这些情境时，害羞的人可能会感到紧张、心慌、面红耳赤，甚至出现焦虑症状。

2. 害羞的三个等级

（1）轻度害羞，是指在社交技能上或者在说话的能力上有一定的不足，但不一定特别紧张，只是不知道该怎么说，或者不确定这样说合不合适。当然，这也会间接影响到我们的自信，这是比较轻度的情况。

（2）中度害羞，是一种习惯性害羞，也就是不管什么场合或场景，不管面对什么样的人，都是比较畏惧的，都不愿意说话，只愿意站在别人的身后。

（3）重度害羞，就是害羞这件事已经困扰到了我们的生活和身心状态，让我们产生了自卑心理，导致神经衰弱等症状。

二、害羞产生的主要原因

1. 遗传因素

害羞可能与遗传因素有一定的关联，如果直系亲属当中有害羞性格的人群，那就有可能会遗传给下一代。这属于正常的生理现象，一般不会影响身体健康，因此不需要进行特殊治疗。平时可以多和他人进行沟通，能够使害羞性格得到有效改善。

2. 缺乏自信

如果在平时不积极参加社交活动，可能会使自信心受到打击，从而出现害羞的性格。建议害羞者在平时多参加社交活动，比如辩论赛、朋友聚会等，能够提升自身的自信心。同时还要保持良好心态，避免出现压力过大的情况。

3. 环境因素

如果长期生活在安静的环境当中，并且父母都不爱说话，可能会影响子女正常性格的成长，出现胆怯、害羞的情况。建议害羞者平时多和亲人朋友进行交流与沟通，以此活跃家庭氛围。同时还可以多组织家庭聚会，使性格逐渐得到有效改善。

4. 抑郁症

可能与长期酗酒以及精神受到刺激有关，一般会出现情绪低落、思维迟缓等症状，也会出现害羞的现象。这类患者可以在医生的指导下服用药物治疗，能够起到抗抑郁的效果。必要时也可以在专业心理医生的指导下进行治疗，从而改掉不良的心理情绪。

5. 社交恐惧症

这是一种焦虑型心理障碍，主要是在公共场所或与人打交道时，出现持久的害怕心理，这种情况可能与社会心理因素以及生物因素等有关，它也可能会产生害羞心理。患者可以通过认知行为治疗的方式进行改善，主要是通过暴露疗法或认知重建来训练自身的社交能力。平时还要保证充足的睡眠时间，以此缓解焦虑情绪。

三、如何克服害羞心理

本书介绍了克服害羞的四个步骤：

第一步是认清自己，认清自己的特质，认清自己的优势。书里提到了很多克服害羞的练习方法，其中有一种练习比较有意思。假设有一个怪叔叔博士，他发明了一个机器人，这个机器人跟你长得一模一样，然后让你自己去想：如果这个机器人和你同时出现在你的亲人或朋友面前，你如何确保这些人能够认出你来？

其实，这个练习可以帮助你更清晰地先看到自己，就是让你找出自己的特质、性格特点，或者你的闪光点，让别人一下子能辨别出这个才是你，而那个尽管长得像你的人其实并不是你。

第二步是坦然面对自己的害羞，对自己害羞的情况有一个客观的认知，看看自己害羞的程度。书中提供了一些问题，方便我们自我诊断。比如，书中将害羞分成极其害羞、非常害羞、经常害羞、偶尔害羞、稍许害羞、不会害羞等六个等级，你需要先自我做个评判。另外，引发你害羞的主要原因是什么？你害羞时的生理反应是什么（是心跳、出汗还是脸红等）？再有，你害羞的时候，会给你带来什么负面影响和正面影响？也就是说这第二步，我们先要对自己的害羞程度、频率、原因、状况、影响等做个客观梳理，认知清楚。

第三步是调整并呵护自己的自尊，克服低自尊。自尊，简言之，就是个体基于自我评价产生和形成的一种自重、自爱、自我尊重的情感体验。自尊心是心理健康、个人发展和社交的重要因素，它使个体自信、积极，对生活充满热情和动力。同时，缺乏自尊心可能导致自卑、无助、沮丧，甚至自闭。自尊心过强可能表现为虚荣，而过弱则是低自尊，会导致自卑、胆怯和害羞等负性心态。

害羞的人往往就是由于自尊感比较低，过于在乎别人的评价，尤其是对负面评价非常在意，所以才会内心诚惶诚恐、忐忑不安、羞涩腼腆、脸红心跳。由于自尊来自自己与别人比较，来自自我和他人的评价，所以克服低自尊要从思维上先有转变。

例如，当遇见能力强的人时，不要自卑自弃，要想我在他身上能学习到什么，和他们交流是一个很好的学习机会，有助于提升自己的能力；在和领导讲话前，先想好表达的内容，如果还是紧张，就想想他也是个凡人，也有忘刮胡须、扣错纽扣或忘记拉拉链和丢三落四的时候，这样你就会平静从容很多。所以，在思想上接纳自我、悦纳自我很重要。

书中详述了影响自尊的五种思维，书友们不妨仔细了解一下，限于篇幅，这里我就不赘述了。

第四步是从技巧和技能上来提升社交能力。不采取行动是害羞者最常见的特质。因此，书中列出好多练习，其实一个目的，就是要行动起来才行，尤其在害羞问题上。

针对克服害羞，你可以先跟自己达成一个协议，设定一个目标：假设半年内，自己能和 20 个以上的陌生人自在地说话，然后把这个目标告诉身边朋友，让他们来督促你，并制定奖惩办法。接着，就是要张嘴开口，尝试跟陌生人或你平时不说话的人打个招呼，如"嘿，你好""好久不见"等；并慢慢学会多说几句话；再往后就是尝试去夸奖、称赞别人；逐步锻炼到开会时能发言。甚至你也可以自己组织一些诸如读书会、生日派对或KTV等活动，请一些老朋友或陌生朋友一起来活动，以此来锻炼自己跟陌生人说话、社交的能力。

是的，害羞就像幽灵一样潜藏在80%的人心中，劝你退却，劝你谨慎，劝你安于平平淡淡。可是，在每个脸红手抖的瞬间，谁不想：不再害羞！

作者在这本书中，精妙地解答了该如何理解害羞。书中一些金句值得牢记：①克服害羞，就是克服自我设置的牢笼；②低自尊者，常常把自己变成自己最大的敌人；③过度的自我关注，尤其是负面关注，是害羞的核心问题；④标签往往来自个人偏见，它不一定代表客观事实；⑤在所有训练中，让人们变得更加自信的基本原则就是行动。同时，本书作者还为广大害羞人群提供了克服害羞、提高社会适应力的实操步骤和方法，很值得我们借鉴尝试！

2024年2月24日晨

3.20 《情感勒索》介绍健康的亲密关系

本书作者是苏珊·福沃德和唐娜·弗雷泽。苏珊·福沃德，不仅是享有

国际盛名的心理医师和畅销书作家,还是颇受欢迎的演说家、节目嘉宾和媒体人。

一、什么是情感勒索

"情感勒索"的概念是福沃德与弗雷泽在 1997 年的书里首次提出。情感勒索(Emotional Blackmail)是指一种情感操控行为,利用操纵对方感受的好坏来达成自己的目的,或者说服对方接受自己的想法。

正如所有的勒索行为,情感勒索者(勒索方)会试图从被害者(被勒索方)身上拿到想要的东西,只是勒索依据不是对方的把柄或秘密,而是对方的情绪。双方有意见冲突时,勒索方从思维、情绪、语言、行为等多方面要求,迫使另一方付出其意愿、健康、金钱等换取妥协,来满足勒索方个人的需求。简单来说,一个人只要不尊重你的意愿,要求你要听从或是付出物质等来换取对方的开心,这就是以爱为名的敲诈。

情感勒索就是以爱的名义要挟对方顺从自己的想法做事,其本质就是为了满足自己的需要,通过情感控制迫使对方让步。

简言之,情感勒索是一种不经意、隐晦的心理操控。情感勒索在表面上看起来就像是表达爱意与在乎、表现出对对方的失望以及微妙的肢体改变等。

二、情感勒索的运作模式

首先,情感勒索有六个阶段。

(1) 要求(Demand)

情感勒索方会提出不合理的要求,并让"要求"显得轻描淡写,甚至师出有名,令对方很难反驳。

(2) 抵抗(Resistance)

为了躲开勒索方的负面情绪,被勒索方通常会回避、拒绝勒索方的要求。此时,情感勒索方可能会很生气。

(3) 施压(Pressure)

勒索方"晓之以理"（社会认同/消极比较），其手段包括：第一，不断重复他们的要求，而且义正词严（如：我这是在为我们的未来着想）；第二，给对方的行动设立前提（如：如果你够爱我，你就会听我的话）；第三，列举自己若被拒绝，会发生哪些负面的事情，给对方压力（如：你不接受的话，我会难过，会吃不下饭、睡不好觉）；第四，批评、贬低对方的价值（如：你想要经济独立，你才没有那个本事）。

（4）威胁（Threats）

威胁包括直接威胁和间接威胁。

直接威胁：如果你今天跟朋友出去玩，你回来就绝对找不到我了。

间接威胁：如果你今晚不陪我，那我就去找别人来陪。

情感勒索的威胁也包含"利诱"，同时动之以情（角色塑造/归于病态）。

（5）屈服（Compliance）

被勒索方因为三个痛点（恐惧感、责任感、罪恶感）为勒索方所掌控，于是不得不顺从和屈服，冲突就会告一段落，情感勒索者达到自己的目的，一时间，一切仿佛回归和平。但这其实只是情感勒索循环的开始。

（6）重启（Repetition）

勒索方会发现，什么样的勒索手段最有用、效果最好，于是不断地使用相同的手段勒索你。长期遭受情感勒索，会渐渐让你习惯于屈服，在你心中埋下种子，让你觉得抵抗很费劲，顺着 Ta 的话就好。你也会下意识地认为，对方的爱带有条件，你必须服从，听对方的话，才能得到这份爱，否则你就会被抛弃。此关系的恶性循环一旦开启，就是在第一到五阶段间循环不止，要不勒索方喜新厌旧，要不被勒索方顿悟，要不第三方加入，否则此局无解。

其次，在情感勒索关系中，勒索者有四张面具，分别是惩罚者、自我惩罚者、"受害者"、诱惑者。（参见书中详述）

最后，情感勒索者们常用"迷雾"（FOG）这三种工具逼迫被勒索者屈服。这里的"迷雾"（FOG），就是恐惧感（Fear）、责任感（Obligation）、罪恶感（Guilt）。

（1）恐惧感：利用对方的恐惧心——不配合自己，就会遭到威胁；

（2）责任感：利用对方的责任心——不配合自己，就是没有责任感；

（3）罪恶感：利用对方的罪恶感——不配合自己，便是有错在先。

可见，情感勒索只会让我们的关系崩坏。我们的忍让，不是因为爱，而是因为惧怕。

情感勒索者多半很清楚要如何操控对方、利用别人对自己的在乎和重视，将对方的情感把玩于股掌之间，让情感勒索得以成立、有效地达成目的，且很多情感勒索者常常还意识不到自己在勒索对方。

三、勒索者实现对被勒索者的控制方式及影响

（1）主要有四种放大受害者情绪的手段，就是角色塑造、归于病态、寻找同盟以及消极比较。

（2）情感勒索，首先会影响我们的自尊，造成自我价值丧失；其次是对我们的健康和快乐的影响；情感勒索还会破坏我们的关系。

四、回应情感勒索的策略

在面对情感勒索时，被勒索者通常会有两种反应：一是迎合，即让对方的要求得到满足，但这样只会让对方更加肆无忌惮地使用情感勒索的手段；二是拒绝，但这样常常容易激化矛盾，不利于情感关系的维护。

然而，正确的回应方式应该是积极沟通，表达自己的想法和感受，寻找双方都能接受的解决方案。同时，需要明确自己的底线和原则，避免被对方不断挑战。

具体来说，面对情感勒索，我们应该采取以下策略：

（1）找回自己需求。把自己放在重要位置上，不能忽略自己的需求，而满足情感勒索者的需求。唯有正视自己内心的需求，冷静分析并了解自己的能力与状态，思考判断对方的目的，并勇敢说出心中的想法，才能有效回应情感勒索，重新拿回做自己与拒绝情感勒索的权利。

（2）绝不委屈自己。作为一个尊重自己感受的人，没有人会比你更了解自己。你有权也有能力为自己做出选择，不仅可以不接受对方的批判，而且

没必要委屈自己。当情感勒索即将再度上演时，你可以拒绝接受对方的威胁，并自我肯定，我要得到我想要的，我要坚持我的立场，我在满足自我需求的同时，也让别人愉悦。

（3）觉察自我感受。与自己对话，我会有什么样的感觉，恐惧？愤怒？自责？充满罪恶感？客观思考，探索为什么自己会感到不舒服？对方施压的原因是什么？冷静了解对方的想法，想想为什么自己会因为对方的言语而失去原则。请记住，最重要的人就是你自己，只有关注自己的内心感受，自我觉察才是互动关系中重要的事。

（4）采用拖延战术。停止对话，暂时离开现场，避免受到负面情绪的持续影响，既不答应，也不拒绝，24小时后再给出决定，并减轻自己的负罪感。只有这样"以静制动"才能有效规避情感勒索带来的自我怀疑、否定或情感崩溃的困境，这是改善情感勒索的有效方法。

（5）试着装傻不懂。假装听不懂对方的话，不要再被指责或突如其来的称赞所左右。看看对方的反应，就可知道他是否真的在乎你，还是只为了维护他自己的舒适圈。

（6）寻找恰当对策。本能性地保护自己，坐下来好好沟通；邀请对方解决问题，参与你的决策，提点建议，帮你找到解决办法；条件交换；使用幽默；等等。

总之，真正的感情要建立在平等且互相尊重的基础之上，任何打压和胁迫都不是真正的爱。面对情感勒索，最重要的是要摆正立场，坚定信心。别让有亲密关系的人以爱的名义操控了我们的人生。愿我们都不是情感勒索者和被勒索者。

2024年3月19日晨

3.21 积极行动除懒散，不受拖延的羁绊
——《拖延心理学》晨读感悟

本书作者是简·博克和莱诺拉·袁。两位作者基于他们备受好评和极具开创性的拖延工作坊和从众多心理咨询领域中汲取的丰富理论和经验，对拖延做了一次仔细、详尽、颇具幽默的探索。

这是一本探究人类拖延现象的原因和解决方法的心理学著作。该书讲述了拖延心理学的基本信息，即迟缓习性既非恶习也非品行问题，而是由恐惧引起的一种心理综合征。

一、拖延症及其表现

拖延症（Procrastination）是指自我调节失败，在能够预料后果有害的情况下，仍然把计划要做的事情往后推迟的一种行为。

"前面8小时干半小时的活，最后半小时赶完8小时的活"，说的就是拖延症发作时的表现。

又比如，明明知道现在有一件很重要的事情要做，但就是迟迟不开始，

一拖再拖，到最后还给自己找了个继续拖下去的借口："事已至此，都这样了，现在开始做也做不完，还是等明天再说吧。"

再比如，容易原谅自己，不能坚持"今日事今日毕"，"我今天已经这么辛苦了，现在应该放松一会儿，没做完的事情就留给明天吧"。

拖延是一种普遍存在的现象，从学生到科学家，从秘书到总裁，从家庭主妇到销售员，拖延的问题几乎会影响每一个人。

二、拖延的不良影响

拖延不仅会影响我们的工作效率，还会导致紧张和压力。当我们面临紧迫的任务时，拖延甚至可能导致任务无法按时完成。此外，拖延还可能导致我们错过重要的机会，因为我们没有及时采取行动。

对于很多深陷拖延困扰的人，最大的痛苦还不仅仅是拖延误事，而是拖延带来的心理压力。白天的工作和生活已经让我们倍感压力了，但这种压力反而可能会导致我们进一步拖延。

这样的做法并不会让我们真正放松，没做完的事情反而会像一把悬在头顶的达摩克利斯之剑，进一步加重焦虑和不安，这样一来就变成了一个压力越来越大的恶性循环。

严重的拖延症会对个体的身心健康带来消极影响，如出现强烈的自责情绪、负罪感，不断地自我否定、贬低，并伴有焦虑症、抑郁症等心理疾病，一旦出现这种状态，需要引起重视。

三、拖延症的成因

拖延症是自我调节失败的典型表现，其病因包括主客观两重原因。

主观心理因素包括人格、思维方式和自我效能感等，如焦虑、抑郁、低自尊、紧迫感、完美主义、逃避成功、反抗现实、时间错觉，以及责任心缺乏、自我效能感低等。客观环境因素包括教育环境、生活环境、家庭环境和任务本身的特征，如任务的难度、奖惩大小与及时性等。

拖延的本质是拒斥和恐惧，而每个人都有自己不想面对的事物。很多时候，拖延都是人们在生活的高压之下所采取的一种被动防御手段。

法国哲学家朱尔斯·贝约尔说："绝大多数人的目标是尽量不动脑子地生活。而我们天生喜欢不动脑子，就想干点简单的事儿。"所以，就产生了拖延。

说到底，拖延的心理机制就是人的一种本能反应，即自我保护意识。我们的本能带着我们自己，航行在人类世界的海洋里，偶尔会让我们触礁。比如，自我防御、拖延、非理性选择……其实这是我们的人性。拖延这种本能反应让我们深陷其中，在恶性循环中产生精神内耗、自我怀疑、不敢直面结果，迟迟不去行动。

四、如何克服拖延症

想要摆脱拖延，关键就在于正视自己内心的恐惧。这本《拖延心理学》针对不同的心理动因，具体而微地疏解了拖延行为背后的深层次情绪，从根本上解决拖延问题，带你拥抱积极行动力。

本书作者在书中提出了一些克服拖延的方法，其中包括时间管理、心理治疗和行为疗法等。这些方法都有一定的效果，可以帮助我们更好地掌控自己的行为。

例如，时间管理可以帮助我们更好地规划时间，避免任务被拖延；行为治疗可以帮助我们更好地理解自己的行为，从而更好地掌控自己的行为。书中也提到了调整宣言和大事化小及找人聊聊等做法，的确也是应对拖延症的好策略，书友们不妨细细品读借鉴！

记得樊登老师讲解过的《终结拖延症》一书，也曾强调："不要给自己贴上拖延症的标签。这会让拖延合理化。"另外，当你的拖延借口开启时，首先要认可这种负面情绪，然后学会跟它对话，为什么要这样做？这样做对自己有帮助吗？当你越强调自己不能按时做到，那你就真的会越做不到（自我暗示的负效应）。

最后破釜沉舟的策略就是"把帽子扔过墙"，给别人一个承诺，规定最后期限，也能很好地克服拖延症。

其实，人的潜能是巨大的，多数人努力的程度，远远没有到拼天赋的地步。只要不断地逼迫自己，总能变得更优秀！世界上从来没有天生差劲的人，只有认知不够的人。

如果我们能用成长心态，而非用固定心态来看待自身；用"提出需求"而非"暗中拖延"的方式来对抗现实，或许不需要我们去摆脱，拖延就会自动消失。所以，积极心态和自我效能及积极行动才是最重要的！记住："完成好过完美"，只要行动起来，拖延症就会不治而愈！

2024 年 3 月 16 日晨

3.22 《修复玻璃心》助您摆脱过敏心理

《修复玻璃心》这本书的作者是泰德·泽夫，美国心理学家，心理咨询师。他曾教授减压、治疗失眠等课程，有超过 25 年的为高敏感儿童和成人提供咨询服务的经验。

作者基于其丰富的临床心理治疗经验和研究，专门针对高敏感人士提供了一套全面的生存法则。

所谓"玻璃心",其实是指高敏感人士(这一词最早是由心理学家伊莲·艾隆于1996年在著作《高敏感人士》中创造而来)。"玻璃心"是指一个人在心理上比较脆弱,容易受到伤害,情绪波动较大。这种人常常感觉被人误解、冷落或排斥,极易受到外界的负面情绪、批评和指责而陷入情绪低谷。他们对生活当中的各种外在刺激的反应比其他人更强烈一点。其典型特点就是对声音、气味、光线、周围的人群以及时间压力都会有更加强烈的反应。

具体地说,玻璃心人士会有以下几个特点:

(1)情绪敏感。玻璃心人士情绪敏感度较高,很容易被别人的言行所影响,往往对别人的批评和指责产生极大的情绪波动。他们对别人给予自己的评价非常看重,希望得到别人的认可和赞扬,因此,当受到负面评价时,他们会感到极度失落和自卑,甚至会出现抑郁症状。

(2)以自我为中心。玻璃心人士往往过度关注自己的情绪和感受,容易忽略别人的感受和需要。他们常常把自己的情绪放在第一位,不太顾及别人的想法和感受,从而容易导致自己和别人之间的关系越来越疏远。

(3)缺乏自信。玻璃心人士往往对自己的能力和价值感缺乏信心,在受到别人的批评和否定时容易陷入自我怀疑和自我否定的情绪中。他们经常需要别人的肯定和鼓励来维持自己的信心和动力。

(4)难以接受批评。玻璃心人士很难接受别人的批评和指责,常常把别人的批评当成攻击和伤害,过度反应和情绪化。他们往往缺乏应对批评的技能和心理素质,容易陷入情绪低谷,影响自己的情绪和行为。

(5)缺乏应对挫折的能力。玻璃心人士往往缺乏应对挫折和失败的能力,容易陷入情绪低谷和自我怀疑中。他们往往把失败和挫折视为自己的无能和失败,缺乏积极应对的态度和行动,从而影响自己的情绪和行为。

(6)玻璃心人士脑电波多呈θ波。普通人在平静的时脑电波一般是α波,当用逻辑思考问题的时候则是β波。而当θ波出现的时候,就表示一个人更倾向于凭直觉行事。比如,他喜欢某人,就莫名其妙地喜欢得不得了;不喜欢某人,就怎么都看不顺眼。这就是凭直觉行事,既没有事实证明,又不依靠逻辑推理,仅凭直觉得出结论。θ波是玻璃心人士脑电波的一个特点。

在日常生活中,玻璃心人士有十大表现:

（1）遭到别人批评时，心情可能连续几天都不好；

（2）不敢与同事竞争，错过晋升加薪的机会；

（3）遇事容易紧张，比如演讲、开会；

（4）习惯把事情往坏处想；

（5）放不开，不敢大声笑，肢体语言少；

（6）缺乏自信，害怕尝试新事物；

（7）容易被电视剧、电影感动而流泪；

（8）经常都是愁眉苦脸的样子；

（9）渴望得到别人的照顾与理解；

（10）抗压能力差，碰到失业、失恋、破产时，容易精神崩溃。

据悉，高敏感玻璃心人士约占总人口的 15%～20%，也就是五分之一左右的人可能会是高敏感的玻璃心人士。

虽说玻璃心并不属于心理疾病，但也需与其他心理现象的发展一样，要把握好一个度，过度发展就物极必反了。玻璃心只是个体的情绪比较脆弱、易碎，主要表现是缺乏抗压能力、情绪承受能力差、内心敏感等。

早期玻璃心可通过鼓励和挫折教育等方式加以改善，但长期存在有可能发展成心理、精神疾病，需引起重视。若出现严重表现时，如行为冲动、自残等，可能存在人格障碍或抑郁症，需及时咨询心理科医生，进行长期心理治疗或药物治疗。

作者也认为：高敏感并非一种疾病，也不是性格上的缺陷，而是一份难得的资产。作者根据自己的亲身经历和多年的临床心理治疗经验，让我们重新认识了高敏感玻璃心特质，并针对职场和生活中的各种问题提出了不同的解决方案，帮助高敏感人群接纳自我，改善外在环境，学会与世界自在相处。

也就是说，高敏感玻璃心人士并非有多大问题，也没有必要去完全修复这种特质，只是需要与这种特质和谐相处，学会管控好自己的情绪和行为，提高自信和应对挫折的能力，让自己生活得更加幸福，从而实现自我成长和发展。

如果能够善用自己这种高敏感天赋特质，玻璃心人士甚至还能够创造出更多、更高的价值。我认为作者说得很有道理，此书值得细读品味！

2023 年 12 月 3 日

3.23 高敏感人士的生活法则

通过昨天《修复玻璃心》读书感悟的分享，我们知道了玻璃心人士其实就是高敏感人士。

高敏感会遇到许多挑战，但也有如下诸多优点。只要扬长避短，生活将会更好。

（1）道德感强、更有良知，能更好地欣赏美和艺术等。

（2）感受性强，拥有敏感的味蕾，是美食家；拥有敏锐的嗅觉，能更好地享受自然界的芬芳；拥有良好的直觉，更容易感受到深层次的精神体验；等等。

（3）灵敏性高，比非敏感人士更能及时发现潜在的危险；警惕性高，更关注安全问题，一旦发生紧急状况，总是能第一个找到安全出口。

（4）更加友善，更具同情心和理解力，从而更加适合投身于咨询、教育、医疗等领域。

（5）充满热情，热爱生活。如果能克服过度刺激的问题，高敏感人士会比非高敏感人士更能深切地感受到爱和快乐。

所以，我们要看到高敏感的好处，它能让我们的感受力变得更强。我们要做的就是学会接受自己的高敏感特质，不强迫自己模仿他人的行为模式。

为了帮助高敏感人士生活得更好，作者还提供了一些具体方法。

第一，学会减压法。对压力说"不"。现在整个社会快节奏发展的趋势都在推动人们的 A 型行为增加。所谓 A 型行为，就是紧迫感强、过度竞争。A 型行为带来的问题对身体的伤害很大。

而 B 型行为的特点是紧迫感弱、非竞争性、非攻击性。对于高敏感人士来讲，更需要适应的是 B 型行为。只有这样，他们才能够生活得更从容，不去跟别人有过度的竞争。

其实，我就是一个 B 型行为的人。尽管我为团队制定了明确的竞争策略和目标要求，旨在让大家有努力的方向，但我更喜欢采用人性化管理办法，提倡自觉与积极主动，团队能否实现战略目标并不重要，重要的是团队成员可以开心快乐地工作，并共同成长。这就是典型的 B 型行为的特点。

第二，大脑平静法。可以每天早上早起 20 分钟，完成一些简单的拉伸锻炼，或做一些简单的瑜伽动作，唤醒身体，并完成（腹式）深呼吸。当心情平静下来后，可以运用想象力进入下一个放松步骤，放松身体的每一块肌肉。先从头皮开始，然后向下到面部肌肉、下巴等身体的每一部分，最后到双脚。每次呼气时，想象自己身上的肌肉变得越来越柔软。如果无法集中注意力，可以借助能帮自己放松身心的音乐开始一天的生活。

第三，白光冥想法。它可以使得高敏感人士减少来自外界的侵扰。想象一下，你现在坐在这儿，周围笼罩着一束白光，任何东西都无法伤害你。这种冥想方法通过视觉化屏障帮助高敏感人士缓解外界刺激，是降低敏感度的一种有效的方法。

第四，"思想巴士"法。当你开始吃早餐或者在准备出门之前，想象一下今天会有很多辆车来接你，一辆车通往"愤怒村"，上这辆车你会愤怒；另一辆车通往"焦虑屯"，上这辆车你会焦虑；还有一辆"快乐大巴"。面对这三辆巴士，你需要选择到底上哪一辆车。不去"愤怒村"，也不去"焦虑屯"，今天就要上"快乐大巴"，这辆能够带来快乐的车，将会影响自己一天的状态。

第五，睡前平静法。晚上睡觉前一定也要调节好状态，让自己平静下来。此时不宜太激动，不要开艰难的电话会议；也不宜看过度刺激的影视片，晚上十点多便上床躺下，放点轻音乐，听点下雨的声音，做好入睡准备。当然，这是对高敏感人士而言，因为他们更需要保护好自己的神经。

第六，保护五官法。如果你对于声音刺激非常敏感，噪声会令你很烦躁，那你需要学会给自己戴一对耳塞，或者听一些轻柔的音乐。另外，要避免光线直射，不要让家里的光线过强，否则会让你觉得刺眼。

还有，洗温水澡、经常做按摩都能够让你的身体得到放松。同时，嗅觉方面可以用芳香疗法。精油的气味很容易直接进入你的大脑深处，给你带来疗愈的效果。再有，避免吃太冷或太热的食物，要吃温热的食物。以上就是保护好自己五官的具体方法。

第七，定期休假法。周末不可将工作和学习安排得太满，要学会跟家人商量好，周末给自己半天时间，让自己安静放松，一个人看看书、听听音乐、晒晒太阳或者发发呆，这可让身心得到很好的调节。

第八，户外散步法。散步是一个非常好的休息和放松的方法。散步的同时常常还能有散心之功效。散步带来的疗愈效果是非常明显的，若能带着正念疗法去散步，将给我们带来深度的放松。

第九，喝茶聊天法。与人交谈，也是一种很好的放松方法。当你和朋友在一起时，若总想维护一个特别好的自我形象，那当然会感到很累，有时甚至会"社恐"；但如果你甘愿做一个配角，"你们重要，我不重要"，那么你会感到轻松许多。

第十，静默倾听法。如果想要减少外界刺激，拥有内心的平静，其中最有效的方法就是静默一段时间。"沉默是金。"如果身边有其他人，你无须时时刻刻表达自己的意见，也无须事事为自己辩护，可以减少说话，静默倾听。在人群中尽量放松自己，旁观其他人表达观点，借机放松自己。

第十一，五秒停顿法。与人交谈时，在回应之前先停顿五秒，可以有效减少刺激、缓解压力。在生活中，夫妻俩说话经常容易吵起来，因为话赶话。你说了一句，我马上跟一句，你再来一句，我又还一句，怒火就被拱起来了。如果他说了一句让你不高兴的话，你可以试试停五秒后再说话，也许此刻你早已气消了，这种新的交谈方式能够有效地让人的压力变小。这样你就变成了一个习惯于缓慢的人，而不是一个A型行为的人，即急匆匆的、不断赶路的人。

第十二，减缓节奏法。吃饭速度不要太快，不要狼吞虎咽；多写写字，不要总是在电脑上快速地敲击键盘；打电话，要限制通话的数量和时间，不要打太多和太长的电话；还要减少使用电话和电脑的频次……这些都能使你的身心得到放松。

第十三，适度运动法。高敏感人士可以选择一些压力小的个人运动，避免踢足球、打篮球、打网球等高竞争性的运动，否则你不仅得不到放松，反而更累了。因为你每参加一次这样的活动，又会产生很多评价，你就会思索今天表现得好还是不好。

作者建议，最适合高敏感人士的运动是像瑜伽这类的个人运动，不用跟别人比，自己练习就行了。也可以去跑步，但不参加比赛，就是自己跑，保持好运动节奏就够了。

第十四，改善睡眠法。高敏感人士特别容易产生睡眠问题，如果要想让自己的状态好，就要应对一个非常大的敌人——失眠。对生活目标要求过高，就容易给自己带来很大压力。但如果你有一颗平静心，并会采用冥想助眠，那么睡眠效果就会好许多。

第十五，改良习惯法。改善生活起居习惯，学会早睡早起。一般来说，晚上十点钟上床更容易入睡，如果过了十二点，反而睡不着觉，这与人的生物节律有关。另外，晚上睡不着时，不要老是去看时间，越是看时间，越感到焦虑，就越睡不着觉。所以，床头放钟表是非常糟糕的习惯，必须改掉。实际上，"闭上眼睛也是睡觉"，记住这句话，也就不焦虑了，反倒容易入睡。

以上方法是从生理心理的层面来帮助我们减少外在精神压力，从而降低高敏感人士的某些感觉阈限，适度降敏脱敏，保护玻璃心人士的心态。值得我们学习借鉴。

社交问题是高敏感人士常常面临的一个重要问题。说到玻璃心和高敏感人士，大家首先会觉得他的社交有问题，因为你觉得跟他打交道很困难，本来无心说句话，他可能就走心生气了。

高敏感人士的问题在于反应过度，同样一件事，在别人那里可能并不重要，对他来说就变得非常重要。这种过度的负面情绪产生的危害是：

（1）当你生气、憎恨、沮丧时，身体会发生化学变化，应激激素会激活中枢神经系统，导致肌肉紧张、心跳加快、血压升高。

（2）当你在震怒时，会分泌儿茶酚胺这种应激激素（类似于肾上腺素），分泌过量时会导致焦虑、担忧和恐惧。儿茶酚胺还会让心跳加快并导致心脏疾病。

（3）如果一整天都在生闷气和沮丧，身体就会分泌大量皮质醇（一种加剧焦虑不安情绪的激素），皮质醇过量则会让人坐立不安、时刻警醒、失眠，进而放大你的所有感官体验：声音听上去更响，光线看上去更亮。

（4）长期的沮丧和愤怒情绪还会导致有镇定作用的血清素水平持续下降走低。在这种情况下，人很难有幸福感和满足感，进一步发展下去甚至有可能患上抑郁症。

可见，当一个人的压力激素长期过高的时候，他的感官反应要比正常人敏感得多。所以拯救我们的玻璃心，减少我们的这种高敏感度，其实是在拯救自己，让自己能够生活得更愉快。

作者又给了如下方法。

第十六，观心修炼法。我们要学会与人和善相处，要把憎恨转化成爱。通过向内观看自己的内心，回忆最近一次因为受到某个人的伤害而感到愤怒的事。你的注意力集中在大脑还是内心？现在吸气，将气慢慢吸入腹部——将注意力集中在吸入腹部的空气上；然后慢慢呼出——现在将你的注意力转移到左手、左肘、左肩、左胸；然后进入内心——感受你的内心被爱充盈；深切体验你内心深处的平静与祥和、安静与和谐——将思绪集中在你与这个人的某个美好记忆上。现在你对这个人有什么样的感觉？好好想一想这个人身上值得称道的优良品质，然后问自己：是否可以放下愤怒？是否愿意放下愤怒？什么时候愿意放下愤怒？你的内心只有爱，一定会放下愤怒。不断重复这个过程，直到你最终放下全部愤怒。一旦愤怒的情绪消失以后，以大脑为中心的评判框架就会转换成关注内心的体贴之爱。

你可以在心里想想那个辜负了你的人，想想那个伤害你的老板或同事，集中注意力想一想，然后用爱来替代这一份仇恨。这是一个修炼的方法，叫作观心修炼。

第十七，每周调停计划法。这是化解人际冲突的一种技巧，特别适合在家庭中使用。如果家里天天吵架，日子没法过了，那你跟你的配偶可以约定一件事，选择一周内的某段时间，用来解决这件事的问题。在解决矛盾之前，要先冥想，然后对对方表达欣赏和感激，之后再来讨论要解决的问题。这是高敏感人士可以尝试的每周调停计划法。

第十八，"1％的歉意"法。有时候你会觉得自己没错，凭什么要道歉。作者认为，哪怕你只有百分之一的错，你也需要为这百分之一的错道歉。人跟人之间产生矛盾，不可能是一方全部正确，另一方全部错误。所以，你要关注你有问题的这百分之一，向对方道歉，你就会发现人际关系会因此变得更好，这就叫"1%的歉意"。

第十九，"沉默是金"法。你要知道，在有些事上"沉默是金，多说无益"，交给时间就好。有的事情不用说太多，稍微放一放，这事可能慢慢地就过去了。

第二十，"自信宽容"法。你若对他人有意见，需要说出来，这就需要足够的自信。你可以通过冥想、深呼吸等练习来增强自信，然后鼓起勇气向对方表达。我们也需要宽容，宽容能够让你的人际关系变得更好。当你内心总不满足，心态扭曲失衡时，可能会感受到更多的痛苦，也更容易对周围人造成伤害，并导致与周围的人际关系进一步恶化。所以，我们要学会宽容自己、宽容他人，并平衡好自信和宽容的关系。

第二十一，中止投射法。你心中有什么，你看到的就是什么，这就是投射。"投射效应"，就是将自己的特点归因到其他人身上，倾向于按照自己是什么样的人来认识他人。根据这一理论，你爱自己就会爱世界，恨自己就会恨所有人。如果你能爱自己、接受自己，就会让人际关系得到改善；如果你自我认知很低，就会让人际关系变得紧张。如果老是"以小人之心，度君子之腹"，那么自己也会很烦恼、很痛苦。

所以，我们要经常反思自己。其实我们真正的对手就是自己。许多烦恼和焦虑都是不切实际的想象投射夸大的结果。如果能够解决投射问题，也就解决了我们生活中大量的烦恼和痛苦。

第二十二，积极聆听法。当别人跟你说话时，保持大约五分钟别说话，听着就好了，但是我们很多人都会在别人刚张口说话时就不认真听了，脑子里在构思自己要怎样回答，然后就去打断别人说话，这样的行为很不好。若能让别人充分表达之后，再发表意见，这样能够改善你的人际关系，这和停留五秒钟再说话的方法有着异曲同工的效果。

第二十三，保持微笑法。研究表明，"皱眉会用到75块肌肉，而微笑只需动用15块肌肉"。所以你皱眉越多老得越快。"小孩每天都会笑几百次，长大以后则锐减至不到50次。"幽默感是非常重要的一个特质，幽默感不仅是会说笑话，而是开放心态，拥抱和平与快乐。一般来说，缺乏幽默感经常与不懂变通密切相关。"所以重新'回到'无忧无虑的童年相对来说并非难事"，只要每天多笑笑，让脸上 15 块笑肌多动动就够了。古人说"相由心生"，这相当有道理。你观察一个人生活得好不好，看他的长相就能看得出来。因为他每天的表情都在不断地刻画他脸上的纹路。所以我们要学会幽默，每天都要开开心心的，经常笑笑，这是降低敏感度的一种很好的方法。

第二十四，助人为乐法。能让高敏感人士获得更多的爱和感触的方法，就是抽空多做义工。当你能够去帮助别人，为这个社会做一些事情的时候，你所获得的疗愈效果是温暖、开心、感动的。做一点这样的善事，对别人多释放一点善意，都能够让你的内心变得快乐，让你更宽容、更从容地对待周围的人，不仅有助于降低自己的敏感度，减少压力和痛苦，还有助于缓和人际关系。

第二十五，升华人际关系法。高敏感人士需要跟他人有精神层面的联系，这种联系能让人际关系更和谐。人人都是平等的，人人都可以建立良好的精神层面的关系。当我们跟他人之间有了精神层面的联系——你懂我，我也懂你；你信任我，我也信任你；我知道你的价值观，知道你过往的人生经历……这样你的社会支撑会变得更多，你就会变得更加从容和淡定，就会成为生活当中的和平使者，把和平、从容、淡定和爱带到你所在的每一个群体里，这才是真正改变自己社交问题的有效方法。

读罢这本书，我发现这本书其实是一本关于自我修炼的好书。作者详细地介绍了让高敏感玻璃心人士更好地生活的各种方法，帮助他们有效修炼自己。高敏感特质其实提供了一个非常重要的机会，能让我们更加接近自身灵性，扬长避短，并提升自我效能。

总而言之，高敏感并不是一种负担，而是一种馈赠。如果你能够善用高敏感的特质，就有机会构建更强大的精神世界。希望那 15％～20％的人能善用这份馈赠，学会将其融入生活，去创造更美好的生活。

2023 年 12 月 4 日

3.24 焦虑症面面观：症状、原因与干预
——分享《心理医生为什么没有告诉我》

作者是艾德蒙·伯恩博士，担任加利福尼亚焦虑症治疗中心主任多年，长期专门从事焦虑症及相关问题治疗。这本书已是第5版了，很受世人喜爱，帮助了很多人战胜了焦虑症。

焦虑是当今快节奏生活状态下的人所普遍拥有的一种感受，也可说是这个时代的通病。国际知名广告公司"智威汤逊"对全球27个国家的消费者调查发现，有71%的人处于焦虑状态，中国也高达大约57%。

日常生活中，焦虑随处可见。憋着吧，抓心挠肺；爆发出来吧，又很难看。焦虑情绪通常由内心而起，似乎是对某个模糊、遥远、不可辨识的危险所产生的反应。

焦虑人人都有，人人讨厌，但防不胜防。当我们无法控制自己的焦虑感，且焦虑干扰了正常生活时，焦虑症就出现了。

焦虑主要有三大类型：

（1）广泛性焦虑：一种跟特定情形无关的焦虑，被称为自由漂浮焦虑（毫无缘由地突然很焦虑，感到莫名不安）。

（2）条件性焦虑：只在某种情况下才会产生的焦虑。它与普通的害怕不

同之处在于，它通常是大惊小怪或不切实际的。

（3）预期性焦虑：为可能发生的事感到难过和焦虑不安。有时表现很轻微，甚至无法与日常的担心区分开来；严重的话，可发展成预期性惊恐。它一般是逐渐累积的，但通常很快就能恢复平静。

当焦虑的感觉变得不可控，并且已经干扰到正常生活时，它就从焦虑体验变成了焦虑症。例如，健康焦虑，多发于老年人，没事就告诉家人自己这儿不舒服，那儿不舒服，天天想去医院看病，一天到晚觉得自己像要生大病。这实际上就是焦虑症，其实他并没有那么多病。

引起焦虑症的主要原因：

（1）长期、前置的原因，包括遗传、童年经历和长期累积的压力。

（2）生理原因，包括生理上的惊恐、惊恐发作、广泛性焦虑、强迫症和会导致惊恐发作和焦虑的病理前提。

（3）短期、突发性原因，包括促使遭受惊恐发作的压力、恐惧的条件和根源以及外伤、轻微的恐惧、因为过去的损伤而形成的应激障碍。

（4）使焦虑持续的原因，包括一系列令焦虑挥之不去的内外因。

引发焦虑症的核心原因，其实是患者更多地关注未来，而非自己和过去的连接，这是焦虑症产生的最根本的、思维方式上的原因。从大脑的角度讲，焦虑的人就是杏仁核太发达，过度活跃。当压力袭来时，人一般会分泌两种激素来应对压力。应对短期压力时，我们会分泌肾上腺素；应对长期压力时，则会分泌皮质醇。

操作性条件反射跟焦虑症最有联系的一个现象就是习得性无助（Learned Helplessness），这是一种心理状态，通常是由于连续不断的失败或挫折导致的。具体表现为个体在遭受挫折后，感到无论如何努力都无法克服困难，从而产生了消极的情绪和行为。这种心理状态并不是天生的，而是通过反复的经验形成的。在美国心理学家马丁·塞利格曼的研究中，首先发现了这一现象在狗身上的表现，即狗在被置于无法逃脱的电击条件下，即使后来有机会逃脱，也会选择绝望地等待痛苦的到来。

一个人若是习惯于焦虑，就会觉得人生无法找到幸福，这很可怕！因为行为会塑造性格，你想成为什么样性格的人最好的方法就是假装你是那种性格的人，久而久之，你就越有可能成为那样的人。

一旦我们在微小压力面前总是焦虑屈服，一不小心就会陷入恶性循环，包括回避焦虑问题、酒精和药物依赖、安慰依赖（祥林嫂式的），进而患上焦虑症。

书中介绍了通往康复的整合治疗法。最有效的方法是最大范围地解决引起这些焦虑症状的因素，即针对每个患者设计个性化综合诊疗方案，也称"整合治疗法"，它包括生理的、情感的、行为的、心理的、人际的、自我的和存在主义的（或精神的）这七大方面。有关内容，请参见书中详述。

在这本充满医疗术语、方案、图表和自测问卷的专业书籍中，作者为我们展现了一个焦虑症临床医生的认真、严谨和细致入微的人文关怀。

焦虑症是复杂的，类型多样、原因多样，然而可以运用的方法也是多样的。你可以锻炼身体，可以增进亲密关系，可以服药，可以与自己对话，可以做一份自己喜欢的工作……造物主炮制了这份复杂的焦虑毒药，但也慈悲地留下了众多解药的法门。

关于焦虑导致身心疾病和得了焦虑症后该如何自救的相关内容，书中均有详细的论述。另外，推荐三本相关参考书，如《焦虑自救手册》《减压脑科学》《应对焦虑》，有兴趣的书友们不妨参阅一下。

作者还为我们详细介绍了焦虑症的主要分支，大家不妨了解一下：

（1）惊恐症，表现为惊恐发作，在没有显著缘由的情况下，突然感到一阵强烈的悲伤或恐惧，通常来得快去得也快。

惊恐症症状：呼吸短促甚至窒息、心悸、头昏眼花、颤抖、呼吸困难、汗流不止、恶心反胃和腹部不适、手脚麻木、胸部疼痛或其他不适，忧虑自己会发疯、死亡和人格解体、失去理智等。

（2）广场恐惧症，指患者害怕待在一些不便逃离的地方，如拥挤的公共场所（餐厅、商店）、狭窄封闭的空间（隧道、桥梁）、公共交通工具（火车、地铁、飞机）；或是若自己感到惊恐，无人援助的场景。他们最为明显的特征就是一旦离开安全的"地方和人"，就会感到焦虑。

（3）社交恐惧症，指患者担心在众目睽睽之下出丑或遭到羞辱。最常见的就是对公众演讲的恐惧。其他还包括害怕当众脸红；害怕一起吃饭时噎着或喷饭；害怕工作时被关注；害怕上公厕；害怕他人在场时起草或签署文件；

害怕拥挤；害怕考试；等等。

（4）特定性恐惧症，通常是对某种事物或情境感到强烈恐惧，从而尽量回避不去面对。它是突然遭遇自己害怕的事物时引发的惊恐，常见的有动物恐惧症、恐高症、电梯恐惧症、飞机恐惧症、雷电恐惧症、患病恐惧症、恐血症、医生或牙医恐惧症等。

（5）广泛性恐惧症（GAD）。这是一种慢性焦虑，至少持续6个月以上，但没有惊恐发作，也没有恐惧症或强迫性神经症的并发。常为两个以上生活中的压力事件（如收支、人际关系、健康状况等）感到焦虑和担心。

（6）强迫症（OCD）。不管是在工作还是家庭中，这些人天生就比别人更喜欢整洁干净、井井有条。但如果这种特质发展到了极端，就会变成强迫症，从而干扰患者的生活。患者会花更多的时间在收拾打扫、检查安排上，并占用大量时间。常与抑郁症同时并发。男性发病的年龄比女性早。

（7）创伤后应激症（PTSD）。它是外伤发生后的病态心理症状。一般发生在经历过严重创伤的人身上，这种遭遇会使人产生深度恐惧和无助感。常见症状有9种（详见书中介绍），患者无时无刻不感到焦虑抑郁，给他在社交、闲暇和生活中的其他方面造成巨大压力。

除了以上几类，在《精神疾病诊断与统计手册》（第四版，DSM-IV）中，又增加了四种新确认的焦虑症，它们分别是急性应激症、无惊恐症病史的广场焦虑症、生理状况引起的焦虑症以及物质诱发型焦虑症。

其实，很多人都患有不止一种的焦虑症。例如，在过度恐惧症患者的研究中发现，他们当中15%～30%的人同时患有社交恐惧症；10%～20%的人同时患有特定性恐惧症；25%的人则有广场恐惧症；还有8%～10%的人同时还患有强迫症。所以，即使我们发现自己的情况符合不止一种的症状，也不必担心自己会是特例。

以上内容供朋友们参考，若发现自己或亲朋好友，特别是孩子有类似上述症状，应引起足够重视，一方面加强自我心理疏导和调控，另一方面要及时就医，预防和治疗并举，"病从浅中医""心病需用心药医"，及时诊治能起到较好的作用。

2024年1月22日晨

3.25 《欲望的博弈》解说如何用正念控制上瘾

本书作者是贾德森·布鲁尔,自我控制领域的思想领袖、国际知名成瘾训练专家,马萨诸塞州大学医学院主任,耶鲁大学的兼职教授,以及麻省理工学院的研究人员。

一、什么是欲望

心理学认为人的欲望是想达到某种目的的欲求或渴望。它是由人的本性而产生,是最原始、最基本的一种本能,是从心理到身体的一种满足和追求。

欲望无善恶之分,关键在于如何控制。人的欲望复杂而多样,包括生存需要、享受需要和发展需要等。这些需要构成了一个复杂的需求结构,并随着人们生活的社会环境和社会历史条件的变化而变化。同时,欲望是人性的重要组成部分和人类改造世界也改造自己的根本动力,也是人类进化、社会发展与历史进步的动力。

适度的欲望可以激发人们的积极性和创造力,但一味过度追求这种"想要的感觉"欲望，就会导致贪婪和有不满足感，多巴胺就如脱缰的野马般让你在欲望这条路上越走越远，从而上瘾，难以自拔，对个人的身心健康和社会的稳定产生负面影响。因此，合理控制和平衡自己的欲望，避免上瘾非常重要。

二、什么是上瘾

1. 上瘾的概念

上瘾是指对某种物质或行为有持续性的渴求，无法自控，且行为对个人的生理和心理造成了负面影响。

上瘾可以是心理上的，也可以是生理上的。心理上的上瘾是指对某种事物的强烈而又难以抑制的渴求，生理上的上瘾则指身体对某种物质的依赖，需要不断地摄入才能满足身体的需求。

2. 上瘾的主要类型

（1）物质上瘾。涉及对某种物质（如酒精、药物、尼古丁等）的依赖，这种依赖会导致强迫性地寻求和使用这些物质，即使面对有害的后果。

（2）行为上瘾。涉及对某些活动（如赌博、购物、玩游戏、过度工作、过度运动等）的强迫性需求，这种上瘾同样会导致个人在生活、健康和人际关系方面受到影响。

3. 上瘾的种类及其典型表现

（1）直接上瘾

典型表现：抓挠伤口，对尼古丁、酒精、药物上瘾，哪怕存在不良后果仍继续使用。

（2）技术上瘾

典型表现：痴迷于自拍，对社交网络上瘾，错误地把精神上的兴奋感当作真正的幸福。

（3）对自己上瘾

典型表现：沉迷于自己观点，属于自恋型人格，盲目自信自大。

（4）分心上瘾

典型表现：依赖手机，常常做白日梦，分心失常，错失当下，压力水平上升。

（5）思考上瘾

典型表现：被思想绊倒、思虑过度，不能自制。

（6）对爱上瘾

典型表现：习惯性地追逐爱，满足大脑对多巴胺的渴望，后扣带皮层活跃。

4. 上瘾的原因

作者在书中提到，我们的大脑之所以会上瘾，跟两个方面有关。

第一，斯金纳操作性条件反射理论。

他认为世界上各种行为的养成跟操作性条件反射有关，即你做了一件事有奖励，做另一件事有负反馈，那你要么增加奖励的部分，要么减少负反馈的部分，人的行为就是这样逐渐养成的。比如，喜欢吃甜食和喜欢打游戏，每当我们做这些事时，大脑就会分泌多巴胺，激活奖赏回路。这种多巴胺奖励，会让我们产生愉悦感、满足感，获得正反馈，因此还想继续吃、继续玩，从而形成周而复始的习惯。

大脑的特点就是倾向于趋利避害。趋利就是学习和强化对生存有利的行为；避害则是尽量规避无意义的、不必要的能量消耗。换句话说，做什么事情有奖励，我就去多做；什么事情没有奖励，我就少做。

第二，主观偏差。

一种行为重复得越多，我们就越是学会以一种特定的方式看待世界，即基于从前行为带来的奖惩，通过一个存在偏差的镜头来看待世界。我们形成了一种习惯，即习惯性地观看镜头。

书中举例：我们知道吃巧克力上瘾会对身体健康有害，可是巧克力好吃，感觉很好，吃后会感到很开心、很满足，继而产生大量多巴胺，于是我们学会了戴上"巧克力很好"的眼镜，对巧克力产生了偏爱。但这种偏爱是主观的，是因为味觉而产生的独有情绪认知。这种对自身的错误判断就叫作主观偏差。而我们很多上瘾的行为大多数都会与主观偏差相关。

5. 上瘾的本质

其实，上瘾的本质是多维度、复杂的，涉及心理、生理和神经科学等多个层面。

上瘾可以被视为一种慢性的、复发性的心理或脑部疾病，因为上瘾物质或行为会改变大脑的结构和功能，导致难以控制的强迫性寻求和使用行为。

（1）强迫症：上瘾行为可能被视为一种无法控制的强迫症，表现为强烈的冲动和难以抵抗的欲望。

（2）脑部疾病：神经科学家认为，成瘾物质通过改变大脑中的神经递质活动，如多巴胺的释放，导致快感和兴奋的感觉，从而引发上瘾。它是一种涉及吸引、诱惑、强迫和痛苦等阶段的严重、慢性、复发性的脑部疾病。

（3）需求与关系缺失：上瘾也可能反映了个人需求得不到满足以及亲密关系缺失的问题。这种需求可能是心理上的，如寻求快乐、逃避现实等。

（4）快乐与痛苦的交替：上瘾状态涉及剧烈的快乐和剧烈的痛苦迅速交替的过程。这种交替状态导致个体对成瘾物质或行为产生强烈的依赖和渴望。

（5）自我疗愈：上瘾可以被视为一种错误的自我疗愈方式，通过使用物质或行为来抑制或消除难以忍受的负面情绪和心理创伤。

了解上瘾的本质有助于更全面地理解成瘾现象，并为预防和治疗上瘾行为提供更有效的策略。

三、如何克服上瘾心理

"欲"字从欠，表示有所不足，因而产生欲望。但这种欠缺，会自我增值，永无满足。"贪"本身已是问题，若贪得无厌，则成欲壑难填。是故"嗜欲"是贪欲成癖，上了瘾。一个"瘾"字，这个形声字，形旁是病字框，内藏"隐"字，可见是一种隐疾。庄子说："虚室生白，吉祥止止。"人的心就像堆满了欲望的房子一样，把蒙蔽心灵的"嗜欲"去掉，那么心中就会多一束光，当然也会多一份吉祥。

《欲望的博弈》一书中介绍了一些解决上瘾的方法。作者说，要想跳出斯金纳的操作性条件反射陷阱，采用正念疗法是个好办法，可以引入一套从欲念的长久钳制下重获自由的框架。

1. 正念及正念疗法

所谓正念，就是那种接近自己体验的意愿，而不是努力想要放弃自己不快的渴求。简单地说，正念就是活在当下，专注于此时此刻的心理感受。

正念疗法是一种心理治疗方法，旨在帮助人们通过觉察和接受当前的经验，减少焦虑、抑郁和其他情绪问题，其核心就是正念。

正念疗法的原理是我们的情绪和行为是由我们的思维方式和信念所驱动的。

正念疗法的步骤包括：觉察自己的思维方式和信念；了解自己的情绪和行为；接受自己的内在体验；改变自己的思维方式和信念。

通过这些步骤，我们可以更好地了解自己的内在体验，并通过改变思维方式和信念来减少自己的情绪问题，控制住行为及欲望，打消瘾念，更好地应对生活中的种种挑战。

2. 正念疗法的操作要点

其具体做法就是学会全神贯注（正念）：

（1）调动好奇心。

（2）选择友善，减少刻薄。刻薄和友善将决定思维放松程度。

（3）寻找心流：将思绪停留在对象上（维持、延伸）；对对象产生兴趣（一种喜悦）；满足于对象，感觉此刻很好、很快乐；思绪与对象的统一。

（4）训练韧性：韧性等于弹性加坚强。

（具体细节，详见书中介绍）

当我们感到某种欲望或冲动来临时（例如想抽烟、想吃零食等），不要试图抵制它，而是尝试去觉察和理解这种感受。就像冲浪一样，站在欲望的波浪上观察它，感受它的起伏变化。当我们不再试图对抗这些感觉时，它们往往会自然消退。这种方法被称为"欲望冲浪"。

此外，要留意触发因素和奖励机制在成瘾行为中的作用。以抽烟为例，假设我们在受到领导批评后产生了抽烟的冲动。这时可以关注这个冲动本身而不是立即满足它；同时注意到如果真的抽了烟可能会带来的短暂快感以及长期危害之间的权衡关系。

最后需要强调的是戒烟或其他戒除成瘾行为的过程中可能会有反复和挑战，但请保持耐心并坚持使用正念的方法来帮助自己逐渐减少对成瘾物质的依赖并最终实现健康生活方式的转变。

3. 六种典型上瘾的解决方案

（1）直接上瘾

解决方案：①跨越不可能，在难以忍受的情况下，每次多坚持一点；②每天接触点新事物，寻找生命的意义。

（2）技术上瘾

解决方案：①提前考虑下瘾后产生的结果，是否会产生内疚感、空虚感；②关注内心的真实感受和事件本身的价值。

（3）对自己上瘾

解决方案：客观地自我分析和评价。每个人的人生剧本不同，演好自己在剧本中的角色，毋臆、毋固、毋我。

（4）分心上瘾

解决方案：尝试静下来，在最短时间内投入一件事，专注于当下。

（5）思考上瘾

解决方案："靡不有初，鲜克有终。"凡事尽人事，听天命，顺其自然，明天的太阳晒不干今天的衣服。

（6）对爱上瘾

解决方案：爱终究要回归平淡，否则不叫爱。就如杨绛先生所说，我们如此渴望命运的波澜，到最后才发现，人生最曼妙的风景，竟是内心的淡定和从容。

有一则成语叫"壁立千仞，无欲则刚"，意思是悬崖绝壁能够直立千丈，因为它没有世俗的欲望；借喻人只有做到没有世俗的欲望，才能达到大义凛然的境界。"欲"是人的一种生理本能，人要生活下去，就会有各种各样的"欲"。但是，如果人们能够放弃无谓的享乐欲，修身养性，就可以像峭壁一样坚韧不拔，自觉抵制外界诱惑的影响。

然而，真正的无欲状态，我觉得并不可取，因为它并不符合人性规律。基本的生理需求对生存而言必不可少，但是凡事总得有个尺度。欲望太多太大，就会萌生贪心，导致欲壑难填、嗜欲成瘾，最终纵欲成灾，反噬了自己。所以管控好自己的欲望，把握好一个度十分重要，这也是心理健康不可缺少的元素之一。

总之，我们要戒除一个成瘾坏习惯，养成一个生活好习惯，不能仅靠毅力和自控力，更要用正念看清楚它，从而找到新的指南针，重新确定新方向。所以，我们要学会正念，让自己能"静"，这很重要。因为静能窥心，静能去躁，静能内省，静能戒瘾。

本书就是要将你从那些羁绊自己的瘾念力量里解放出来，承认欲求及上瘾因禁效应给人带来的代价，辨清欲望产生的原因，逐一讲解常见的成瘾类型，引领你一步步接近自己的内心与真实，跳出欲望陷阱，助你重新找到幸福指南针和通往心流的路径，实现真正的自律。

2024 年 4 月 11 日晨于福建霞浦

3.26 读书读人和读事，学习修炼领悟力
——《怪诞脑科学》晨读感悟

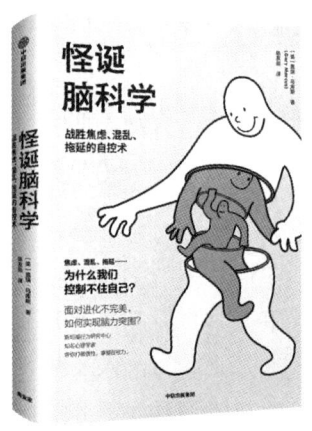

这本书是认知心理学领域的一本经典著作。作者盖瑞·马库斯（心理学与脑研究专家、博士，纽约大学心理学教授）通过对人类经验的主要领域进行解读，如记忆、语言等，展现了我们生活当中的诸多认知缺陷与大脑的不完美进化。面对这种现状，作者在文中建设性地提及了应对方法，以改善我们的认知缺陷，从而战胜我们内在的健忘、焦虑、混乱、拖延等，进而改善

大脑的机制。

人类大脑进化的惯性导致大脑成为克鲁机。克鲁机（Kluge）是指由互不搭配的零件拼凑起来的糟糕系统。大脑产生克鲁机现象，如记忆、信念、选择、语言、快乐、精神的崩溃，这些都是大脑的记忆碎片拼凑起来的，过往的经历和即时性事件很容易改变我们的信念和选择。

这本书我之前听读过两遍，当时没有深入思考，今天再读之后，有了不一样的收获。其实，我们在紧急情况时下意识的第一反应就是在克鲁机的作用下产生的，而我们接下来的所作所为都会沿着这个反应的方向发展。等我们静下来回想那个决定的时候，才会觉得当时的自己很冲动，或许犯了错误。

书中最后提及十三条建议，告诉我们如何改善大脑的克鲁机现象，令人深受启发。

（1）考虑别的选项；

（2）重新界定问题；

（3）牢记相关关系≠因果关系；

（4）预知自己的冲动并事先约束；

（5）制定应变方案，而不只是制定目标；

（6）疲惫时不做重大决定；

（7）随时在收益和代价之间做比较；

（8）设想决定可能会被他人抽查；

（9）和自己保持距离，跳出自我看问题；

（10）当心过分生动化；

（11）挑选重点；

（12）考虑控制样本的大小；

（13）尽量理性。

因此，我们在为人处世时要做到：

（1）当决定要做一件事情的时候，问一问有没有别的选项，扩充一下想法；

（2）在看待一个问题时被别人引导，应该思考能不能换一个角度重新界定，有可能并非他引导的那个方向；

(3) 有一件事出现，另外一件事跟着出现，但这两件事之间可能没有因果关系；

(4) 设想你的决定可能会被他人抽查。那么你这个决定对不对；

(5) 和自己保持距离。跳出自我，换一个角度想象一下你是墙上的摄像头，此时正在看你做这样的事，你会怎么做？这是一个很有效的保持理性的方法。

所以，我们需要：

(1) 读书。因为我们的大脑不完美，存在许多缺陷，需要不断地学习和调整自己，改善我们的认知缺陷，从而战胜我们内在的健忘、焦虑、混乱、拖延……进而改善我们自身和我们的社会。

(2) 读人。现实生活中，我们很容易出现爱屋及乌的情况。如一个人的某种品质或一个物品的某种特性给人以非常好的印象，在这种印象的影响下，人们对这个人的其他品质或这个物品的其他特性也会给予较好的评价，从而失去了对某人或者某事的客观的判断，做出错误的举动。这需要自己警醒！

(3) 读事。巴菲特说："很少有人愿意慢慢变得富有。"急功近利是很多人的常见心理，要多读好书，多思考，多学习，从而产生觉悟的能力。正如《礼记·学记》中所说："学然后知不足。"一个人学习得越多，就会发现自己知道得越少，会比较现实地看待世界，看待人生，发现人生其实有很多乐趣。等到我们找到自己的乐趣，看得见生命的某种意义，我们就会静下来了。

我们必须不断地提醒自己，人生修炼的路还很长，当你能够通过不断修炼，让自己变得更好，让自己的克鲁机比别人的克鲁机更严密一些，更棒一些，我们便找准了人生的方向。这本书还引用了孔夫子送给他学生的话："知之为知之，不知为不知，是知也。"这告诉我们，大脑是一部克鲁机，知之为知之，不知为不知，要保持谦虚的品质以及坚持学习、慎思反思的习惯。

2023 年 12 月 2 日

3.27 《减压脑科学》，科学解析减压法

日本脑科学专家、"血清素第一人"有田秀穗的这本《减压脑科学》我已读了十几遍，作者将深奥的生理心理科学理论与实践相结合，深入浅出地阐释了压力产生与缓解的机理，是一本很实用的好书，可以帮助我们减压并增进身心健康，值得一读！我先后共买了 20 余本此书送给亲朋好友，他们读后都觉得挺有收获。

"人无远虑，必有近忧。"其实，压力人人都有，有来自身体方面的，也有来自精神方面的，只是轻重不同而已。这两种压力最终都反映在脑中，形成脑压力。

其实，我们感觉压力和承受压力的能力与人格特征有关。例如，外向性格的人通常喜欢社交活动，善于交际并乐于接受新的挑战。他们往往能够更好地处理和应对压力，因为他们具有寻求社会支持和资源的能力，并能利用这些资源来解决问题和减轻压力。而内向性格的人通常不太喜欢过多的社交活动，更倾向于内省和独自思考问题。他们更容易感受到压力，因为他们在处理问题时可能会面临思考和决策的困难。

另外，压抑型人格的人会出现情绪不稳定、兴趣减退、自我评价极低、人际关系紧张、对工作和生活过度担心的问题，压力重重，导致身心不适感增加，严重者还可能会自残，需要马上就医治疗。

弗洛伊德"三我"人格理论也告诉我们："三我"协调不好，压力山大。

"本我"（Id）：由先天本能、欲望所组成的具有很强原始冲动的能量系统。它遵循快乐原则，位于人格结构的最底层。（生物本能我）

"自我"（Ego）：是从本我中分化出来的，作用是调节本我和超我的矛盾，在调节本我时，又受超我的制约。它遵循现实原则，位于人格结构的中间层。（心理社会我）

"超我"（Superego）：是道德化了的自我，由社会规范、伦理道德、价值观念内化而来，其形成是社会化的结果。它有抑制本我冲动、监控自我、追求完善三个作用。它遵循道德原则，位于人格结构的最高层。（道德理想我）

"三我"相互交织，构成人格整体。"三我"统一协调，精神状态健康；"三我"不协调，互不相让，或互相敌对，精神就会焦虑，压力山大，若缓解不了，就会产生心理障碍，甚至精神疾病。

一、人脑"三大脑"的功能特点

脑科学专家根据人脑功能特点，将大脑划分为"三大脑"，即"同感脑""工作脑"和"学习脑"。

（1）"学习脑"。它是多巴胺能神经，分泌的是多巴胺。多巴胺是让我们产生快乐的神经递质。

（2）"工作脑"。它是去甲肾上腺素能神经，分泌去甲肾上腺素，提高激素水平。当你工作遇到了挑战，或有目标需要完成时，你会熬夜，甚至感到兴奋带劲。但是你得注意，虽然去甲肾上腺素短暂的分泌是有益的，能助你完成攻坚战，让你完成压力很大的目标。但是它一旦释放，有时候停不下来，分泌过多就会导致有些人变成了"工作狂"，慢慢地就会产生过多的皮质醇。皮质醇是一种压力激素，一旦产生，高血压、心脏病、糖尿病等疾病就随之而来。压力激素分泌过多，长期处于兴奋的状态，就会失眠，伤害身体。

（3）"同感脑"。它是血清素能神经，分泌血清素，可调节人的情绪状态。血清素能神经有一个重要的作用，就是调节前面两种神经，调节去甲肾上腺素和多巴胺的分泌量，多了就降低一点，少了就增加一点。当代心理学家研究来研究去，才发现最重要的调节点是把血清素管好。因为如果管不好血清素的话，上述那两个神经递质就会紊乱，产生情绪失控问题。

脑科学研究表明：人脑具有强大的压力调节功能，特别是血清素的分泌，可很好地消解压力。

二、血清素的五大功能

第一大功能，叫作冷静地清醒，即适度抑制大脑皮层的活动。血清素能让人冷静地清醒，让你既有激情，又保持冷静。

第二大功能，叫作保持平常心，调整心态。我们说这个人心态好，那个人心态不好，其实同人的血清素水平有关。

第三大功能，就是让交感神经适度兴奋。我们醒着的时候，主要是交感神经在工作；睡着后，交感神经休息，工作主要交给了副交感神经，由它来支配呼吸和心跳等基础代谢。这两种神经交替工作，兴奋和抑制才能平衡。如果一个人总是交感神经兴奋，副交感神经不工作，那么他的身体很快就会垮掉。

第四大功能，是减轻疼痛。血清素在中枢神经系统中起着重要的调节作用。它通过与神经元的 5-羟色胺受体结合，调节神经传递的过程。血清素能够抑制疼痛传递，减轻疼痛感受。此外，血清素还参与情绪调节，能够提高人的情绪状态，缓解压力和焦虑、抑郁的症状。

第五大功能，是有助于保持良好的姿态和仪表。有趣的是，血清素能神经与我们长得好看与否有关。我们常说"相由心生"，道理何在？血清素能神经直接与抗重力肌的运动神经相连，释放神经冲动。如果血清素能神经分泌不足，抗重力肌就无力，肌肉就会松弛无力。这也解释了"相由心生"的原理。你有没有发现，20 年后的同学聚会，有的人看起来还像个年轻人，而有的人则像个老大爷，岁月的沧桑全部都刻在他的脸上，他的生活状况好不好、压力大不大，一眼就可以看出来。

脑科学研究发现，压力会抑制血清素能神经的功能，长期压力过大，人就老得越快。所以，想要年轻，重要的是调节你的血清素能神经，让你的血清素能神经健康地分泌。

另外，血清素对睡眠也有重要影响。血清素能够调节睡眠的节律，使人在晚上更容易入睡，并且提高睡眠质量。血清素的水平与人的觉醒状态密切相关，当血清素水平较高时，人会感到更加清醒和精力充沛。

三、锻炼血清素能神经的方法

怎样锻炼我们的血清素能神经，才能让血清素正常分泌呢？研究发现：睡眠和清醒之间的循环，控制着我们的血清素能神经有节律地分泌。

"血清素能神经在大脑清醒的时候，以每秒 2～3 次的间隔频率持续不断地放出神经冲动。""但是当人进入睡眠状态后，频率就会放慢。而一旦进入深度睡眠后，血清素能神经几乎就不再释放神经冲动。等到早上，大脑清醒后，血清素能神经又恢复了每秒 2～3 次的释放频率。"这就是血清素能神经的一个基本工作原理。

那么，我们如何来激活血清素能神经呢？比较有效的方法是早上起来晒 30 分钟太阳，因为血清素常常是在早上制造的，早上晒阳光可以帮助我们制造血清素。

大家知道吗？血清素还有一个非常重要的功能，就是到了晚上天黑以后，它就变成了褪黑素，帮助你更好地入睡。所以，只要白天产生足够多的血清素，到了晚上血清素就会变成褪黑素，能让你睡个好觉，缓解压力和疲劳。

四、运动减压对大脑的好处

《运动改造大脑》的作者约翰·瑞迪，哈佛大学临床心理学医生、国际公认的神经精神医学领域专家，也用严谨的神经科学研究的确凿证据，突破性地揭示了运动与大脑的联系，得出了"运动可以改造大脑，消除压力、焦虑、抑郁、低效等各种困扰"的科学结论。

运动可促进神经元的生长和发育，而环境优化的刺激则有助于神经元的存活。在运动身体的同时，也锻炼着自己的大脑。

生理心理学研究表明：运动可以让心血管系统变得更加强健，调节血糖，控制体重，提升压力阈值，改善情绪状态，强化免疫系统，提高动机能力，促进神经的可塑性，从而使大脑更加健康。

运动可以减压，使人感到放松，也可让弗洛伊德人格结构理论中提及的"三我"和谐协调。要减轻来自生理和心理的压力，让我们的大脑保持健康，适当运动很重要。我们平时应该多在阳光下走路、跑步、打球、游泳以及做各种团体运动。这样的肢体运动，有助于减轻脑压力，让我们的大脑变得更加发达。

除了多做肢体运动外，我们还应做做韵律运动（有节律的运动），比如唱歌、跳广场舞、瑜伽等，这些都是韵律运动。韵律运动做 30 分钟左右就有助于体内血清素的分泌。

五、减压放松的哭泣疗法

血清素虽然很重要，但它不是万能的，它不能增强我们的免疫力。若想提高免疫力，我们需要流泪，需要哭泣疗法。

眼泪分为三种：第一种是基础眼泪，它能保证你的眼球润滑；第二种是反射眼泪，就像受到洋葱刺激或者沙子进入眼睛而流眼泪；第三种是动情的泪，这是减压和提高免疫力真正需要的眼泪。而且与同感的人（遭受过同样经历的人）在一起流泪常常效果会更好，大家在一起互动、动情流泪，是最容易减压和得到疗愈的方法。

其疗愈机理是：我们的泪腺是受副交感神经控制的。如果想让你的交感神经得到休息，就要让你的副交感神经发挥主导作用。除了睡着外，实际上哭泣流泪也是可以的。当你流出了动情之泪，这时候你的副交感神经就发挥主导作用，使交感神经得到了休息，从而缓解压力，提升免疫力。

我们很多人都有这样的体验，当你看了一场特别让人感动的电影，眼泪就会情不自禁地夺眶而出，流个不停。当你走出影院的时候，你会觉得神清气爽，感到全身轻松，烦恼和压力都没有了。这是因为在流泪过程中，你的副交感神经来替班了，让你的交感神经得到了很好的休息。

我们知道，抑郁症患者有一个非常明显的问题：在某一个阶段，患者会出现想哭但哭不出来的症状。好多人劝他们说，你哭出来就好了，哭吧，但他们就是哭不出来。抑郁症还有一个典型特点就是晚上睡不着觉，他的交感神经始终处于兴奋状态，而副交感神经老是不工作。

我们经常说"笑比哭好"，笑也能减压。俗话说："笑一笑，十年少。"多笑笑对身体肯定是有好处的。但是在减压问题上，哭比笑的效果还要好，为什么呢？

医学专家认为："备受瞩目的笑也有激活免疫系统的效果，在医疗中采用这种疗法越来越多。笑和哭看起来是正好相反的两种情绪，但大笑时也会笑出眼泪，这两者从脑功能来看，是相似的。让实验对象看有趣的视频内容，等他大笑的时候查看其前运动区的血流量，就会发现血流量增加了。但是，血流量和哭泣的时候相比，增加的程度相对较弱，时间也较短，数据没有哭泣的时候变化大。"

"同样可以解压，区别在于：哭是爽快，笑是有精神。"

"根据实验结果得知，和哭相比，笑的解压效果要小得多。从免疫的激活程度来看，哭的效果明显好于笑的效果。当然，尽管哭泣的效果好，但笑比哭的时间短，身体上、精神上的负担都要小一些，更适合每天轻松进行。"哭泣不适合每天都来一次，如果你每天哭，周围的人也受不了，会给周围的人造成压力，古人云："一人向隅，满座为之不欢。"虽然笑和哭的效果有些许差别，但是平常可以笑出精神，需要大力解压的时候再哭。

心理专家建议，为了减压，一周可以哭一次。

我们只需每周唱1~2首特别动情催泪的歌，或看一部感动催泪的电影就够了。另外，最好是在晚上哭，因为早上人的压力没那么大，晚上的压力会变大，所以晚上释放压力，哭的修复效果会更好。

因此，在适当场合下，当遇到了感动的时候千万别忍着。比如我们去看奥运会，看到奥运会赛场上，中国队经过奋力拼搏，获得冠军，颁奖仪式上看到五星红旗冉冉升起、中华人民共和国国歌响起时,我们的心情格外激动,民族自豪感油然而生,此刻我们就任由自己的眼泪流淌吧,这是感动的泪,也是一次非常难得的解压机会。

关于减压放松、提高健康水平方面,我向大家推荐这本通俗易懂而科学性较强的书,有兴趣的朋友们不妨认真读一读,定能从中获得很大收获。

2023 年 12 月 18 日晨

3.28 《减压生活》教会您轻松释放压力

人无远虑,必有近忧。在生活中,我们不可能没有压力。压力过重有害健康,完全没有压力也不行。比如,航天员回地球以后会出现骨质疏松的现象,这是因为在太空没有重力这种压力。对于现代生活的大部分人来说,我们的压力是超载的。请注意,你的压力很可能已经超负荷。

如果任由压力超出人体负荷,最终可能危害你的身心健康。所以我们要学会减压,保持适当压力,这样才有益于身心健康。

那么,什么样的状况是适度的压力?简言之,会让我们的心情愉悦,有事干,不会让我们觉得无所事事、很无聊,但是它又不会让我们过度焦虑、紧张，这种就是一个适度的压力状态。

心理学上的"倒U曲线"理论也证明了人在适度压力（紧张）的状态下，工作业绩效率是最高的。

记得我在与书友们分享《减压脑科学》晨读感悟时，也与大家交流了有关压力的神经生理心理学机理。它从科学的角度揭示了压力对人身心健康的影响及有效减压方式。

今天这本《减压生活》从脑科学出发，追踪压力的来龙去脉。作者金铂，医学博士，脑科学专家，北京积水潭医院神经外科副主任医师，从医学和心理学的角度揭示压力、神经与健康的关系，告诉我们要学会用科学的方法应对压力，和压力和平共处。

作者还从神经外科医生的视角提出减压的根本是通过改变生活习惯来干预和调节自主神经，给神经"松松绑"，让你由内而外击退压力，并从四大维度提出十余种减压实操法，简单而实用，让你告别疲劳、焦虑，重新回归愉悦的生活，提升幸福指数，实现美好人生。其中，呼吸练习法值得关注，这种方法只需要几分钟的时间，通过深呼吸和冥想就可以使身体放松、心情平静。

除此之外，作者强调了关注身边的人际关系对于缓解压力的重要性。如与家人和朋友保持良好的沟通、互相支持，能帮助我们在生活中减轻压力，增强幸福感。

总之，《减压生活》是一本非常实用、值得一读的好书，为我们在现代社会中如何保持身心健康提供了诸多有益的建议。我相信这本书对不同性别、不同年龄、不同职业的人都会有所帮助。

反复听读《减压生活》，我更加对自己的自律生活感到自信了，并感恩自己养成的好习惯：每天晨读一书，午休一会儿，晚唱一曲，晚上下班后基本上就是去健身房运动（如游泳、快走和力量练习），周末做个园丁（种种花草和蔬菜）；每周工作5天，让自己保持充沛的精力；不忘初心，童心未泯，仍有追求，心态年轻。我觉得这都是自控适度压力和养成良好习惯带来的积极效应。

对于我们老年人来说，好多人一退休，工作压力骤减，无所事事，健康问题就会随之而来。所以，适当地找一些事情做，比如做做适当运动、种种花草、养养宠物等，让老年人有一种责任，也有适当压力，生命才更有意义，这能很好地促进老年人的身心健康。

我还是那句话："活到老，学到老，工作到老。"让我们在适当又适度的工作中体验轻松、快乐与幸福。

复读《减压生活》，我有太多的感悟想与书友们交流分享，但此时此刻，限于篇幅，我只能简而言之，减压生活应注重以下几个方面：保持自觉学习的心态、均衡的饮食结构、充足的睡眠时间、适度的运动锻炼、愉悦的旅行体验、健康的娱乐方式以及适度的工作节奏。若能将这些要素有机结合，做到知行合一、持之以恒，必能收获良效。

愿朋友们都能在减压生活中愉悦心情、身心健康、幸福吉祥、万事胜意！

2024年3月23日晨

3.29 《无压力社交》教您自在交流

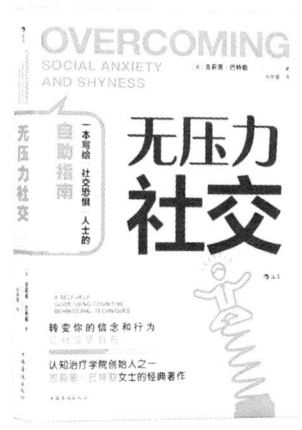

本书作者吉莉恩·巴特勒是英国心理学会成员，任职于英国国民保健署和牛津认知治疗中心，长期专业研究"社恐"，在这个领域研究和临床治疗成果颇丰。

虽然心理学意义上的"社交焦虑症"在人群中大约只占到5%，但是今天越来越多的人，尤其是年轻人，正越来越多地被社交焦虑所困扰。

所谓的社交焦虑，其实是一种概括性的说法。人们在社交场合中产生的各种畏惧、紧张和恐惧感都可以归纳为社交焦虑。而从心理学的角度，只有当这些恐惧症状明显影响到正常工作和生活，并且持续时间达到六个月以上时，这个人才可以被确诊为"社交恐惧症"。

可以说，大部分逃避社交的年轻人并不是真社恐，他们只是性格内向或是缺乏社交经验。我也认为内向和社恐有本质上的区别。和社恐人士类似，内向的朋友们也喜欢独来独往，不是社交活跃分子，但内向的人并不是社恐患者。他们只是在安静时做事效率更高，只想做自己感兴趣的事，聊自己感兴趣的话题。

过多的社交让他们疲惫，但他们不会对社交感到恐惧。另外，内向的人也可以成为优秀领导、公关人才甚至擅长演讲和表演，此类例子实在太多，不胜枚举。比如，相声演员郭德纲就承认自己其实很内向，流行乐男歌手毛不易也曾表示自己具有内向性格，但"内向不是缺陷"，没必要强迫自己去做出太多改变。

所以，我们千万不要轻易地给自己贴上"社恐"的标签，你可能只是不了解社交技巧，或者更习惯独处。

那么，真正的社恐是什么样的呢？作者在书中说，社交恐惧症有三大特征：过度敏感、负面思维和安全行为。

我们很多人可能也有这些特征中的某一项或两项，只是程度比较轻微而已，但这顶多只是个性特征问题，对工作和生活的影响不大。如果占项很多且程度较重的话，那么就容易导致心态失衡，生活和工作及人际交往就可能出现障碍。

第一个特征：过度敏感。意思是社恐人士常常把所有的注意力都放在自己的反应上。他们会在参加社交活动之前就如临大敌，控制不住地想："我一定会搞砸。"其常见的表现如下。

（1）过于焦虑：难以有条理地完成事情，常伴有严重的焦虑、紧张情绪。

（2）注意力不集中：容易受外界环境、人的影响，工作和学习能力会下降。

（3）过于追求完美：对事情追求完美，对细节有较高的要求。

（4）不合群：更需要独处的空间和时间，与他人沟通较少，不太能合群。

（5）情绪波动较大：情绪较紧绷，容易被事情或话语惹怒，并把怒气转移到亲近的人身上。

（可参见我之前与大家分享过的《高敏感人士的生活法则》晨读感悟）

第二个特征：负面思维。它是指总是用消极态度去解读人和事物。其常见的表现形式如下。

（1）以己度人：总是拿自己的主观心思来衡量或揣度别人的善恶，坚持自己对他人的负面判断，固执地全盘否定别人。

（2）宿命论调：认为什么事情都是命中注定，常常杞人忧天，总是担心会发生不好的事情，以悲观的心态对待人和事。

（3）非此即彼：思维方式极端，用绝对化的标准判断是非，认为非好即坏。

（4）以偏概全："想当然"的处事态度，常常武断、片面地看待问题，得出的结论往往是谬误的。

（5）心理过滤：总是在情景中选择消极细节进行思考和反复回味，看事物都是消极的。

（6）小题大做：把已经发生或将要发生的事情扩大到难以承受的程度，焦虑情绪不断。

（7）乱贴标签：在未完全认清事物之前，先贴上好的或者是坏的标签，从而做出不正确的判断。

（8）责怪他人：把所有不好的事情都归咎于别人，将他人视为自己负面情绪的根源，拒绝承担责任。

（9）情感推理：总是凭自己的感觉来推断即将发生的事，往往没有事实根据。也常会从偶发事件来推断将要发生的事情，并得出普遍的结论。

第三个特征：安全行为。心理学上将"安全行为"定义为：当事人认为只要做了某些行为或者不做某些行为就能够达到缓解焦虑和恐惧的目的。

安全行为分为两种，一是仪式化的动作，即必须做点什么，比如某些强迫行为；另一种是逃避或回避行为，比如为了减少社交恐惧而拒绝出现在某些场合中。在本书中则是指一些让社交焦虑者感到安全的行为，比如回避和他人进行眼神交流等。社恐人士常会以此来保护自己。

这本书告诉我们，虽然社恐是由先天和后天的因素共同作用形成的，但后天因素对于社恐的形成来说更为关键。

和上一代人不同，今天的年轻人大多是独生子女，从小就生活在一家三口的小家庭中，在家没有兄弟姐妹的陪伴，工作之后又因为社会流动性的增强而缺少稳定的同事和朋友关系，这都让今天的年轻人对社交越来越感到难以应对。

如果朋友们也有社恐的这三个典型特征，即过度关注自我、负面思维模式和安全行为，请别太担心，因为你并不是唯一的，周围有很多人正和你一样面对同样的困扰。

通过了解上述内容，我们对自己社交焦虑的程度有了比较清楚的认识。你到底仅仅是害羞、内向、有轻度的社交焦虑，常常喜欢逃避社交，还是社交焦虑已经严重到了社交恐惧症的地步？

如果社交恐惧症已经严重影响正常生活，建议你及早就医，接受专业医生的帮助。但如果你仅仅是有一些轻微的社交焦虑，有逃避社交的情况，我们可以通过对这本书的学习，尝试着缓解这些问题。

那么，我们如何自我防治社交焦虑症呢？以下方法可供借鉴：

（1）减少自我关注，把注意力放到周围的人和事物上。对自我的关注越少，你就越容易表现出真实的自己，融入身边的环境。把注意力转移到周围环境，你对别人越好奇，就越会关注他人和他们谈论的东西，对自己的恐惧念头的关注就越少，你会感到更舒服。正如哲学家罗素所说："幸福的获得，在很大程度上来源于消除自我的关注。"

（2）改变思维模式，即转变自己的负面思维。要知道，很多时候阻止你畅快交谈的都是你脑海中的主观错误想法。你觉得别人完全忽视你了，人们从来都对你没有兴趣……这些都是你"觉得"，并不是事实。你要做的是找到那些阻碍你的"想法"，用积极的思维模式替代负面思维，分清想象和事实，坦诚沟通，了解事实的真相。在人生漫长的路上，我们会和很多人一起共事和活动，会和一些人成为朋友，也会与很多人擦肩而过，我们并不需要赢得所相遇的每个人的喜欢。

（3）改变行为模式。很多安全行为就像习惯一样，你可能从未在意过。比如你避免谈论自己的事情、活动或意见，尤其是在工作场合。你通过保持安静来保护自己。你要学会辨别出自己目前的行为模式，然后大胆地走出去，看看危险是否会来临。在绝大多数情况下，情况并没有你想象中的那么糟糕，甚至可以说是一片大好。在社交中你可能会害怕冒险，但是这绝对值得。另外，可以通过脱敏疗法，尝试慢慢克服自己在社交中感到不安的行为。

（4）建立自信。这要建立在减少自我关注、改变思维和行为模式的基础上。每次取得一点进步，你就多一些自信。但要注意不要过分要求自己，以免产生畏惧心理，须及时觉察自己每次微小的进步，并通过自我强化，保持持续努力的动力。

本书作者为我们详细介绍了社恐的特征和产生原因，也从一个心理学家的角度为我们提供了很多提升社交技能的小练习，希望我们能够通过刻意练习，发挥个人优势，迈出改变行为的第一步。

总之，我觉得上述方法确实具有实操性，可以学习借鉴并努力践行。我们完全可以通过积极主动地转换注意力练习，改变思维方式，坦诚地与人沟通，并且摆脱所谓的安全行为，来帮助自己减轻和消除社恐或社交焦虑，更轻松地应对社交，融入社会。

无压力社交，是我们许多人都向往的。今天很多年轻朋友戏谑地称自己是"社交一分钟，充电两小时"，当然这也许是社恐人士的夸张表达，但有一点说得很对，那就是"充电"。

如果你总是对各种提醒信息的工作群、微信群、朋友群感到厌倦，如果你疲于应对生活中的社交礼仪并总是谨言慎行，那么不妨在社交之余留给自己一点独处的时间，远离社交媒体，去读一本好书，听一段音乐。

适当的独处和"充电"，能够给你更多的精力，让你更加自信地应对社交生活。其实，理想的社交行为有很多种，只是大多数人采取了让他们感到舒适或是对他们来说最有效的社交方式。

所以，我们千万不要给自己随意贴标签。我认为：怎么舒服就怎么社交

＋找到合适的群体＋再学点社交技巧＝无压力社交。这也是我给相关朋友的一个小小建议，仅供参考！

本书作者有着丰富的临床经验，她结合自己的经验，为我们详细分析了社恐产生的原因，并且提供了一份让我们能够轻松应对社交的"自助指南"，有兴趣的书友们不妨认真地读一读。

2023 年 12 月 12 日

3.30　养成高效睡眠习惯，提升生活品质
——《斯坦福高效睡眠法》晨读感悟

作者西野精治，医学博士、斯坦福大学医学院精神科教授、斯坦福大学睡眠生物规律研究所所长。

本书凝结斯坦福睡眠研究所的研究成果以及作者数十年的研究与经验，告诉我们如何远离睡眠问题、提升睡眠质量，为高品质的生活奠定好基础。

研究表明，睡眠有五大使命：

第一，让大脑和身体得到休息。交感神经和副交感神经需要交替活动，不能总让交感神经兴奋不停。

第二，整理记忆。睡觉时，白天所学知识才能扎根于脑海中，形成长时记忆（记忆规律）。

第三，调节激素平衡。人变胖变瘦、糖尿病、高血压等病都跟神经—体液调节有关，而这又跟睡眠质量有关。

第四，提高免疫力，远离疾病。免疫系统需要通过睡眠来修复和调节，人体总是处于亢奋状态，免疫系统就会紊乱。

第五，排除大脑的废弃物。大脑白天工作会产生很多垃圾，可通过脑脊液在晚间大量地排出。

本书特别介绍了 90 分钟黄金睡眠法，称睡眠质量是由初期的 90 分钟决定的。若最初的 90 分钟睡眠质量好，剩余时间的睡眠质量也会相应变好，就能实现最佳睡眠。若最初睡眠阶段不顺利，那么无论睡多久，自主神经都会失调，而支持白天活动的激素分泌也会紊乱。

我觉得本书的知识点主要有：

（1）最佳的睡眠与睡眠的质有关，而与睡眠的量关系不大，睡得多不等于睡得好。书中提示我们：要了解睡眠的本质，认识睡眠的重要性，规避降低睡眠质量的误区，掌握提升睡眠质量的方法。

（2）养成良好的生活起居习惯，好习惯是晚上 11 点之前睡觉，午睡则以 30 分钟为宜。研究表明：成年人一天的睡眠时间为 7 小时左右时死亡率最低；相比 7 小时睡眠，睡得过长或过短的人，死亡率则要高 30%。另外，基因对人的睡眠时长也会有影响。

（3）人的睡眠分为很多阶段，大体为非快速眼动睡眠（深度睡眠）和快速眼动睡眠（浅度睡眠），它们交替出现。书中图示说明了睡眠的几个周期（深浅睡眠），我们不妨了解一下。

（4）通过将卧室温度调节到舒适，并通过洗热水澡和足浴等方式打开控制入睡的散热开关；通过单调法则和情景催眠（数羊和滴水等法）打开控制入睡的大脑开关，有助于我们尽快入睡。另外，也要避免蓝光。因为蓝光波长特别容易让人清醒兴奋，有碍睡眠。

（5）睡眠和清醒是相辅相成的，日间晒晒太阳、适量运动、咀嚼干果，能让自身在白天尤其是早上保持清醒，促使身体多分泌血清素，到晚上变成褪黑素。所以，白天越清醒，晚间越易睡。打开日间清醒体系的光线和体温这两个开关的 9 种方法书中也有详述，我们也可了解一下。

（6）夜间大脑如果得不到充分休息的话，白天就会出现大脑休眠状态，发生 1~10 秒钟的瞬间睡眠现象（参见书中实验介绍）。另外，保持充分的睡眠，还能减少阿尔茨海默症的发生。所以，我们一定要有良好的睡眠，避免睡眠负债，从而影响大脑功能正常运转。

可见，睡眠是我们身体非常重要的一份工作，我们有很多事情只能在睡眠中解决。所以，千万不要把牺牲一点睡眠时间简单地当作仅是减少了一点休息而已。众所周知，我们人生的 1/3 时间都在睡觉，它的质量好坏，直接影响着我们剩余 2/3 的人生。

失眠是件很痛苦的事情，我对此很有感触。长期以来，由于工作头绪较多，要处理的烦心事也不少，我常常整夜不能寐，有时强迫自己 11 点前睡觉，但眼睛一闭上，思绪就会不断涌出，采用数羊、数数等自我催眠方法也不管用，越睡不着就越焦虑，越焦虑就越睡不着，感觉很苦恼！

然而，现在很多人（包括老年人）都喜欢睡前玩手机，有时已经有睡意了，可还想再玩一会儿后睡觉，结果熬过了最想睡觉的时间点，等真正放下手机时，却发现怎么也睡不着了。我就曾经有过类似情况，玩手机兴奋过头，影响了睡眠，然后就焦虑，焦虑就更加睡不着，形成恶性循环。就像本书中描述的那样，只要深度睡眠期没睡好，后期无论补多少觉，都会觉得睡不够，整天头脑昏沉，特别没有精神。

后来，我觉得再这样下去必然会影响身心健康，必须要用意志努力加以改变。于是三年前，我开始坚持晚饭过后便去健身房适度运动（游泳或无氧加上有氧运动），另外全身心地在全民 K 歌上唱歌，自娱自乐，睡眠状况得到了明显改善，一般晚上 11 点左右躺下就能睡着。早晨 5 点半左右醒来，感觉精力充沛、头脑清醒，说明夜间睡眠质量可以。于是早晨便是我晨读与晨思及写读书感悟和做工作计划的最佳时机，常常还会有灵感光顾。相信许多书友也有自己的助眠良方和良好睡眠的幸福体验，我们不妨互相交流、互相学习，共同改善睡眠质量。

良好的睡眠是人生的一大幸福！书中介绍的一些助眠方略，非常实用，我们不妨选择适合自己情况的方法试试。愿朋友们都能有个好睡眠，幸福满满！

2023 年 12 月 16 日晨

第四辑　走向成功之路

　　成功是指达到或实现某种价值尺度的事情或事件，并获得预期结果。对成功的理解因人而异，对有些人来说，成功可能意味着拥有财富和地位；对另一些人，成功则可能意味着健康和家庭美满；还有人认为成功是做自己喜欢的事情并取得成就。

　　成功不仅仅是个人的成就，更是幸福的一部分。婚姻幸福、身体健康和工作小有成就等都是成功的表现。然而，成功并不总是那么容易获得，需要付出努力和汗水。但只要坚持不懈，勇往直前，就一定能够取得我们想要的成功。

　　获得成功的四个关键因素：（1）意志：足够的热情和坚定的意志是成功的先决条件。（2）勤奋：勤奋代表着坚持不懈的努力和自律，并充满信心地工作。（3）方法：成功需要掌握正确的方法和策略，才能更有效地实现目标。（4）心态：心态好坏直接影响到个人的行动和结果，保持积极、乐观的心态，才能面对挑战和困难，坚持不懈地追求目标。

4.1 研读《行为设计学》，打造峰值体验环境

本书作者奇普·希思，斯坦福大学商学院组织行为学教授；丹·希思，杜克大学社会企业发展中心高级研究员，前哈佛商学院研究员。

这本书是基于丹尼尔·卡尼曼心理学理论"峰终定律"而设计的，旨在把峰值体验营造到极致；把仪式感做到极致；向平淡无奇说不。

一、名词解释：峰值体验和峰终定律及高峰体验

1. 峰值体验

峰值体验（Peak Experience），是指个体记忆深处保存的那些难以忘却、历久弥新的某次体验或经历。

峰值体验，给人以独特难忘的记忆，这些体验对经历者而言，不仅不会随遗忘曲线（艾滨浩斯）被逐渐淡忘，反而记忆犹新，这也就是心理学家大量研究证实的"记忆隆起"现象。

2. 峰终定律

峰终定律（Peak-End Rule），是指一个人在体验一个事物的过程中，最重要的是"峰"和"终"，不是平均数，也就是这个事情过程中的"高峰体验"和结束时的体验，这两个体验将决定一个人对这个事情的评价。

它是由心理学家丹尼尔·卡尼曼提出的一个理论，描述了人们在经历某个事件后的记忆特点。

第一，记忆的两个核心时刻。峰终定律认为，人们对一个事件或体验的记忆主要由两个时刻来决定，即高峰时刻（无论是正面的还是负面的）和结束时刻。这两个时刻构成了体验的"顶"（Peak）和"终"（End）。

第二，记忆的形成。在这些核心时刻之外的过程体验对记忆的影响不大。因此，即使在体验过程中有好的也有坏的部分，最终留在记忆中的往往是高峰和结束时的感觉。

第三，记忆的影响因素。峰终定律揭示了一个认知偏见，即人们对正面或负面体验的记忆会被其高峰和结束时的强烈感觉所主导，而不是整体的平均体验。

这意味着，如果体验的高潮和终点都是积极的，那么整体体验就会被认为是积极的；反之，如果是消极的，则整体体验就会被认为是消极的。

3. 高峰体验

高峰体验，也称为顶峰体验或顶峰经历，是指个体在某种活动或体验中达到极度满足和充实的特殊情感（情绪）状态。

高峰体验产生时，人感受到一种发自内心深处的震撼，一种极致的快感，一种超然的情绪体验。这种感觉总是突如其来，令人喜出望外，并难以忘怀。

高峰体验这个概念是美国人本主义心理学家亚伯拉罕·马斯洛在他的"需求层次理论"中提出的。他研究发现，处在高峰体验状态的人，具有最高程度的认同，最接近真实自我，最富有个人特色，他们会比平时更有决断力，更有自发性、创造性、纯真性和主动性，更专心致志，更易充分发挥潜能，更勇敢地超越自我，更接近自己存在的核心，等等。同时，他们更能顺其自然地面对现实，谦卑与高傲并存，仿佛达到了天人合一的境界。

二、峰值体验的应用领域

心理学家丹尼尔·卡尼曼在谈到峰值体验时指出，人们对于过去经历的回忆，往往是由于经历中的峰值和结束时的情感所决定的。

这意味着我们在生活中应该追求并注重峰值体验，因为它们对我们的生活质量和幸福感有着决定性的影响。

第一，在个人生活方面，我们应该注意将峰值体验应用于自己的日常生活中。我们可以去旅游，探索美丽的风景名胜，或者尝试一些运动（包括极限运动）等，这些都能带给我们丰富多样的峰值体验。我们还可以通过与朋友和家人共度欢乐时光来创造峰值体验。正是这些美好的瞬间，构成了我们回忆中的亮点，使生活更加充实和有意义。

第二，在企业经营方面，峰值体验也有着重要的作用。企业应该注意通过各种团建活动为员工创造峰值体验，让员工激情澎湃，幸福快乐，增强凝聚力，提升安全感和主人感。另外，对客户也得注意创造极致的峰值体验，以提高他们的满意度和忠诚度。

无论是产品设计、服务体验还是营销策略，都应该围绕着创造峰值体验而展开。只有通过超出客户所期望的感官刺激和情感共鸣，并令其留下深刻的记忆，企业才能在激烈的市场竞争中脱颖而出，并建立起强大的品牌影响力。

第三，在社会领域方面，也需要注重峰值体验的营造。无论是博物馆、公园、图书馆等公共场所，还是教育、医疗等公共服务领域，都应该以峰值体验为目标，为公众提供更好的体验和服务。

通过峰值体验的营造，可以有效地提升社会满意度和社会融合度，实现社会的和谐发展。

三、怎样打造峰值体验

研究表明，峰值体验是可以被"设计"和打造的，方法如下：

1. 关注峰值体验的四个要素

(1) 欣喜：印象深刻的喜悦时刻；

(2) 认知：看清事物原貌的时刻；

(3) 荣耀：最辉煌的时刻；

(4) 连接：具有社会性的重要时刻。

2. 营造仪式感

仪式感在工作和生活中不可或缺。生活中的仪式感可以增进感情，工作中的仪式感可以给予员工精神上的鼓励。当我们将仪式感与日常场景有机融合，不仅可以提升生活和工作的满意度，还能为平淡的生活带来惊喜。

3. 把握关键时刻

在欣喜时刻，须增强感官感受，增加刺激感，打破脚本。

在认知时刻，要关注问题的严重性；要突破认识，给予自我或他人关爱；要以高标准为引领并坚定信心，给予方向和支持；要突破自我和进行反思。

在荣耀时刻，要认可自我和他人，给予足够鼓励；多设置里程碑，以小目标设置大目标，明确关卡，努力突破；用暴露疗法来逐步锻炼自己的勇气。

在连接时刻，要打造一个有共同使命感的团队；用 36 个问题与陌生人加深感情（见书中详述）；用宝贵时刻来拉近心理距离，使工作具有社会性，加深彼此情感。

总之，我们要有能力创造欣喜，激发认知，引起荣耀，鼓励连接。把握这些超越寻常的时刻，创造峰值体验，让生活获得意义非凡。

通过阅读此书，我们可以了解峰值体验对人生的重要意义；获知打造峰值体验的最佳时机；掌握打造峰值体验的四要素；等等。这本书让我眼前一亮，很受启发。

以往我们常常忽视创造峰值体验的机会，没有充分地体验生活的精彩和多样，实在可惜！

如今，我们应当珍惜生命、珍爱自己，与亲朋好友建立更深厚的连接，并在工作、学习和生活中追求优秀和卓越，为自己和为他人创造更多峰值体验，开启新的人生旅程，体验幸福人生。

2024 年 2 月 6 日晨

4.2 塑造卓越职场习惯，完善自己成功法
——《5％职场精英的工作习惯》晨读感悟

本书作者越川慎司，2005年加入微软（日本），2017年离开微软，成立自己的咨询公司，主要为企业提供业务改革方面的咨询服务。

作者在帮助客户解决问题的同时，在25家公司做了员工调查，其中问卷调查覆盖了16万人，跟踪调查覆盖了1.8万人。

调查的目的是识别排名前5％的精英员工，找到一些可复制、有共性的工作方法或特点，去帮助其他普通员工，让他们向精英员工学习，并跟精英员工做得一样好。结果发现，这些做法可以复制，在普通员工身上同样可以获得非常好的结果。

"在任何一个公司里面通过人事评价，达到评价结果占所有员工前5％的人叫职场精英，剩下的95％就叫普通员工。"本书对职场精英的定义是比较科学的，而且是基于科学研究的方法得出来的，是一个定量的定义。

本书主要介绍了四个方面的内容：

第一，调查结果显示了取得优异工作成绩的五个原则，这是最重要的部分。

第二，揭示了普通员工的共性，这些共性可能导致了没有好的工作结果，造成工作上的误区。

第三，发现了精英员工的工作特点，并研究证明这些工作特点能够为普通员工所借鉴。

第四，介绍了几个今天我们可以开始养成的工作习惯，从简单的事、容易的事做起，看能不能逐渐把自己从一个普通员工转变为精英员工。

一、精英员工的共性

1. 98%的精英员工专注于目标，看重结果。针对领导布置的目标，他们往往在领导布置的任务基础上设定更高的目标。

2. 87%的精英员工懂得示弱，保持一个谦虚的态度，不介意别人知道自己的弱点，能够韬光养晦。

3. 85%的员工用实验面对挑战，愿意尝试新的东西，不惧怕失败。在选择方面，更愿意选择较难的。

4. 74%的精英员工是行动派。他们注重行动，脚踏实地地积极努力工作，坚持不懈，坚韧不拔。

5. 68%的精英员工习惯从差距着手。先研究目标和现状之间的差距，倒推实现目标所需的支持。

二、精英员工的十大工作特点

1. 重视成就感。
2. 明白成功的唯一方法是经历多次失败。（"失败乃成功之母"）
3. 不追求完美。
4. 重视可复制性。
5. 设定停下来思考的时间。
6. 从经验中学习。
7. 在工作完成20%的时候，就征求意见。

8. 保持输出习惯。

9. 制造笑脸的连锁反应。

10. 明白准备工作的重要性。

三、普通员工的六大误区

1. 沉浸在工作的充实感当中，而忽视了以结果为导向的重要性。

2. 时时被打断，随时要看邮件、短信，容易受干扰。

3. 花太多时间整理资料，其实有很多资料没有被用到。

4. 满足于完成看似提高效率的一项项工作，而忽略那些重要的花时间的工作。

5. 认为多数的信息都可以在网上查到。

6. 出现问题后仅专注在解决这个问题本身，而不是考虑这个问题产生的根源、怎么从根本上解决问题。

四、精英员工与普通员工的区别

1. 精英员工以目标为导向，只关心结果。所以他们做任何事情，都会朝着那个目标努力。

2. 精英员工更加专注于自己要做的事。他们全身心投入在所做的事当中，并坚持不懈地努力将事做好。

3. 精英员工懂得适度示弱。他们谦虚，不懂就问，不介意别人知道自己的弱点，乐意向他人学习，也不介意与人交流分享经验，心态积极开放。

4. 精英员工属于行动派，会挑战做更多、更难的事情。他们做任何事情都喜欢提前准备，研究目标，比对差距。

5. 精英员工不怕失败，愿意多尝试，更看重学习，他们多半是 T 型人才（指具有宽广的知识面，同时在某一领域又有深入的专业知识技能的人才）和 π 型人才（指至少拥有两种专业技能，并能将多门知识融会贯通的高级复合型人才）。

是的，没有比较，就不知道差距。通过了解精英员工的工作特点，我们知道了他们的优秀和卓越是有原因的。工作其实就是最好的修行。如何去工作，工作中的问题如何处理，工作以外的时间如何运用……这不仅考验你的能力，更考验你的智慧！

认识自己常常是困难的。因此，我们要善于认识自己，分析自己的长处和弱点，克服思维的局限性，拓展认知，改变行为，学习精英者的思维方式和方法。只有这样，我们的工作才能高效，才能事半功倍。

改变自己需要理念先行，再从养成良好的生活和工作习惯开始。习惯成自然，习惯好了，一切都会好。要勤于不断获得有益于自己成长的信息，向优秀者和卓越者学习，拥有终身成长的思维。

英国著名杂志《经济学人》预测，未来社会最需要的三大核心能力是：终身学习能力、社会交往能力和好奇心。精英人士身上就拥有这三种能力。

首先，在学习能力方面，他们不仅重视目标实现，同时重视个人成长。他们复制别人的优质经验，同时思考反省，创新发展。

其次，在社会交往方面，他们懂得自我揭示，放大自己的公开象限，让别人了解自己，从而尊重和信任自己。

再次，在好奇心方面，他们愿意接受新事物、新挑战，勇于探索，知难而进，不怕失败，不怕犯错。

最后，借用书友分享的如诗一般的简短概括，作为阅读此书的感悟小结，与朋友们一起分享体会：

读好书，辨误区，思己过，理思维，明认知，醒头脑，照亮生活。

学精英，找差距，重行动，练习惯，补短板，齐贤善，累功每日。

树目标，恒专注，勤思考，多请教，驱迷茫，求提升，终身成长！

2024 年 1 月 29 日晨

4.3 巧用升维思维方式,破解决策之难题
——《升维:不确定时代的决策博弈》晨读感悟

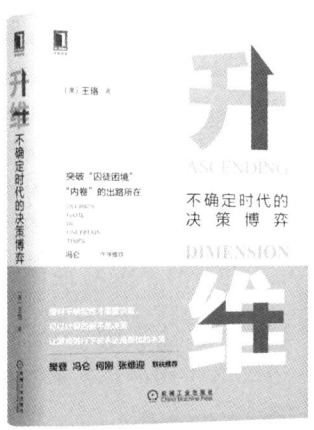

本书作者王珞,工商管理博士,美国威斯康星协和大学教授,上海交通大学 EE 中心课程教授。

所谓"升维",就是跳出既定的思维框架,换个角度看问题,并在博弈结构上做出改变。

作者将博弈论的分析方法与超边际决策思想相结合,给出了一个新的分析框架和系统性的决策思维体系,帮助你突破"囚徒困境",构建更高水平的思维决策框架和能力。

本书认为,在不确定环境"算无可算"的情况下,升维是最大化机会的决策原则,也是战略和创新的核心。

现在我们一起分享本书精彩选段:

(1)你沿给定的思路解决问题无解的时候,就需要突破原有格局,把注意力放在博弈结构上。突破原有格局,是一种挑战问题本身的能力。如果问题本身是错误的、过时的或不具代表性的,那么试图解决这个问题是没有意义的。这时,我们需要做的是重新定义问题。

（2）博弈论的核心不是输赢，而是共存。企业家要看到行业共同的利益，而不是只看到输赢。

（3）我们的问题不能在产生问题的维度得到解决，肯定就要升一个维度。实际上维度就代表博弈结构。当你改变博弈结构，从不同角度看一个问题时，你就会发现找到出路了。

（4）确定性决策追求收益最大化，不确定性决策通过最大化的努力来获得最大化机会。

（5）无形化知识是企业家最重要的资产；真正的决策都是不确定性决策；确定性让人作恶，概率让人投机，不确定性引发敬畏之心；财富的奥秘在于追求非线性回报；世界的秩序服从二八法则。

（6）普通的人关注结果，优秀的人关注原因，顶级优秀的人关注思维。拥有看透本质、勇于改变的思维能力，就拥有了在不确定世界中寻找确定性的本领。只有在因上努力，才会有果的改变，企业是如此，个人亦是如此。

（7）我们要听得进去不同的声音，包括反对意见，才能打破认知局限，然后提升维度，解决问题。真正的反主流不是抵制潮流，而是在潮流中不要丢弃自己的独立思考。

这本书告诉我们，首先要认清现实生活中发生的各种各样的事，然后运用博弈论的一些技能，提高解决问题的能力。

读《升维》一书，可以让我们学习思维升维。孔子说："学则不固。"善于学习、善于思考的人的思维不会固守成见，面对困难时就会多角度看问题。爱默生说："怎样思想，就有怎样的生活。"《从0到1》一书也说，一个颠覆性的想法，会胜过平庸保守的循序渐进。

我觉得《升维》这本书给人最大启发在于教会我们解决问题的思路。第一，找出问题；第二，罗列相关性因素；第三，确定两个重要因素；第四，创建矩阵做决策。

碰到两难问题时，我们一般都是"两利相权取其重，两害相权取其轻"，但当两难困局无法抉择时，我们就需要升维破局。通过引入一个新的维度来打破僵局，即从两难的局面中跳出，进入到第三选择。老子说："道生一，一生二，二生三，三生万物。"引入新的维度，就有了三生万物的妙境。"万物负阴而抱阳",通过引入"三"的概念来打破"二"的僵局。

今晨再次复听王珞老师的《升维：不确定时代的决策博弈》这本书，我对博弈问题又有了新认识：博弈目的不在于输赢，而在于合作共赢。其实，在日常生活和工作中，无论是夫妻之间、父母子女之间、亲朋好友之间，还是同事之间、上下级之间，甚至与陌生人之间，无须凡事都争个对错，而要学会多站在对方的角度来看问题，理解对方甚至谅解对方。只有这样，我们才能真正在关键时刻选对关键方向，确定正确决策，最终赢得人心，赢得人生。

另外，在现在商业社会里，企业界的朋友们也一定要警惕那些只在乎输赢的商业游戏。博弈论的核心不是讲输赢，而是讲均衡共存。若是真的把博弈对手消灭了，那才是最大的失败。

我们在激烈的市场竞争中也确实体会到：企业家要看到行业共同的利益，而不是只看到眼前自己的输赢。很多人总以为把竞争对手打败了，日子就好过了，或者希望大环境对竞争对手不好，其实大环境对你的竞争对手不好，对你也未必会好。所以，生意上，赶尽杀绝，未必就好；均衡共存，恰是良策。物极必反，乐极生悲，事物发展，须循规律。

古人认为，聪明跟善良其实是在同一个维度，即真正聪明的人，他一定也是善良的，因为诚实和善良是一个长线博弈。请记住：读书这个维度，不一定使你成功，但是一定能让你在不确定的未来处变不惊，从容应对，突破内卷，找到出路。

2024 年 1 月 27 日晨

4.4 撑起坚韧之帆，全力驶向精进的彼岸
——《韧性：不确定时代的精进法则》晨读感悟

这本书的作者是长江商学院副院长张晓萌教授，同时也是管理学系组织行为学博士生导师，率先在领导力教学中引入心理韧性的概念，启动并持续追踪中国企业家韧性打造的研究项目。

心理学认为，心理韧性是指个体在面对逆境、挫折和压力时，能够保持积极的心态和适应能力的一种心理特质。它是人们应对困难和挑战的一种能力，能够帮助个体在面对困难时保持坚韧、乐观和积极的心态，从而更好地应对生活中的各种挑战。

心理韧性的概念最早由美国心理学家克里斯托弗·皮特斯在20世纪70年代提出。他认为，心理韧性是一种能够帮助人们在压力和逆境中保持稳定和积极心态的心理特质。随后，心理学界对心理韧性进行了深入研究，发现心理韧性与个体的心理健康、幸福感和适应能力密切相关。

本书作者认为，"韧性"并不仅仅是忍受困难或痛苦的能力，而是指能够在逆境中恢复并取得进展的能力。这个过程涉及的不仅是复原，还包括成长和获益。所以，韧性是人的一种综合能力。

这本书在心理学、行为学等前沿科学的基础上，提出了"韧性飞轮"模型和相关实操工具。旨在以韧性为核心，以"持续小赢"为驱动力，从觉察、意义和连接三个维度解码焦虑情绪，关照自我；发掘并深化热爱，打造属于自己的"意义树"。助你在不确定的时代积小赢，成大胜，积极应对不确定性，开启自我"韧性"成长。

张晓萌教授在书中详述了几个重要概念，值得我们学习、深思。

1. "韧性飞轮"模型

它是由觉察、意义和连接三个要素组成。

2. 韧性的三个维度

（1）觉察：正面冥想（正念），焦虑拆弹（分而治之）；

（2）意义：做自己喜爱并擅长的事；

（3）连接：关键是帮助他人，建立长久联系。

3. 持续小赢

这是韧性的核心驱动力，它鼓励人们设定可以实现的小目标，并通过持续的努力来实现。这样做不仅可以提高个人的自信心，还能让心态变得更加积极。

4. 意义树

张教授在这本书里原创的一个工具，叫"意义树"，即连贯目标体系。我们做的每一件事情，不仅要能看到时间的效能、产出效能，还要能发现其中美好的元素，成为我们的热爱。比如运动，我们寻找到运动的意义，投入"专注的热爱"，就不会存在"痛苦的坚持"。法国思想家罗曼·罗兰说："这个世界上只有一种真正的英雄主义，就是在认清了生活的真相之后依旧热爱生活。"我们应该保持对于生活的这种热爱，从而去发现意义。

5. 掌控感

书中提到的人类对掌控感的强烈追求，这种渴望可能导致人们在面对失控时会感到沮丧和无助，但如果能够通过设定和达成一系列小目标来逐渐获得控制感，那么情况就会大不相同。这种逐步增强的控制感和成就感有助于培养持久的心理韧性。

对于韧性的打造，掌控感是根基，人与人之间的连接也是如此。失控容易引发焦虑，所以能够掌握人生、给他人确定感的人更受欢迎，也更能得到他人的信任。

作者告诉我们：韧性是生命力，持续小赢就是启动力，每天1%改变。积累小赢，成就大胜！专注当下，每天记录三件美好的事，一个月分享9个小瞬间。长此以往，就可获得韧性，助你快乐成长，终身受益！

成长型心态便是心理韧性的关键因素。如果我们能够从自己所面临的境遇和曾经犯过的错误中汲取经验教训，随时学习并进行调整，那么我们不仅能在遭遇逆境后快速复原，还能从逆境中获得新的认知。

人生中会面临很多关键考验的时刻，每个人在巨大压力下的第一反应，一定是长期积累强化的习惯。只有当人们能够觉察并意识到自己正处于什么状态的时候，才有可能选择正确的方法将自己带回到平衡点。

要想提升自己的韧性，学习当然是最好的方式之一。榜样的力量是无穷的。孔子、苏东坡、王阳明、曾国藩、稻盛和夫等，他们每个人的人生都是跌宕起伏的。他们在人生失意时对自己的追求永不言弃，从不退缩，初心不变，反思精进，最终成就了理想。

上面提及的孔子等人，无不是具有开放心态的人。他们不是不会犯错，当出现失误或失败时，他们也会后悔和自责，但是他们会及时止损，亡羊补牢，吃一堑长一智，积极应对，重新开始，去找寻正确的解决途径，去学习更好的方法。

"下意识地养成习惯，比有意识地培养习惯要容易"，因为努力程度相对较低，容易轻松获得。我半年前读过的《微习惯》一书，更是详尽阐述了每天改进一点点，积小胜赢大成的种种事例和深刻道理，发人深省。

人生如海，好书是帆。当我们坚持学习，把学习当成习惯，习惯成自然；习惯好了，自然慢慢就会有了韧性；有了韧性，就会有良好性格；然而好性格，就能决定好命运！

2024年2月2日晨

4.5 培养《卓越基因》，走企业卓越之路

《卓越基因》的作者是吉姆·柯林斯和比尔·拉齐尔，他俩一起研究帮助企业从初创到卓越的探秘之路。吉姆是全球著名的管理学大师，其管理思想影响了众多创业者、管理者和企业家。

这本书是以研究中小企业为主，对于如何行动有更具体的建议。相对于管理学院高大上的理论和噱头，这本书更接地气，更具可执行性。

书中作者提出了一个让人耳目一新的观点：优秀，是卓越最大的敌人。直到听读完这本书，我才明白，"优秀只是成为，卓越才是成就"，"优秀是一个人的名利，卓越是一群人的努力"。

书中为我们讲述了：

卓越企业的四个标准，即业绩、影响力、名誉和长久发展。

卓越企业的七个纬度，即用人策略、领导风格、明确的愿景的确立、清晰的战略、可落地的战术、可长久的创新、运气。

塑造优秀领导风格的七条标准：（1）真诚。它是指企业的行为和企业所倡导的价值观要一致；（2）决断力。即卓越企业的领导者很少受到优柔寡断

的困扰；（3）专注。"贪多嚼不烂，欲速则不达。"一次做好一件事，别眉毛、胡子一把抓；（4）个人色彩，即用个人的行动和一些细节来巩固价值观；（5）社交能力。社交能力又分为硬性的和软性的两种；（6）沟通。卓有成效的领导者会不断地激发员工对于公司的愿景、战略、要做的事情达成一致，形成独特的企业文化；（7）勤奋。没有一个卓越企业的首席执行官是不勤奋的。

（限于篇幅，这里就不展开细谈，有兴趣的企业界书友们可以精读此书，定能有所受益。据说，这本书是很多企业领导者的案头必备。）

每个企业领导者，在创业初期一般都有自己的宏伟蓝图。但是，为什么很多企业半路夭折了呢？究其原因，大多还是因为企业本身缺乏对市场的深刻认知及对创业初心的坚持度不够。

你想赚钱，创业三年就可以；你想立业，创业八年就可以；你想做自己的品牌，创业十年就可以；你想超越自己，行业领先，那就必须让企业具备卓越基因。

听读了此书，我受益匪浅，印象最深的三句话就是：

（1）基因是一颗种子，需要在你创业初期就种下。

（2）领导力是一门艺术，它让人渴望完成必须完成的事情。

（3）运气偏爱能够坚持的人。

本书给我的启示是：

（1）卓越有四个标准，业绩好、影响力强、声誉高和长久发展，企业如此，个人也如此。

（2）运气在成就卓越中占了几乎 50% 的份额。而运气偏爱坚持的人，偏爱会应对意料之外事情的人。

（3）优秀是卓越最大的敌人，对一件事情必须不懈地追求。

吉姆·柯林斯三十多年只研究一件事：企业如何才能卓越，如何能够持久卓越，以及企业如何能够在第一天创立的时候就奔着卓越而去。他一直执着于专注研究，写下了五本书：《超越创业》《基业长青》《从优秀到卓越》《再造卓越》和《选择卓越》（其中 3 本书我过去就买来读过，很受启发）。之后，柯林斯又升级了与比尔·拉齐尔共同著作的《超越创业》，成就了今天听读的这本帮助企业实现从"初创"到"卓越"的工具书——《卓越基因》。

研究证明，没有一个企业能够随随便便就成为卓越企业。正所谓："他山之石可以攻玉。"研究和借鉴那些卓越企业的成功之道，对每个企业都有益。企业是由人创造的，在柯林斯的七个维度中，用人策略、领导风格、愿景、战略、战术、创新能力六项都与人相关，可见人才的卓越才是企业卓越的关键。其最后一个维度——运气，说明市场有它自身的规律，卓越企业的文化基因总能让它在关键节点上做出正确的决策。

我们公司说不上优秀，更谈不上卓越，但从1998年创建起就充满愿景和梦想，并逐步形成了符合公司实际的较为完善而又系统的独特企业文化，让我们在竞争激烈的市场经济环境中"闯五关，斩六将"。我们坚持的就是：

"一唯"：唯业绩论（考核机制）；

"二能"：能上能下、能进能出（用人机制）；

"三德"：人格品德、商业道德、同心同德（修炼机制）；

"四忌"：忌工作懒散、忌内部摩擦、忌吃里扒外、忌以权谋私（约束机制）；

"五高"：人员高精简、工作高效率、公司高效益、员工高待遇、股东高回报（绩效奖励机制）；

"六种精神"：全局观念的协作精神、实干苦干的敬业精神、艰苦奋斗的节俭精神、独立自主的开拓精神、防范风险的求稳精神、不断学习的进取精神（培育机制）。

我们靠的就是：不忘初心，坚定信念，始终坚持企业宗旨、企业精神及企业愿景等，这些经营企业的文化理念是我们的"定海神针"，让我们跨越一个个暗礁险滩，乘风破浪，一路前行。

事实上，任何一个卓越的企业，都有一个成长过程，而这个过程不一定是一帆风顺的。卓越是靠信念一步一步做出来的，且没有止境。正如作者所说："卓越并不意味着完美，它是一个内在的动态过程，而不是终点。"所以，没有最好，只有更好。我们要向优秀者、卓越者学习，不断提升自己的软实力和硬实力，打造核心竞争力，向着优秀和卓越努力前行！

2023年11月27日

4.6 《人生的底气》解析人生成功之要素

在《人生的底气》这本书中,樊登老师精选了《孟子》中的21个金句,从初心、人生节奏、选择、交友、反思、善念、成长方向等七个方面出发,结合现代生活的实际情况,深入浅出地阐释修身养心、为人处世的智慧,令人一目了然地理解和掌握孟子为人处世的智慧,找到自己的人生命题和底气,获得心灵上的抚慰。

《人生的底气》这本书从多个角度探讨了自信、勇气、坚持、心态等,通过生动的历史故事和现代案例,深入浅入地阐述了这些品质对于人生的重要性,详述了人生的底气,并用孔孟名言加以佐证论述,发人深省。

人生的底气是每个人都应该具备的,它是对自己的人生价值和能力的坚定信念。这种底气可以让我们在面对困难和挑战时,保持坚定和自信,不畏惧失败和挫折,其重要性不言而喻。

人生会经历很多变故,我们能否从这些变故中走出来,考验的是我们是否有底气。这就需要我们内心笃定,有理想、有目标、有取舍,知道自己该做什么、不该做什么。人生有底气,外在环境的变化就不能阻止我们继续淡定、乐观、善良地工作、学习和生活。内心力量就是我们行动的源泉。

在这本书中,作者用初心、节奏、选择、交友、反思、善念、成长等七个关键词来解说人生的底气。

(1) 初心。人无论做事业,成就家庭,还是走完自己人生的道路,初心都是我们底气的一个来源。我们若能放大内心的善念,坚守人生的初心不动摇,我们才能够有底气。

(2) 节奏。人生是有节奏的,我们应顺应节奏规律,行走人生之路。如果我们能够从所做的事业中找到价值,找到乐趣,找到人生意义,我们就能看清本质,更容易突破阈值。孔子云:"无欲速,无见小利。欲速则不达,见小利则大事不成。"

(3) 选择。子曰:"见利思义,见危授命。""君子谋道不谋食。""君子忧道不忧贫。"

(4) 交友。子曰:"无友不如己者。""益者三友,损者三友,友直,友谅,友多闻。"

(5) 反思。子曰:"君子不器。""不患人之不己知,患不知人也。""己所不欲,勿施于人。"

(6) 善念。子曰:"夫仁者,己欲立而立人,己欲达而达人。""仁者安仁,知者利仁。"

(7) 成长。子曰:"学而时习之,不亦说乎?有朋自远方来,不亦乐乎?人不知而不愠,不亦君子乎?"

人到了一定的境界后就会明白,那些身外之物往往在热闹的时候才能体现出价值,而内在的富足才是人生质量的分水岭,决定着你的未来走向和人生幸福。

读过《认知觉醒》一书的书友们都知道"元认知"这个概念,其实它与孟子讲的"反求诸己"不谋而合。"元认知"层次越高,自我剖析越深刻,思考就越有深度。我认为,掌取舍之道、养浩然之气,敢松弛而又不内耗,应该就是自己的底气。

当然,对经典的解读仁者见仁,智者见智,我们学习经典要追本溯源,精读细读,才能学有所思,学有所获。孔子早就告诉我们:"学而不思则罔,思而不学则殆。"

北大楼宇烈教授说:"中国文化是一种人文特质的文化,其根本精神是人的自我约束、自我管理、自我提升、自我觉悟,它是向内求的,不是向外求的。"人的自我修养,成就了自己的底气,也成就了我们文化的基本。因此,要做一件事,要实现一个目标,千万不要以为外在的条件满足就足够了,其实内心的力量才是我们行动的真正源泉。

不必在意世俗的眼光,勇敢追寻属于你的光,做好自己就行。掌取舍之道、养浩然之气,敢松弛、不内耗,"我就是我自己最大的底气"。

所以,读书学习就是最好的修行。读书的结果,虽说不会马上显现,但只要坚持认真读,细细读,日积月累,我们会从中汲取越来越多的人生智慧,人生的底气也会越来越足。

让我们多读书,读好书,好读书;书读好,书读活,书读通,从而有效提升我们的人生底气,活出自己高质精彩人生!

2023 年 11 月 29 日

4.7 解密种种人格密码,领悟人生的智慧
——《无处不在的人格》读后感

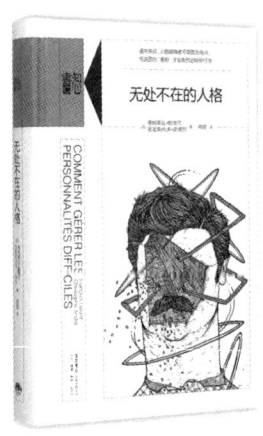

本书作者弗朗索瓦·勒洛尔，知名精神病医生，著有《艾克托寻找幸福之旅》《无处不在的人格》等；克里斯托夫·安德烈，著名心理学家、精神科医师及畅销书作家，著有《冥想》《幸福的艺术》《静能量》等。

在心理学上，人格（Personality）是指个体在对人、对事、对己等方面的社会适应中表现出的内部心理倾向和行为特征。它表现为能力、气质、性格、需要、动机、兴趣、理想、价值观等方面的整合，是具有动力一致性和连续性的自我，是在社会化过程中形成的独特的心身组织。整体性、稳定性、独特性和社会性是人格的基本特征。

我们大家应该也都听说过"人格障碍"这个词。要理解人格障碍，我们首先要弄清疾病和障碍的区别：当一个人确诊患病时，叫作疾病，需要就医诊治，通过专业医疗手段如服药、住院等进行治疗；而障碍则指尚未达到疾病诊断标准的身心失调状态，通常通过心理调适、认知调整和行为干预等方式进行改善。这两者构成健康问题的不同层次。

我们了解人格特性是为了更好地生活，更好地和自己与他人相处，而不是非要对号入座，评判自己和他人。接纳所有人格的存在，接纳事物现有的样子，该怎么生活就怎么生活。

正因为人格的不同，世界才会如此多姿多彩。当然，我们也需要在科学了解的基础上，不断调整人生的航向，如果发现自己真的"生病了"，就去看医生；如果发现自己真的有人格障碍，就需要刻意地干预。只有这样，我们才能更好地了解自己，成为更好的自己！

本书作者介绍了12种人格障碍及其表现，有助于我们识别。

（1）焦虑型人格，过度紧张、自寻烦恼，总是觉着世界会发生糟糕的事，自己能阻挡其发生以保证家人的安全。肢体经常过度紧张。

（2）妄想型人格，对他人不信任，思想顽固，有假想敌，总觉得别人图谋不轨，在细节上验证自己的猜测。

（3）表演型人格，夸张与极度渴望被爱，费尽心机表演，喜欢煽情，缺乏细节。喜欢时捧你，一旦拥有就放弃，跳跃式看人。

（4）强迫型人格，拥有强迫型人格的人是完美主义者，严守道德规范，有理有据地批评，并通过可靠的行为模式建立信任。对工作吹毛求疵，对人不表达过多的好感。典型人物是福尔摩斯。

（5）自恋型人格，总是在投诉，总觉得自己理应比别人得到的多。很少共情。在公众场合经常表演，属于表演自恋型人格。警惕一意孤行和自恋型人格对着干，以免受到自恋型人格的操控。

（6）类精神分裂型人格，特点是孤僻、冷漠、面无表情、心不在焉、难以揣测；对别人的夸奖和批评表现得无动于衷；偏爱一个人活动；不容易交朋友，亲密朋友很少；精神世界是自给自足的。

（7）A型人格，斗志昂扬，好争斗，效率高，但长期压力大，如唐老鸭。拥有A型人格的人适合做高管，但需要学会沟通并培养批判性思维。相反，B型人格，则和善、情商高。

（8）抑郁型人格，心态悲观，容易自我贬低，对自己、世界和未来都充满负面看法，并对负面看法过高预估。它和抑郁症有些联系，建议多参加社交活动。切记不要讲大道理，心灵鸡汤会令其更沮丧。

（9）依赖型人格，典型特点可从需要和害怕两个方面来说：需要得到他人的肯定和支持，常常让别人为自己做出重大的决定；鲜少提出创意，更喜欢随大流；害怕会得罪他人，避免令他人不悦，有取悦、讨好他人的表现，当别人提出反对意见或批评时会感到不安和焦虑。

（10）被动攻击型人格，特点是在工作和生活中对他人要求产生习惯性反抗，常采取工作拖沓，故意降低工作效率，赌气、遗忘，抱怨不被理解、不受信任或者受到不公正待遇等迂回方式进行反抗。例如，夫妻冷战。

（11）逃避型人格，特点是过分敏感、自我贬低、恐惧一切、不敢争取。让逃避型人格者参加一个比赛，他会说不去；参加相亲活动，也会说不去；竞聘一个领导岗位，他会说自己没资格。他总是往后退，觉得一切东西，尤其好的东西都跟他无关。这就是典型的逃避型人格。

（12）其他类型人格，就是把许多分不清楚类型的人格整合在一起。例如，自恋—表演型人格、逃避—依赖型人格、反社会型人格、分裂型人格、施虐型人格、多重人格等。

俗话说："金无足赤，人无完人。"世界上没有一个人是十全十美的。每个人的人格都各有其成因，也各有其缺点和优点。

人格特征鲜明的人，并不一定就是缺陷。当你的人格影响了正常的生活，有可能会给别人带来痛苦和伤害时，承认它的缺点不是丢脸的事儿，而是改变它的机会。

我们虽说"禀性难移"，但也不是不好移，要相信自己能够通过学习和树立正确的认知理念，通过坚持改变自己的某些行为习惯，人格障碍也是可以改变或者消除的。

所以，当自己或者亲人有人格问题时，正视它，就是改变它最好的开始；了解它，就是改变的基础；纠正它，就是最好的改变了。

老年人一旦身体老去，往往会过度焦虑，甚至妄想，这同他的人格特征有关。过度担心害怕，对自己就丧失自信，没有爬起来的勇气。另外，因为过于固化自己的人生定位和选择路径，所以就形成非此即彼的刻板思维。老年人要允许一切发生，不要把人生设计成一堵密不透风的墙，要有勇气让一切意外涌进来，并勇敢面对，积极处理。

通常来说，人格障碍者不是因为高兴，而是因为"害怕"才会表现出那些行为。因为恐惧、担心、害怕，他们才会做出这些过度保护自己或者过度表现自己的行为。

走出人格障碍是一条漫长而艰辛的道路，所以陪伴人格一起慢慢地成长、改善，这是人生必修之路。心怀慈悲，不急于求成，设身处地为他人着想，尝试理解每个人的不容易，我们坚信人格障碍是可以逐渐克服的。但前提是我们要了解它，并不断学习方法克服它。学习能使我们从无知到有识，在学习的过程中不断健全我们的人格。

总之，这是一本值得一读的好书。它将带领我们走进人格障碍者的世界，探究他们为何有这样"反常"的行为，并提供了应对不同人格障碍者的实用社交建议，帮助我们更好地与人格障碍者相处。

与此同时，我们可以从中照见自己，发现自己的人格特质。让我们更了解自我，理解并接受他人。

希望书友们在读完这本书的时候，可以学会更有经验地看人、识人，更有经验地应对自己，从容不迫、幸福快乐地生活、学习与工作。

2023 年 12 月 11 日

4.8 点燃希望之火，追求卓越人生
——《成功，动机与目标》晨读感悟

作者海蒂·格兰特·霍尔沃森，美国哥伦比亚大学社会心理学博士，哥伦比亚大学动机科学中心副主任，神经系统研究所的首席科学官。

2017年她被Thinkers 50评为全球最具影响力的管理思想家之一，作者的学术背景直接决定了这本书的严谨度和可信度。

书中作者从心理学方法论，阐述了动机和目标对成功的作用。书名已经告诉我们，对于成功而言，"动机"是我们首先应该仔细审视的。

心理学认为动机是指推动人去进行活动的内部原因，是使人处于积极状态的心理动力。动机的基础是需要，离开需要的动机是不存在的。

只有当需要有满足的对象与条件时，需要才以动机的形式表现出来；需要也只有当它被主体意识到并激起它活动的情况下才能转化成为动机。

谁不想拥有一个更好、更理想的自己呢？其实，每个人不仅不缺少成功的动机和渴望，而且还有为之努力的目标和行动。

我在读研时曾对人才成功的心理要素做过专门研究。我认为一个人要想获得成功不能没有成就动机。

我认为，成就动机是一个人完成活动任务时竭力追求并获得优异成绩的心理动力。成就动机来源于成才需要，它是一种内驱力，是成才和成功的动力。

人才学研究表明：成才动力＝目标期望值×实现概率。目标期望值是指希望达到成才目标的高度，它反映了期望获得成就的强烈程度。实现概率指的是成才目标变为现实可能性的大小。

可见，成才动力与期望值有密切关系，两者在数量上成正比。在实现概率不变的情况下，目标期望值越高，成才动力就越大，获得成功的可能性也就越大。

作家高尔基根据自己的全部生活经验，告诉我们："一个人追求的目标越高，他的才力就发展得越快，对社会就越有益。"

心理学研究表明，力图获得最高成绩的成就动机，会使人的活动产生高度的主动性、创造性和顽强性。而只求完成任务不出差错的交差动机，则会使人降低主动性、创造性，甚至在遇到困难时选择知难而退。

事实上，一个人的活动目的最终能否达到，和他的成就动机的强烈程度有关，成就动机水平高低不同的人，在受到挫折时也会不同程度地受怕失败动机的作用。

成就动机水平低的人，怕失败动机的作用就大，他们主要是因为怕失败才促使其努力的，因而往往导致丧志，自暴自弃，最终走向失败。而成就动机水平高的人，成就动机超过失败动机，他们怕失败动机的作用较小，甚至是模糊的，促使他们更加努力的是成就动机。

成就动机在人才的动机结构中是主要的，它可驱使人产生求知、求成的欲望，使人发奋努力、攻克难关、勇攀高峰，达到目标，赢得成功。

我们每个人都渴望成功，但要想获得成功，设定一个正确目标并为之而坚持不懈努力非常重要。好的目标是具体的、反本能欲望的，是思考的结果。

什么样的目标是能够带来长久幸福的好目标？我认为，内心真正想要的，需要经过一番努力并能自我实现的，而且能对社会有贡献并让你得到人们关心和支持的目标就是幸福快乐的好目标。

坚持自己的目标，需要有成长型思维，选用适合自己的方法，从微小习惯开始，时刻提醒自己自律地工作、学习和生活。实践证明，一个懂得自律的人，可以避免很多成长路上的坑坑洼洼和艰难险阻。

在人生历程中，拥有终身成长的思维，坚持终身学习，并把学到的知识付诸行动，知行合一，就会产生无穷的力量。

本书作者要求我们：

第一，制定一个具体且有难度的目标，能让我们更有成就感和幸福感。

第二，别太看重自己表现如何，把心思多放在成长和进步上。

第三，要乐观看待目标，也要认真评估困难。

第四，要用"如果……就……"公式提前做好计划。

第五，平时要注意锻炼自己的自制力肌肉，在它疲劳的时候要注意休息和恢复，意志努力也不可使用过度。

关于设立目标和实现目标，心得要点如下：

（1）目标一定要具体，切合实际，并努力去实现它。

（2）战略上要轻视它，但战术上一定要高度重视。

（3）列出实现目标的各种困难，并写出解决的办法。

（4）善用动机的力量，激发内在动力。

（5）锻炼意志力，善用潜意识，懂得节省神经能量。

（6）积极进取，坚持不懈奔向目标。

另外，帮助他人实现目标的方法有：

（1）要让你帮助的对象有自主权，不要强迫他；

（2）要让他认识到做这件事的价值以及你和周围人们对他的支持；

（3）用触发点和榜样来感染他，影响他，让他在不知不觉中离目标更近；

（4）在他进展不顺利时，直面问题，给他具体的反馈，不要轻易贴标签、下定论；

（5）在他进展顺利时，给了他真诚的赞美，且要夸得具体。不要把他和别人相比，赞美也无须太夸张，否则会让他产生更大的压力。

动机心理学理论告诉我们：人的动机，首先，要有自主性，是自己内心真实需要的，而不是别人要你做的，或者用来炫耀以满足虚荣心；其次，要有挑战性，是你通过努力而获得的，不是毫不费力就能得到的；最后，动机要与他人相关联，你的努力对他人有益，别人才会真心感激，让你动力十足。

另外，制定目标，我们要对结果乐观，对过程有耐心，因为凡事不会总是一帆风顺的。设想达到目标后的场景，会让人更有动力。我们还要将目标分解成小目标，设想过程中的障碍，想想有什么办法可以克服，自己能有什么收获和成长，然后根据实际情况，调整自己的方式方法。初心和动机保持不变，才能在逆境中保持快乐，在顺境中不骄傲自满以至迷失自我。

成功不是目标的实现，而是在实现过程中，自己能力的成长和情感的成熟，那才是我们真正快乐的原因。成功人士都有强烈的动机和明确的目标，所以能够持续地努力，并在奋斗过程中不断获得快感，从而进一步努力，直到达成目标。

2023 年 12 月 23 晨

4.9 提升心智力，享受幸福人生
——《心智力》晨读感悟

本书作者李中莹，国际级 NLP 大师，有三十年的企业管理及经营经验。舒瀚霆，管理学博士，实战型资深企业管理咨询顾问。

心智力，又称为心理能力，是指一个人在认知、情感、意志等方面的综合能力。心智力对于我们的学习、工作和生活具有重要意义，它的高低往往决定了一个人是否能够在激烈的竞争中脱颖而出。

心智模式就是我们对待事情的惯性模式，存在于人的内心深处，是人的思想所依据的"标准"，即"三观"（世界观、人生观、价值观）。它以一种不被察觉的方式，决定一个人面对或处理事情过程中的思维模式与情绪模式，进而影响我们的行为。

对于企业管理者来说，心智模式还是一种底层思维。唯有改变自身心智模式，提升心智力，我们才能得到轻松、满足、成功、快乐。整个企业的运营模式，其实取决于领导者的心智模式。作者在书中介绍了五个层次的心智模式，重新塑造并升级了企业家的心智力，让成功的滋味变得不再那么苦。

（1）团队心智：通过五个步骤，可以快速提升团队成员的能力和战斗力。

（2）运营心智：用三个问题激发企业家思考运营最重要的关键要素，轻松找到市场机会，并抓住机会。

（3）个人心智：企业运营的好坏，同企业家个人心智处理问题的思维反射有关，"一将无能，累死三军"。

（4）发展心智：把心智思维的着眼点放在未来，明确企业未来发展的方向，只在可以赚钱的项目上发功。

（5）赚钱心智：不赚钱的企业不仅是对自己耍流氓，还是对员工耍流氓。赚钱是结果思维，只有专注结果，企业才会实现快速盈利和发展。

其中，企业家的团队心智和个人心智对于本企业的内聚力和稳健运营特别重要。企业领导管人就是管人心，要以人为中心，通过推动人来达成对事的运作。因此，领导要以"心"为中心，真正做到树立信心、给予关心、坦诚交心、深入知心、保持热心、富有耐心。

留人留心工作，第一要有信心，即对企业有信心，对员工有信心，对前景有信心，这样才能影响左右，稳住军心，打动情感。第二是要关心，从关心入手，打动情感。"人非草木，孰能无情。"只要工作到家，就可奏效。第三是交心，让员工动情，推心置腹地与他交心，让员工了解公司处境，希望得到理解。第四是知心，在关心和交心的基础上，可以达到知心，这样有利于互谅互让、风雨同舟、共渡难关。第五是热心，做说服留人工作时，感情应似"一盆火",使人感到温暖可亲,欲离不忍。第六是耐心,"冰冻三尺,非一日之寒",对于一些受到企业中某些有权人士排挤、打击、伤害的员工,心灵上的创伤很重,说服劝留工作有时很难做通,如果企业领导真正求才,应学刘备三顾茅庐,甚至不惜学廉颇负荆请罪,逐步感化人家,求得谅解,这就需要耐心。只有企业家做到上述六"心",企业人才才会在企业放心、安心、舒心并充满信心地工作。

当今社会,人才竞争白热化,竞争力强的企业常常会使出各种怪招吸引人才加盟,这就给凝聚力弱的企业带来高风险,这时更需要"高心智力""高情感"管理。有些企业实力不是很强,又暂时遇到困难,有时很难在物质和精神诸方面同时满足员工,尤其是高素质骨干员工的合理需求,这时善于做人的沟通工作,做人"心"的工作,对增强企业凝聚力来说,显得格外重要。所以,留人需留心,得人先得"心"。

企业领导要得人心,就得学会理性管事,感性管人;正确对待离开团队的人;学会承担系统的责任;企业实现利润最大化的最佳途径是与整个团队成为"利益共同体",合作共赢。因此,企业领导应根据马斯洛"需求层次论"的有关管理理论,用"高心智力"解决好本企业留才引才大事,根据员工的合理需求,努力做到:(1)用好"越给越有"的哲学(给员工分名分利);(2)明白企业领导不是员工的父母(企业领导要真心尊重企业人才);(3)尽量照顾到员工的家人("齐家"方能"平天下");(4)助力员工个人事业发展(支持他的发展计划)。

《心智力》也颠覆了吃苦和成功之间的关系。惯性思维觉得"吃得苦中苦,方为人上人",但经研究证实,如果你觉得赚钱、做事很辛苦,说明你的方法很有可能错了。其实,成功也可以很轻松。另外,我们也应该辩证地看待工作和生活中的"苦"与"乐",有时"苦"中有乐,乐在"苦"中,"苦"尽甘来,"爬过山上山,才知天外天"。我们的人生就应该努力追求:轻松→满足→成功→快乐,追求呈阶梯式上升,最终达到自我实现,过上幸福美满的生活。

通过阅读《心智力》,我们可以学到如何调整自己的心态,提高抗压能力,增强自信心,培养良好的情绪管理能力等。另外,《心智力》还可以帮助我们了解心理学的基本原理和方法，为自我提升提供理论支持。

2024 年 1 月 11 日晨

4.10　引领企业有效赋能，助跨越乌卡时代
——《赋能》晨读感悟

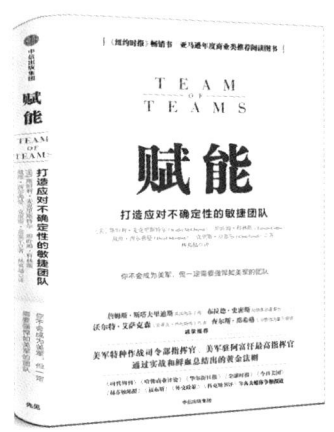

作者斯旦利·麦克里斯特尔，美国陆军四星上将，他结合美军特种部队的经验，告诉我们在当今乌卡时代如何赋能和打造超强团队的秘诀，帮助团队在错综复杂的环境下取得成功。

"乌卡时代"即"VUCA"，是由英文单词 Volatile（易变不稳定）、Uncertainty（不确定）、Complexity（复杂性）、Ambiguity（模糊性）缩写而来，代表了这个时代充满了易变性、不确定性、复杂性和模糊性等特点，具体表现在"灰犀牛"事件和"黑天鹅"事件多发频发。其中，"易变性"是指事情变化太快；"不确定性"是指下一步方向不明；"复杂性"是指每件事都会影响到其他事情；"模糊性"表示事物之间的各种关系不明确。

乌卡时代需有五个关键能力：

（1）解决复杂问题的能力。面对快速变化的环境，能够迅速识别并处理复杂问题，这是一项重要的能力。

（2）批判性思维能力。这种能力帮助人们理解和分析信息，区分真实与虚假，以及在面对困难时提出创新的解决方案。

（3）创新能力。在不断变化的环境中，持续创新非常关键，这涉及新产品、新服务的开发，以及对旧有模式的改进。

（4）人才管理能力。随着人才的流动性增强，如何有效地管理和利用人力资源成为一项重要技能。

（5）协作能力。在多变的乌卡时代，跨部门或跨领域的合作更加频繁，因此具备良好协作能力、情商高的经营人员和企业将更有可能获得成功。

书中"赋能"的含义主要是指赋予他人能力，从领导者的角度出发，"赋能"就是相信团队成员，不断锻炼成员能力，完善组织架构，避免深井式地发号施令。

通过《赋能》一书的研读，我觉得"赋能"还可从广义角度来理解：

赋能＝赋予自己生存能力；

赋能＝赋予他人协作能力；

赋能＝赋予组织更强活力；

赋能＝让正确的人在正确的时间，用正确的方法，做正确的事，目的是增强自己和组织的灵活性，应对复杂万变的世界。

乌卡时代，一个企业领导要进行有效赋能，我认为应该做到以下四点：

（1）要摒弃强悍独裁式的领导方式，忍住控制的欲望，眼睛盯紧手放开，学会当个民主园丁式的领导，视员工为有思想、能自我成长的人。

（2）要做企业环境的创造者，持有共享意识，维护良好的信息分享、经验分享、资源共享、目标共享的工作氛围，尊重每个员工，充分发挥他们的主观能动性，营造同舟共济、同心协力、共创辉煌的和谐环境。

（3）要把"深井病"式的组织模式转化成有韧性的扁平化网状组织，打造各部门团结互信的氛围，实现目标共享，剔除只顾个人业绩独强的"表演"观念，增强大家共同进步的合作互助理念，以积极带出积极，以先进带出先进，变"一点红"为"一片红"，使整个团队更具坚韧性、灵活性和凝聚力，形成先进的企业文化。

（4）要将机械还原论的思维转换成自然生物态的思维方式，遵循员工优胜劣汰、企业传承变异、个体自然生长、组织和谐发展的法则，顺势而为、造势而行，突破瓶颈，实现飞跃，在VUCA状态中打造敏捷、高效、稳健的团队。

在公司经营管理中《赋能》给我的体会是：

（1）带领别人学习成长，首先自己必先践行。今天做的一切是先让自己学习成长，而且必须终身学习、终身成长，不断提升自我效能感，做出贡献，让自己的孩子和家庭受益，让亲朋好友受益，让社会受益，做个大写的人。

（2）欲赋予他人能力，必先提升自己能力。"工欲善其事，必先利其器。"要精心打造人格魅力，学习组织管理技巧，提升领导力水平。所以，知行合一就是赋能，以此影响他人，协同工作，共同成长。

（3）当今世界，纷繁复杂，优势变得很不确定。"三十年河东，三十年河西"，曾经的"优势"不会成为永远的"优势"。因此，我们必须与时俱进，但无论世事如何变迁，知识是永恒的，应变能力是必需的，我们要做个知识赋能的人，"读万卷书，行万里路"。

（4）对整个团队而言，管理者认知的深度和广度，影响着团队发展的高度。木桶原理中的短板效应和长板理论各有道理，但是，桶大桶小决定了格局大小和渴望达到的目标高度及成果的多少。

除此之外，《赋能》还给我以下启发：

（1）学会自我赋能，提升自我效能感水平；

（2）摒弃常规思维，转变团队的运营模式；

（3）掌握赋能技巧，打造更有竞争力的团队；

（4）灵活善用赋能，拥有快乐且高效的人生。

2023年12月30日晨

4.11 从能力束缚中解脱，迎接更广阔的世界
——《能力陷阱》晨读感悟

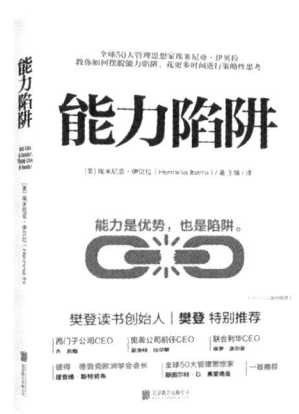

本书作者埃米尼亚·伊贝拉，全球 50 大管理思想家（Thinkers 50）之一，哈佛商学院巡视委员会成员，欧洲工商管理学院组织行为学教授，世界经济论坛全球议程理事会成员，职业与领导力发展方面的专家。

一、什么是能力陷阱

"能力陷阱"是埃米尼亚·伊贝拉在《能力陷阱》一书中提出的概念，是指你擅长的能力给你制造的陷阱，让你不断地做自己擅长的事情，因为它能带来存在感和满足感。因而做得越多越擅长，就越满足，越愿意去重复继续做，这样就形成一种循环和思维定势，让你在自己擅长的地方越做越好，而在其他方面无法突破，最终你就只会做你擅长的事情。而恰恰就是你所擅长的能力变成了限制你成长与发展的桎梏。

二、陷入能力陷阱的原因

1. 认知偏差

在传统观念中,"学好数理化,走遍天下都不怕","一技在手,吃穿不愁","一招鲜吃遍天",我们总是认为一个人能力越强,专业越好,他的核心竞争力就越强。曾经有很多人也都是靠单纯的一门技能实现了从温饱到小康,甚至过上富裕的生活,但当今时代这种情况会越来越少。

2. 行为习惯

总爱把所有时间都花在最擅长的工作内容上,只相信自己所做的事就是最有价值、最重要的事。如果你一直沉浸在同一个岗位或者同一个技能上,总是待在"舒适圈"里,那就很难再有进步和发展,行业一旦发生变化,你可能最终将面临被淘汰。

3. 关注聚焦

时常关注的人,绝大部分都是与自己工作相关的领导、同事或客户;关注的事,也仅是自己擅长的事,既没想能力的纵深提高,也不思横向复合能力的学习与发展,完全"躺平"在原有能力水平上。此时你的优势反而困住了你的手脚,让你的优势变成了短板,使你掉入"能力陷阱"中。

简言之,陷入能力陷阱的原因主要是:

第一,只乐于做自己擅长的事,不愿意走出自己的舒适区。的确,擅长的事情就是一把双刃剑,它能牢牢地吸引你,给你带来成就感、满足感和自信心,使你越做越喜欢;但它也会局限你的思维和眼界,以致你在其他方面无法突破,让你陷入能力陷阱的误区。在当今乌卡(VUCA)时代,世事具有易变性、不确定性、复杂性和模糊性,这时单一的能力往往会阻碍自己的成长和发展,不具备强有力的社会竞争力。

第二,能力太强或做得太多,在团队中变得"无可替代"。于是,大事小事亲力亲为,事必躬亲。这样,你就没有时间和精力深入思考,制定策略,最后你会发现自己被专业技能绑在了职位上,无法动弹。就像作者在书中提到:"如果你将自己变成整个团队中'过于有价值'的人,就会造成你无可替代的地位。与此同时,想要改变现状、往上发展就会变得很难。"可见,"无可替代"也是一把双刃剑。

三、如何跳出能力陷阱

1. **先行动,后思考**

本书作者提出,改变是需要由外向内的,因为一个人的思维方式是固定的,较难改变,只有外在改变才能带动内在变化,打破固有的思维定势。因此,要改变自己,第一步是行动,而不是思考。只有行动了,你才知道自己的短板在哪里,哪些方面需要改进。单靠想是想不清楚的,因为自我认知会被过去和当下的经验所禁锢。大多数时候,思考并不能促使我们去改变,反而会变成行动的障碍。所以,转变思维,行动起来,直接用行动去验证做得对与否;不对的可以再思考,找到解决方案,驱使自己不断进步,最终跳出能力陷阱。

亚里士多德发现,一个人如果表现得很有美德,那他最终会成为一个有美德的人,即多做好事就会变成好人。这一说法得到了诸多社会心理学家的认同和证实:改变是由外而内,而非由内而外产生的。因此,在带领团队方面,我们要先在行为上表现得像一个领导,而后才会像领导一样去思考。

本书提出的这个"先行动,后思考"方法,有其一定道理。它打破了"三思而后行"的说法,冲击了传统领导者的养成法则,帮助那些渴望成为优秀领导者的人学会如何拓展业务范围、提出更好的策略性意见,以及如何扩建人际关系网络并引领他们朝着目标方向发展自己,对我们有一定启发作用。

2. **重新构建良好的人脉网络**

良好的人际关系对于想成功的人来说很有帮助,主要体现在:

第一,它可以帮助你更好、更高效地完成工作。当你在工作中碰到一些自己不熟悉的问题,感到不知所措时,最直接的方法是请教这方面的专家,这将事半功倍。

第二,它能够让你接收最新的消息,可以更好地应对风险。你可以从人脉圈中知晓更多信息,做好信息整合和资源储备,提前做好应对之策。

第三，它可能会在关键时刻助你一臂之力。关键时刻的帮助，犹如"雪中送炭"、助你事业腾飞的"东风"，危难时刻的拉一把，也许就是你摆脱陷阱的"绳索"。

斯坦福教授通过研究发现，富人和穷人在人脉结构上的区别就是：穷人的交际圈子比较窄，一般接触的是邻居、亲朋好友等，得不到太多的帮助和成长；而富人的人脉却很广，三教九流，各方贵客，获取的信息量大，能为他们链接到更多更好的资源和稀有商机。

所以，在职场上要想突破能力陷阱，获得更好的个人发展，你必须经营好人际关系，包括个人关系、运营关系和战略关系。

3. 冲破自己的"舒适圈"

你需要重新定义你的工作，尝试向不同方向发展自己，让自己成为"π型人才"。

如果你不能及时跳出这个舒适圈，了解一些自己不熟悉的领域、学习一些新的知识，那么就算升职加薪的机会摆在你面前，你也会因为没有能力而错失。所以，只顾埋头做事，专注做自己擅长的事情，陷在自己的专业领域这个舒适圈里而不自知，机会来了也不能抓住，当然也就与升职发展无缘了。

所以，我们要改变思维方式，跳出能力陷阱，走出自己的舒适圈，未雨绸缪，才能有底气从容应对复杂变化的形势，在不断变化的职场中获得一席之地。

4. 像领导者一样行事

为了突破能力陷阱，你得像领导那样做事。你可以从避免能力陷阱、人际关系陷阱和真实性陷阱三个方面入手，重新规划工作，改变你的做事方式，由外而内地提升领导力。因此，你需要将精力放在：

（1）协调好不同的人或组织；

（2）做一些"有远见""大格局"的事情；

（3）提升个人影响力；

（4）提升领袖气质。

我们若想在职业发展中走得更高更远，就必须要跳出自己的舒适圈，跳出原来的能力陷阱，朝着更多元化的方向发展自己，以我们现有的擅长点为圆心，去打造并扩大自己的核心能力圈，同时也要拓展朋友圈，改变思维方式，不断超越自我，做到真正的不可替代！

记住：很多时候，不是我们的能力短板限制了自己的发展，而是一直引以为傲的已有能力优势把我们陷入"能力陷阱"中，令我们不愿再进取。

2024 年 4 月 3 日晨

4.12 积跬步以至千里，路虽远，行则将至
——《微习惯》晨读感悟

《微习惯》的作者盖斯认为，微习惯是一种非常微小的积极行为，你需要每天用一点点努力强迫自己完成它。

微习惯太小，小到不可能失败。正是因为这个特性，它不会给你造成任何负担，而且具有超强的自我"欺骗性"，它也因此成了极具优势的习惯养成策略。每天进步一点点，却能积小成为大成。

微习惯策略的科学原理表明了人们无法长期坚持大多数主流成长策略的原因，也揭示了人们长期坚持微习惯策略的可能性。当你开始用微习惯策略并按照大脑的规律做事时，实现持久改变其实很容易。

书中提到养成微习惯的八个步骤：

（1）选择适合自己的微习惯和计划，并且，同时培养的微习惯数量不要

超过 4 个。

（2）挖掘每一个微习惯的内在价值和意义，并判断自己是否真的需要。

（3）明确习惯依据并将其纳入日程。选取自由度较高的时间，比如睡觉前、晚饭后、如厕时养成微习惯。

（4）建立回报机制，以奖励提升成就感。只有当习惯对我们有吸引力，我们才会不断地去重复。

（5）记录和追踪完成情况，无论什么目标，一定要养成睡前检查的习惯。虽然微习惯简单到不会失败，但唯一能破坏它的就是遗忘。

（6）微量开始，超额完成。一小步加上想做的事就等于进一步的可能性；只要跳起，就可摘得。

（7）服从计划安排，摆脱高期望值。假如目标是每天写 100 字，那么只要写了 100 字就算成功，不要因为只写了 100 字而没有超额就感到内疚和失败。

（8）留意习惯养成的标志。不要去计算自己坚持了多少天，习惯没有截止日期。

最后，行为成功变成习惯的信号主要有四个：一是没有抵触情绪；二是行动时无需考虑；三是不担心自己会放弃；四是行动常态化，已经变成了习惯，习惯成自然。

我觉得微习惯的养成，其实也是逐渐打破旧的动力定型，形成新动力定型的过程，这时无需太多的意志努力，可以节省大量神经能量，轻松愉快地实现微习惯的养成。

"动力定型"是巴甫洛夫条件反射理论的一个重要概念，是指人长期生活、劳动、反复参与某种活动，逐渐在大脑皮质高级神经系统中建立的巩固的条件反射活动模式。

其外在表现就是动作习惯，即一个动作结束便是另一个一连串动作的开始，即在大脑皮层上建立起相互协调一致、比较稳固的神经联系，形成新的动力定型。

此后，每一活动都会按已形成的活动规律自动再现。如行走姿势和步法特征、书写动作和用语习惯，以及言谈举止和行为方式等均具有各自的动力定型。

受人的生理条件、生活环境、社会地位、专业训练、职业特点等主客观因素影响，动力定型具有人各不同的特性。

动力定型下完成的各种活动带有明显的因循守旧、自动化重复的特点，并可在一定阶段内保持其基本特性不变。但经过长时间反复的练习，一点点地改变，就能形成新的动力定型，成为新的行为习惯。

《微习惯》一书对我们的生活、学习和工作具有启发意义。践行微习惯，可以调整我们的心态，克服心理问题，使我们身心健康，并帮助正在努力提升生活质量和事业高度的朋友们，甚至离退休的老年朋友们轻轻松松、祥和如意、身心俱健地实现高质幸福人生。

2023 年 10 月 12 日

4.13 勿以善小而不为
——《5%的改变》晨读感悟

本书作者李松蔚老师，北京大学心理学系临床心理学方向博士生，曾在清华大学心理系从事博士后研究，是家庭和青少年心理咨询专家，目前是自由执业的心理咨询大师。

他能在咨询过程中找到关键要点，并以此为基础进行干预，设身处地地站在别人的角度审视问题，采用干预体量很轻的方法，让受访者只需要一个小动作，改变一点点，从而逐渐影响以后的生活。

李松蔚老师的高明之处在于放下架子，不以专家自居，承认自己的知识不一定完全能帮到患者，只能提供一些专业建议，让受访者消除疑虑和逆反心理，轻轻松松地接受调整方向，以稳定为前提，让变化在潜移默化中发生。

我觉得这一点很值得当今心理咨询工作者和有意自我改良心态的人好好学习。

心理治疗在很大程度上始于认知理念和行为习惯的转变。之前我也向书友们推介过《微习惯》一书，并向大家简要分享了我的晨读感悟。该书作者盖斯说：微习惯能对抗本能的阻力，减少或消除意志力消耗和达不成目标的挫折感，让人在轻松愉悦的状态中达成一个个小目标，从而顺着本能，自然养成好习惯！

我们很多人都知道心理学上有个 ABC 法则，A 表示事情，B 表示认知，C 表示情绪。很多人一旦有了烦恼，就觉得是 A 出了问题，但实际上，出问题的可能是 B，也可能是 C。

正如《潜意识》一书中所说："人的所有感知里，你主动地且有意识地去做理性分析的只有 5%，剩下的 95% 都是由潜意识处理的。"所以，让受访者有意识地做一个小小的动作改变，思维或行为方式便能发生微小的积极的变化，相比一下子做很多事的效果要好。"Less is more.""Small is beautiful."都说明了同一个道理。

所以，心理咨询工作者和自助心理疗愈者在任何时候都不能急于求成。正所谓："心急吃不了热豆腐。"解决心理问题需因人而异，文火慢炖，逐步化解，以帮助咨询者徐徐形成新认知和新习惯，每天改变一点点，日积月累，思维模式和行为习惯就有可能发生良性转变，从而达到治愈目的。

同理，我们培育孩子的优良品质也一样，需要家长从点滴做起，在日常生活中有意识地言传身教，在潜移默化中影响孩子。

美国著名心理学家威廉·詹姆士曾说过："Sow an idea, and you reap an act; sow an act, and you reap a habit; sow a habit, and you reap a character; sow a character, and you reap a destiny."。

意思就是：播下一种思想，收获一种行为；播下一种行为，收获一种习惯；播下一种习惯，收获一种性格；播下一种性格，收获一种命运。

著名心理学家马斯洛也曾说过："心若改变，你的态度跟着改变；态度改变，你的习惯跟着改变；习惯改变，你的性格跟着改变；性格改变，你的人生跟着改变。"

美国成功学博士拿破仑·希尔也说："心态是命运的控制塔，心态决定我们人生的成败。"

我认为深刻领悟这些名言哲理，无疑对我们培育身心健康的孩子和从事有关心理咨询及治疗工作是有帮助的，对有心理问题的朋友也有自我疗愈的作用。

"冰冻三尺，非一日之寒"，"Rome isn't built in a day."。所以，改变旧观念和养成新习惯也得顺应自然、顺势而为。

这本书实际是作者李松蔚老师的5%的心理咨询案例集，通俗易懂，可操作性强，受欢迎程度很高，值得细细品读。书中有很多实操方法，有兴趣的朋友们不妨参照实践一下。

2023年12月15日晨

4.14 学会运筹时间，让人生更有意义
——《让你的时间更有价值》晨读感悟

人生的一切较量，本质上都是关于时间的较量。怎样充分利用好自己的时间，你就会拥有怎样的人生。

《让你的时间更有价值》这本书充满正能量，它从思维源头出发，教你系统地利用时间，解决生活中的动力、能力和资源短缺三大问题；9个事半功倍的高效工具，让你找到适合自己的效率体系，提高时间的价值；把握切实可行的实操方法，让你的当下生活过得充实并有成就感。

其实，每个人的时间都是相等的，但产生的价值却不一样，有的人对社会的贡献大，有的人却碌碌无为。我们应该认真思考并努力弄清楚如下问题：

1. 拥有相同的时间，你和别人的差别究竟在哪里？
2. 你的时间颗粒度是如何影响你的效率的？
3. 如何规划、调整、完善一份属于你自己的人生蓝图？
4. 从哪里入手，打破迷茫与不确定的困扰？
5. 怎样精确管理自己的精力，给意志充电？

阅读《让你的时间更有价值》这本书后，我收获良多。

1. 过好当下的每时每刻。时间是公平的，每个人每天都拥有24小时，会过的人十分珍惜时间，可以把时间过成48小时，而不会过的人则常常浪费时间，把时间仅过成了8小时，甚至还把这觉醒着的珍贵时光浪费在毫无意义的事情上。（思想火花：爱因斯坦时间相对论）

2. 重视单位时间货币价值。单位时间货币价值，是帮你做时间选择的一个重要判断标准。清楚自己基本的单位时间货币价值，选择能给自己带来正向单位时间货币价值的事来做，你会赢过过去的自己。

3. 把握时间颗粒度。要缩小时间颗粒度，做事绝不拖延，让时间更有效率；要对自己严一点，向高手看齐，内化思维模式。然而，我觉得也不是每个人都必须要刻意压缩时间颗粒度，这需要把握好一个度，让把握住的时间颗粒度真正发挥价值。

4. 改变自身的成长环境。我们要从思维模式入手，逐步改变自身行为，进而优化生存环境。虽说人的基因难以改变，但家庭、工作和学习的环境及自主学习能力培养以及人脉关系等后天要素都是可以改变的。有时，并非是你不努力，而是你不会努力。所以，我们要学会从被动学习转变成有效自主学习。

5. 经营好时间，做自己人生的CEO。我们并不缺少时间，缺少的是对时间的感知力。如何发挥最大的正向能量，取决于我们是否能做好自己的人生CEO。我们要善于识别人生活动的正负取向，管理好时间，不断提升时间价值。

6. 规划好人生。人生"七问"聚焦于短期计划，人生"十一问"着眼于长期计划。具体来说，"七问"关注的是现在，着重于当前现状的复盘；"十一问"关注的是未来，致力于挖掘个人价值观的深层结构（参照冰山模型），关注自我的底层价值观。（详见书中内容）

7. 擘画人生蓝图。你人生的系统，不应该在退休前和退休后的中间做分水岭，而应该是一以贯之的一套人生系统。这就是人生蓝图。做自己人生的CEO，要善于规划和调整人生的蓝图，思考我为谁解决了什么问题、提供了什么方法等问题。

8. 掌握学习方略。学习方略有四种学习模式，即向高手学习、勤读书（认知积累）、参加行为协会活动、行走有力量（亲身体验）。也有五种学习方法，即学新知、能提问、会应用、懂分享、达到理想结果并即时复盘。复盘是最好的学习，它需要思考、改变和行动，即思考新学到的知识，改变旧有的认知，并懂得如何去做。总之，选择跟对的人学，在正向的环境中去构建自己的知识体系。只有思维的转变才能带来行为的转变！

9. 用精力波点图对精力进行管理。（对自己的精力进行评分，1到3分为差，4到6分为一般，7到10分为好。连续记录7天，主要对精力差的时间段进行管理。）当精力较差时，我们可以适当做些运动，有助于提升精力。管理好精力，才是最有效的时间管理。作者说："空闲时间就是你的未来财富。"我对此深表认同。

总之，我们只要按照本书作者张萌老师给出的方法进行时间和精力的管理，就能让我们的时间更有价值。除了一天工作学习8小时，睡觉8小时，人与人的区别就在于另外8小时做什么。如果你能把这8小时时间发挥有效作用，把本来是负值的时间变成正值，且都是正值相加，你就会发现自己的人生变得越来越不一样。长此以往，你会发现原来自己也可以成为一个赢家！

所以我们要利用好这 8 小时，创造自己的未来财富！在有限的生命时间里创造出无限的生命奇迹！

2023 年 12 月 13 日晨

4.15　不要片面追求时间管理，须追求实效
　　——《反时间管理》晨读感悟

本书作者是里奇·诺顿，PROUDUCT 公司 CEO 和联合创始人，很受欢迎的演说家，CEO 高管教练，曾经登上过《福布斯》《彭博商业周刊》《企业家》《赫芬顿邮报》等，被《太平洋商业新闻报》评为夏威夷 40 岁以下"40 名最优秀、最智慧的年轻商人"之一。

这本书的核心不是教你怎么样去创造时间，而是改变我们对时间的认识和看法。当我们的价值观和人生观发生了变化，我们与时间的关系才能够发生真正的质变。如何创造更多可用时间，这是作者所要传达给读者的。

其实，我们很多人都在很低效地用时间换钱。如果我们能够创造出一种高效的赚钱方式，不就创造出了很多时间吗？那么，我们就可以把更多的时间用在我们认为更有意义的事情上。实际上，管理等于控制，而我们追求的所谓更高效的控制，其实就是去做更多的工作。

作者全家人都认同一个观念，即"生命在于行动，行动才是人生"。英文"Today is my everything."，意思是"今天是我的一切"，其核心思想是不要搁置梦想和忽略家人，一切只争朝夕，做重要而有意义的事。也即"Do right things, do things right."。

"Build your dreams."，我们要学会像比亚迪那样将更多的时间投入梦想的构筑上，并在实现梦想的过程中创造性地完成工作。这样才能提升时间利用的灵活性，实现"时间翻转"。我们所要做到的不是时间管理，而是时间翻转。这本书的中心内容讲的就是怎么去实现时间翻转。

时间翻转的核心主题是立刻行动加复合效应。这就是能够创造时间的原因，但需要我们的价值观发生改变。时间翻转的另一个重点是能够同时选择意义和金钱，也就是可以一边赚钱，一边实现人生的意义。

工作和生活追求的是整合而非对立。书中列举了具体的案例和方法，值得我们好好学一学。书中提及的"时间翻转"，强调我们要将注意力和价值观联系在一起，即把注意力放在有意义的事情上。只有这样，我们才会发现工作和生活乐趣。

通过这本书的学习，我们要努力将精神追求、身体健康、职业发展、日常生活、家庭亲情、人际关系等有机融合，让我们拥有一个完整的生活状态，从而实现生活和工作的平衡，而不是陷于因多重角色割裂带来的痛苦之中。

作者在书中提到一个概念，叫作 Meta-Goal（元目标），即以"目的因"作为首要的目的。根据亚里士多德的观点，可以用"四因说"来回答世界中事物存在的原因，即质料因、形式因、动力因和目的因。作者引用了亚里士多德的目的因概念，提出人活着一定是有一个意义和目标的。那么，如果能够朝着自己的目的和人生目标去行动，就可以将意义和现实生活整合起来。

工作真正的目的是什么？我们一开始就要把梦想和实现梦想的可能用时间融入自己的现实生活模式中。也就是说，我们不能等一切条件都具备了，才敢去实现梦想。我们要让每天的工作都在实现自己梦想的路上，都在实现人生的意义，都在实现着自己和家庭的幸福。这几件事是可以整合在一起的，这就是反时间管理的核心。

书中还提及"时间折叠"的概念，也就是过去你认为 100 个步骤才能够实现的事，现在一个步骤或几个步骤就能做到了，这就叫作时间折叠。作者举例：在他小时候，家里的人总是告诫他"你是个打柴的，人家是放羊的"，打柴的孩子跟别人玩了一天，最后柴没有打到，两手空空，回家要饿肚子；而人家放羊的，同样玩了一天，但羊也吃饱回家了。这放羊的就是把时间折叠了。所以，如果你是一个靠时间赚钱的人，那么你就是在"打柴"，只要今天不"打柴"，你就没有收入。而商界许多成功者都是"放羊"的，各种事都是折叠在一起做的。很多件事并发，他也可以一边度假一边赚钱。其实这种"一石多鸟"的朴素观念也就是时间折叠的表现。我们要学会做好时间折叠，才能够翻转时间。

我们在谈领导力时，就会提到管理者角色。一个管理者最重要的责任就是每天花60%以上的时间培养别人。但是很多管理者会觉得，培养别人不如自己干，于是就越俎代庖，替员工做决定。其实，管理者替员工做决定是在消耗时间，培养员工才是创造时间。当员工成长起来以后，就能够独当一面，管理者也就能够节省出更多的时间来培养不用工作就能够赚钱的能力。这时，他的时间就比别人多了，因为别人都要拿时间来换钱，而他不需要。所以，时间是完全可以创造的。这是一个时间与金钱的相对论。

另外，我们还要懂得改变收入模式，也就是打造我们的经济护城河，把自己的收入模式变成一个边际成本更低的方式。改变收入模式的目标是为了释放我们的时间和精力。我们要学会根据成果获得收入，而不是根据时间获得收入。打工是根据时间获得收入，而投资则是根据成果获得收入。比如，一个旅游达人可以一边旅游，一边做翻译，一边做美篇吸粉，一边网上代购代销特产。这样，他的收入比过去多多了，来源也广了。他的时间是有弹性的，可以把工作和旅游结合在一起。他的舒适圈扩大了，不再追求每个月几千元钱的工资。所以，你可以做一个按结果收费的人，这也是一个有效改变收入模式的方法。

作者在书中还提到"金钱与意义"的矩阵，横轴是创造意义的活动，纵轴是赚钱的活动，这样就产生了四个象限。第一象限赚钱多，创造意义也多；第二象限是赚钱多但创造意义很少；第三象限是赚钱少，创造意义也少；第四象限赚钱少但创造意义多，比如做慈善事业。

我们要努力成为一个会赚钱且能够为社会创造价值的人，让工作富有意义。

"项目堆叠"是这本书里提及的另一个重要概念。项目堆叠，是指"将各种目的项目合并起来，如此一来，在一个领域中有所行动就能在工作和生活的其他领域中创造一系列预期结果"。这就是项目堆叠的定义。正所谓："一石二鸟。"工作效率高的人能够同时做好很多事。

20世纪末，在我创立公司之初，为了稳中求快速发展，我根据市场需求及公司条件，本着实事求是、力所能及的精神，设计采用了多元化经营发展战略。业务主要有三项：进出口贸易、国际商务英语培训和人才咨询服务（海外留学咨询和人力资源咨询）。这三项业务绝非相互孤立，而是相辅相成，互为促进，且呈螺旋式上升。

首先，进出口贸易是基础，它是公司发展的重中之重，效益的增长和规模的扩大主要取决于它。它可为国际商务和英语培训提供有经验的师资和实习基地，同时也为咨询服务奠定信誉基础。其次，培训业务是公司发展的"翅膀"，它对快速树立公司形象和声誉，加强"涉外"学员和公司的联系，增进了解，带来业务或工作便利，有着"润物细无声"的作用。同时它也为人才咨询服务带来更多机会和效益。再者，咨询服务是公司发展的"轻骑兵"，这一"后起之秀"的发展前景无量，它可为培训业务带来更多生源。同时它也为进出口贸易发展储备了人力资源，带来更多商机。

实行多元化经营，能充分发挥我司现有的各方面的资源优势和潜在优势，提高公司的抗风险能力，同时使我们更有勇气面对市场竞争的严峻挑战。欲使三块业务健康、有序、快速发展，有效协调至关重要。因此，我们也尽可能地避免多而杂、杂而乱的情形，一丝不苟、脚踏实地地埋头苦干，并配备得力干将，做一项，钻一项，成功一项，使每项业务都开花结果。在正确的战略思想指导下，员工们齐心协力，努力奋斗，公司得到了超预期的快速发展。

回顾这段经历，我发现我们正是巧妙地运用了项目堆叠和时间折叠，才赢得了效益和时间，使时间得到了翻转。《反时间管理》整本书，其实也是在讲一种棱镜生产力。时间翻转框架就像一个棱镜，照射进去一束光，投射出来一大片光。用棱镜来放大我们的产出，这就叫"小投入，大产出"。除了要鼓励自己折叠和翻转之外，我们也要鼓励他人翻转。

通过晨读此书并结合我以往的商务工作经验，我真正领悟到了"经验内的目标是任务，经验外的目标是成长"这句话的深刻含义。

最后，需要说明的是，我们不能把这里的反时间管理简单地理解为反对时间管理。毕竟时间管理也有一定的作用，它能让我们更合理地安排日程，实现要事第一，等等。所以，这里的"反"应该是反思的意思，即我们应该重新思考时间管理本身，而不是取消时间管理。反时间管理其实是时间管理的升级版。

2023 年 11 月 13 日

4.16 人生精力有限，有效管理精力才是真
——《精力管理》晨读感悟

我们不是时间不够用，而是精力没管好！传统的时间管理模式已经无法满足当下的社会生活节奏，要实现个人工作、学习和生活的高质提升，关键在于我们要善于精力管理。

人与人之间的精力是有差异的。我们需要更新观念，认识到：管理精力

而非时间,才是高效表现的基础;高效表现源于有技巧的精力管理。

对于我们每个人而言,每天的时间量是固定不变的,但是我们可用的精力储备和质量是可以改变的。认识到这一事实,就会让我们拥有颠覆生活方式的力量。

精力有四个来源:一是体能精力,可以为身体"添柴加火";二是情感精力,可以把威胁转化为挑战;三是思维精力,可以让人保持专注和乐观;四是意志精力,可以使人活出人生的意义。

通过阅读本书,我们将会了解到:精力管理的核心概念;管理精力的四个原则;获取精力的四种来源;精力管理训练的三大步骤。

怎样才能获取精力?作者告诉我们:

首先,要注意精力管理的四个基本原则。

(1)在认知层面上,知晓打造完整的精力体系。精力是由体能、情感、思维、意志构成,是一座"效能金字塔",我们必须在这四个层面都保持健康。四者缺一不可,它们相互影响,纵横交错,构成完整的精力体系,缺少其中任何一个层面,都不能完全调动我们的才华和技能。

(2)在方法层面上,学会进行主动切换。精力使用过度或使用不足都会削弱我们的精力。一个劲地练或者一个劲地休息,都是不行的,我们必须注重劳逸结合,达到有节奏的高效表现。所以,精力管理要善于进行主动切换,而非被动切换。

(3)在行动层面上,通过系统训练不断突破自身极限。要突破自身极限,需要在系统训练时设定略高于当前能力水平的目标(即需要努力"跳起来"才能达成的目标),而只有能够达成的目标才是好目标。然后通过休息恢复精力后,再进行下一次极限的超越。如果永远停留在舒适区,那我们的精力将得不到任何的提升,只会维持原状,甚至倒退。

(4)在习惯层面上,养成积极的仪式习惯。不管是切换,还是突破极限,精力进阶都必须通过一些既定的仪式性的动作来完成,最后才能形成习惯,帮助我们改掉原来阻碍精力提升的坏习惯。

其次,要走管理精力的三个步骤。

(1)明确目标——知道什么是最重要的,才能全情投入。

（2）正视现实——审视当前自己的精力管理做得如何。

（3）付诸行动——体现积极的仪式习惯的力量。

（上述三步骤详见书中介绍）

最后，要采用四大精力要素的管理方法。

（1）调整体能精力的方法。

（2）调整情感精力的方法。

（3）调整思维精力的方法。

（4）调整意志精力的方法。

（详见书中介绍）

我很认同作者的这句话："当使命感从负面变成正面，从外部转向内部，从自我变成他人时，才能为我们提供更强大、更持久的精力。"所以，提升高质精力，需要有大格局、大胸怀和人生使命感。

如果遵循书中的理念和步骤，我们的生活将会出现如下变化：

（1）轻松调动四种精力源，即体能、情感、思维、意志。

（2）按照人体生物节律，掌握劳逸结合的生命节奏。

（3）和精英运动员一样系统训练自己的能力，提升自己的高质精力。

（4）建立起高度精确、积极的精力管理习惯，形成动力定型，节省神经能量，储备充足的精力。

这本书对我当下的启示是：巧用人体生物节律，让精力更为有效和长久！

生物节律是自然进化赋予生命的基本特征之一，人类和一切生物都要受到生物节律的控制与影响。人体生物节律是指体力节律、情绪节律和智力节律。每个人从他出生那天起一直到生命终结，都存在着体力23天、情绪28天、智力33天的周期性波动规律（由强至弱、由弱至强），称为人体生物节律。每一个周期中又存在着高潮期、低潮期和临界期。由于它具有准确的时间性，因此，也被称为人体生物钟。在日常生活中，我们某个时间段精力的好坏同生物节律有关。

记得20世纪80年代中期，我在大学任教时，曾对探讨人体生物节律对人的生活、学习和工作等活动的影响很感兴趣。于是，我便去新华书店买来了那时刚出版的《人体生物钟检测卡》（设计人：李彦荣），进行了粗浅的学习研究，并将有关内容写进了我的心理学讲稿，同时将其补充进了我编写的《体育运动心理学》教材中。在课堂讲课时，这个话题引起了学生们的兴趣，他们课后纷纷与我讨论这个话题，都希望能了解自己体力、智力和情绪的周期变化，及时把握高潮期，平稳安度低潮期，小心跨过临界期，让自己按照生物节律劳逸结合地学习与生活，并体现出积极效率。

如今，我们若想要改善生活状态，提高工作效率，提升幸福指数，实现人生价值，必须得有精力。所以，建议朋友们不妨读一读这本《精力管理》，它能提供给我们提升精力的新理念和新方法，帮助我们去实现人生梦想。

2024 年 1 月 5 日晨

4.17　把握时机，顺势而为，轻松成就梦想
——《时机管理》晨读感悟

真正的高手管理的不是时间，而是做事的时机。如何把握每天乃至一生中的重要时机呢？

我们说，年轻人当进取，中年人要努力，年老了也不应该懈怠，需要终身学习，终身成长。但我们不要有太强的功利心，只需尽心尽力，使工作和生活更有成效和快乐，静待开花结果，而这除了需要合理的时间管理和适当

的精力管理外，还需要科学的时机管理。

复杂任务什么时候做？怎样休息才能充分提升效率？应该早睡早起还是熬夜？中年危机、工作倦怠怎么办？这些问题其实都跟时机有关。

所以，把握时机不仅是一种智慧，更需要科学的分析和方法。这本书既科学又实用，带你看透"见机行事"背后的智慧和科学，从而恰到好处地把握时机，掌握决定成败的主动权。

作者根据睡眠时间将人们的昼夜节律划分为三种时间类型：

（1）早间型：早起很轻松，白天充满活力，晚上却非常疲惫，如云雀。
（2）夜间型：起得晚，到下午或傍晚才会迎来精力的高峰，如猫头鹰。
（3）中间型：大多数人属于这种中间型，即第三种鸟。

以云雀为例，这种类型的人在上午时头脑更清醒，适合做逻辑推理性的分析型工作，而下午和晚上反应能力和专注水平有明显下降（下午四点左右最低，六点左右回升），更适合创造、创意型的洞察型工作。

中老年就属于早间型。那么，中老年人遇到低谷时间该如何调节呢？

中老人的精力低谷通常出现在下午三至四点左右，这时候我们可以工间休憩片刻，转移一下大脑的注意力，如散步、闲聊、喝点咖啡或打个盹等。老年朋友则可在相对安静的环境中小睡 15~20 分钟，消除大脑疲劳。养成这个习惯比偶尔为之的效果更好。

人到中年，会有"中年危机"，这是人生途中在身体上、情感上和存在意义上最大的一个中间低潮期。

诺贝尔经济学奖获得者安格斯·迪顿发现美国人的幸福感随年龄增长的分布曲线是一个 U 形，即两边高、中间低，中间点为低潮。U 形曲线提示：20—30 岁的年轻人幸福感最高，而到 40 岁幸福感会有显著下降，55 岁后幸福感又上升，呈 U 形曲线状态。

人们常说"珍惜时间"，时间的绝对性、有限性对人而言毫无疑问是重要的。所以把握时间的规律，发现不同时间给人们的体力、情绪、思维等带来的影响，可以更好地调整人与外部世界的关系。这对我们具有更加重要的意义。

这本书的标题名为"时机管理"，而不是"时间管理"，恰恰说明"时机"

如果管理得好，就把握住了事物发展的节奏。

所以，我们要注意遵循人体生物节律，在合适的时间做合适的事情，这样才会事半功倍，否则可能困难重重、难有成效。这方面有关内容我在《精力管理》读书感悟中已有提及，这里不再赘述。

人生途中，我们需要把握好三个重要的时间节点：

（1）起点效应：良好的开端是成功的一半。正如谚语所说："早起的鸟儿有虫吃。"

（2）半途效应：行百步而半九十。要给自己设立近期目标、中期目标和远期目标，不要在中途放松要求。

（3）峰终效应：只有结尾才能体现成果，决定人们的印象。人的成功与天时、地利、人和密切相关。天时强调的就是时机。所以，我们要善于管理自己，尤其是保持精力、合理分配精力，将精力用在"刀刃"上，产生最佳成效。这就需要我们学会时机管理。

一个明智的人总是能够抓住机遇，创造美好的未来。而"见机行事"不仅仅是一门艺术，更是一门科学。

所以，了解自己，从生理心理角度出发，理性地总结出一套适合自己的恢复精力的方法，以便更好地将精力发挥到极致。这对促进身心健康极为重要。把握时机，在恰当的时机，做正确的事，但知易行难。唯有提升认知、强化分辨力，方能精准把握机会，在恰当的时机做出正确的行动。

所以，管理好自己的时间，管理好自己的情绪，提高自己的认知，读书是一条不可或缺的重要途径。读书可以把握时机，读书可以改变人生。

时机管理实质是对时间管理的系统升维，时间管理与时机管理虽只有一字之差，却有着天壤之别。

时机管理是基于个人的精力管理，包括尊重生物规律。此外，我们还要把握起点、半途和峰终三个重要的时间节点，从而找到适合自己的节奏和时机，智慧地工作，美好地生活，收获有方向感和意义感的幸福人生。

2024年1月15日晨

4.18 机不可失：分享一次错失机遇的感受

"故岁今宵尽，新年明旦来。"新年伊始，冬寒天晴，我愿龙年"天地风霜尽，乾坤气象和"！也愿朋友们"时时是好时，天天遇良机"！我们还是应该时刻准备，只争朝夕。

17世纪法国著名思想家、数学家笛卡尔说过："机遇总是垂青于那些有准备的人。"我始终认为，机遇不是靠求神拜佛、宿命等待就能得到的，而是靠自己慧眼洞察、积极努力去把握的。

电视剧《大江大河》描述了中国过去40年普通人改变人生命运的七大机遇：

第一次是1978年的高考，让很多寒门弟子跨越龙门，华丽转身；

第二次是1980年乡镇企业成立，农民获得了第一次翻身；

第三次是价格双轨制的套利，就是倒买倒卖获利，让一大批人实现原始积累；

第四次是1992年十四大将市场经济写进党章，引发了下海经商热潮；

第五次是加入WTO的红利，随后引发的资源狂潮使煤老板和钢老板们发财；

第六次是房地产和股市的疯狂，让许多人靠炒房、炒股发了财；

第七次是互联网的兴起，带来了网络福利，也就是腾讯和阿里的故事。

这七个机会每一个都非常有价值，抓住任何一个机会都足以改变人生，改变命运。

机遇出现是公平的，有人抓住了，而更多人则错过了。这同每个人的自身条件、准备状态以及是否具备积极进取的精神密切相关。

所以，宿命论的被动等待绝对改变不了命运，求神拜佛也只能是一种心愿，只有积极主动、勤奋刻苦、脚踏实地、坚持不懈、努力进取，方能达到理想目标，实现幸福人生。

遗憾的是，上述七大机会均已成为过去，"机不可失，时不再来"，错过就是错过了，无法挽回！不过，虽然机遇稍纵即逝，但是新的机遇也在不断产生，就看我们能否适时把握机会，奋力搏一下。

有人说，现在第八次大机遇正在开启，那就是最近热议的"全国统一大市场"，关键词是"力破并举"，让我们拭目以待、明智审视吧！不过，我觉得人工智能和文化产业、大健康和养老康养产业一定是其中重要的一环，我们可以积极把握其中的发展机会。

但有时机遇明明来了，你自己也看懂了，可是缺失和谐的做事条件，或者主观努力不到位，就会与机会擦肩而过，这样痛失机会的教训只有经历过的人才深有体会！请千万珍惜每次稍纵即逝的发展机会吧！在此，我想与年轻朋友们共勉！

退休后，我的工作节奏逐步慢了下来，公务也没有以前那么繁忙了，怀旧之情油然而生，常常端坐于案前静思。这次休假期间，我突发起整理过去文稿的念想。

我在整理自工作以来先后基本完成但尚未正式发表过的百余万字各类文稿时，看到了在本世纪初我任无锡沃德商务管理培训中心主任时，经过潜心调研后撰写的那篇题为《新世纪人才培训与整体性人才资源开发》的论文。

2000年4月，在江苏省人才战略研讨会报告时，这篇论文因为有些新意，故受到省有关部门领导和专家学者的重视，才有了后来邀我一起参与"构筑江苏新世纪人才高地的实现途径"重大课题的调研研究。我十分荣幸地被聘为该课题领导小组的三个主要负责人之一（详见江苏省发展计划委员会宏观经济学会《宏观经济论坛》2000年第24期《构筑江苏新世纪人才高地的实现途径》课题研究实施方案）。

过去读研时我的研究方向是人格心理学，而我对研究人才个性心理特别感兴趣，那时能与省人事部门主要领导和国内一流人力资源著名专家教授一起工作，进行课题专业研究，这对我来说是一次多么好的再学习与提升机会啊，更是一次有可能转变命运的良机！我看懂了，并且一开始也把握住了这一机会。

然而，命运还是捉弄了我。当时一些致命的人为干扰事件接踵而至，我只能疲于应付处理，导致我最后不得不忍痛割爱，婉言谢绝了有关领导与专家的美意与厚爱，很无奈地放弃了这一大好机会，至今还令我扼腕叹息，可惜了这一重要发展机会。

"前车之鉴，后事之师。"希望我的经验能对年轻后生们起到警示作用，趁年轻创造好条件，营造天时、地利、人和的和谐发展环境，牢牢把握住稍纵即逝的发展机会（无论是经营、投资还是个人成长发展方面的各种大小机会）。其实老天能赐给每个人一生中的发展机会并不多，可以大发展的机会更是少之又少。

俗话说："少壮不努力，老大徒伤悲。"所以，什么年龄做什么事；去做对的事情，再将对的事情做对。请珍惜面临的每一次机会吧，"莫把花期都错过"！时光匆匆，人生如梦！我常常想：要是能再年轻一次就好了，我定会好好把握住机会！可惜的是时光不会倒流，机会错过就不会重来！

2024 年元旦晨于苏州石湖

4.19　熟练玩转情商，助您在商海呼风唤雨
——《销售就是要玩转情商》晨读感悟

本书作者科林·斯坦利，美国知名商业发展咨询公司——SalesLeadership 公司总裁，长期专门从事销售咨询和销售技能培训工作，其情商销售研究成果备受全球各大企业的讨论和追捧。

情商（Emotional Quotient，EQ）通常是指情绪商数，是近年来心理学家们提出的与智商相对应的概念。

就是我们认知自身情感的能力，以正确的方式去判断所感受到的情感，并且知道这种情感出现的原因。著名心理学家、哈佛大学心理学教授丹尼尔·戈尔曼博士和其他情商研究专家认为，情商有自我意识、情绪管理、自我激励、认知他人情绪和处理相互关系这五种核心特征。

情商固然包含人际互动的层面，但其真正的内涵并非指谄媚、奉承、巴结、虚伪做作的社交手段，而是体现在自信、自尊、自省、同理心、共情心、耐心、真诚、谦逊以及团队精神等积极的心理品质上。

当今，情商越来越多地被应用在企业管理和营销管理上。对于组织管理者而言，情商是领导力的重要构成部分；对于营销人员而言，情商是公关销售能力的关键。

事实上，不只是销售，任何涉及人的活动，最终都是一场关于情商的角力。这本书在情商销售理论的基础上，为我们呈现了许多经典案例与操作方法，值得借鉴使用。

要想成为一名优秀的销售，并非掌握销售技能就万事大吉了，还得了解难以驾驭的神经科学，否则我们就会明白什么是"冲动的惩罚"了。

本书详细介绍了：

（1）当客户有"敌意"时，你是抵抗还是逃避；

（2）"以退为进"的销售艺术；

（3）提升自身影响力的有效步骤；

（4）如何开发更多的客户资源；

（5）提高开发客户的能力；

（6）提高客户好感度的情商；

（7）提升他人对你好感的有效步骤；

（8）提高成交能力的情商；

（9）提升管控自身期望的有效步骤；

（10）提高询问客户技巧的情商（运用"3W"法则）；

（11）提升你询问技巧的有效步骤；

（12）怎样顺利搞定对方能拍板的人（强人型、开朗型、成熟型、专家型）；

（13）全面提升你与决策者会面的能力；

（14）提升你议价能力的情商；

（15）提升你议价能力的有效步骤；

（16）情商销售文化的关键特征（如保持学习、团队合作、慷慨大度）；

（17）建立情商销售文化的有效步骤。

书中还重点介绍了销售领袖能力与情商的关系，告诉我们：怎样打造一名优秀的销售领袖；什么样的情商是一个销售领导所应该具备的；同时告诉我们提升销售等能力的有效步骤。

本书从情商出发，对销售行业中常见的销售渠道、客户心理、客户维护、谈判技巧、团队管理等问题做了详尽的阐述，并给出了行之有效的指导方法。总之，这是一本提升情商的实用工具书，实操性强，方便我们理论联系实际，践行效法。

我们不应把此书仅仅当作销售圣经来读，更应把它当作一本全面提升自己情商和人际交往能力的好书来精心学习。然而，提高情商的基础是培养自我意识，从而增强理解自己及表达自己的能力。

2024 年 1 月 2 日晨

4.20 以共情同理之心，共筑和谐人际关系
——《共情的力量》晨读感悟

这是一本阐述共情的书，是作者亚瑟·乔拉米卡利潜心研究共情 23 年的心血结晶。

一、什么是共情

共情是指一个人能够理解并感受到另一个人的情绪和想法的能力。这种能力不仅包括认知层面的理解，即理解为什么某人会产生特定的情绪，还包括情绪层面的共鸣，即能够体验到他人的情绪。

共情的概念是人本主义心理学创始人罗杰斯首先提出的。他很强调这个体验他人内心世界的能力。共情与心理咨询和治疗关系密切，是人际交往和理解的重要方面。

二、共情的五个层次

1. 感知性共情

这是基础层次的共情,涉及个体是否能够觉察到他人的情绪和意图。这通常是通过观察他人的面部表情、肢体语言等非语言信号来实现的。

2. 认知性共情

在这一层次上,个体能够理解并意识到他人的感受和需求。这依赖于推断、想象和回忆等认知过程。

3. 情感性共情

这是指对他人的情绪感同身受,能与之产生共鸣和情感连接。这种共情能够让人体会他人喜怒哀乐的情感。

4. 情感理解性共情

这是指个体不仅能理解他人的情感,还能理解这些情感对其行为和决策的影响。通过理解情感与行为之间的关系,个体能够更好地预测和应对他人的行为。

5. 情感调节性共情

这是指个体能够在情感上与他人保持一致,并能有效调节他们的情绪。通过积极的情感调节,帮助他人管理情绪,促进双方交流和合作。这是最高级别的共情。

大多数情况下,我们主要关注的是情感层面的共情。

三、几个与共情相关的重要概念

1. 镜映

这是自体心理学中的一个名词,是指父母犹如孩子心理上的第一面镜子,孩子一开始不知道自己是谁,靠着父母、家人对他的反应、评价,从中建立起自我形象。

2. 杏仁核

这是产生情绪、识别情绪、调节情绪以及控制学习和记忆的脑部组织。

有研究发现，杏仁核也是与共情能力密切相关的一个脑部组织。

3. 新皮层

新皮层能让人类产生时间概念，让自己从杏仁核的自动反应模式中走出来，进入可以进行反思的状态，这也是和共情能力相关联的重要脑部组织。

4. 共情的实质

即把你的生活扩展到别人的生活里，把你的耳朵放到别人的灵魂中，用心聆听别人内心的声音。

共情是一种能力，也是一种智慧。只有当我们真正能够做到共情时，与人相处才会更加愉快，心灵也会收获一份宁静。

四、共情能力强的人之特点

1. 善于倾听述说

共情能力强的人善于倾听他人说话，能够清楚地理解对方所表达的情感和意图。在倾听他人说话的同时，能表现出真诚的兴趣和关注，从而使对方感到被理解和接受。

2. 情感敏锐性强

共情能力强的人能够非常敏锐地感知到他人的情感变化，甚至能够从微小的细节中察觉到他人的情绪，善于通过对方的言语、神态、肢体语言等细节来判断对方的情绪状态，进而采取恰当的沟通方式与对方交流。

3. 关注他人需要

共情能力强的人能够关注他人的需要，并以此为基础来采取行动；能够主动与对方交流，表达关心和支持，从而帮助对方缓解情绪问题。

4. 人际关系良好

共情能力强的人能够建立良好的人际关系。在与他人的交往中，善于换位思考，理解对方的感受和需求，并善于沟通，从而建立相互信任和尊重的人际关系。

5. 具备较高情商

共情能力强的人能够有效地认知、理解和调节自己和他人的情绪，善于对情绪进行有效管理,并能动之以情、晓之以理、导之以行,从而妥善处理各种问题。

上述特点使得共情能力强的人在与他人交往中,因与他人的思想和情感同频共振,更容易愉悦他人,并获得信任和支持,使人际沟通更为有效。

五、提升共情能力的途径

共情能力的重要性不言而喻,那么我们怎么在日常生活和工作中自觉锻炼呢?我觉得可以从以下九个方面着手。

1. 培养自我意识

了解自己的情绪和需求,这将有助于你更好地理解他人的情绪。

2. 关注他人情绪

通过观察他人面部表情、语言表情和身段表情等方式,努力了解他人的情绪感受。

3. 真切关心他人

意识到他人的存在,并通过倾听和提问来展示你对他们感受的真诚关心。

4. 理解尊重他人

通过积极的语言和建设性的意见反馈,向他人传达你的理解和尊重。

5. 善于建立联系

通过共享个人经历和观点,鼓励他人表达自己的感受和想法,建立起情感共鸣。

6. 重复对方的话

这种方法可以让对话者感到认同,帮助他平静心情,自在表达思想和情绪。

7. 善用沟通技巧

积极倾听,表达同理心,尊重对方的意见,这些都是有效沟通的关键。

8. 培养好同理心

想象对方的情境,了解其处境和情绪,并站在对方的角度思考,理解并接受他人的情绪反应。

9. 加强人格修炼

共情能力的强弱与性格、气质及自我意识等人格特征有关，要注意培养自己适度的外向性格，乐意社交，善于交友。

总之，在日常生活与工作中，我们需要"静坐常思自己过，闲谈莫论他人非"。真正能共情的人，会体会别人的苦衷，尊重别人的不同，并懂得：人生在世，谁都不易，少一分苛责，多一分理解；不以自己的"三观"评价他人生活；不以世俗成功定义人的幸福；要"用共情这束光，穿透痛苦和恐惧的漫漫黑夜，找到我们生而为人的共通之处"（作者书中语）。

顺便提一下，如果一个人天生性格很外向，可能会表现出共情能力太强，一般情况下，这属于正常生理心理现象，不需要进行特殊的干预治疗，只需要适当调控处理就行。共情能力是人格特征的一部分，存在个体差异。共情能力强代表内心柔软、善良，同时对社交与生活有着较高的期待。然而，若因悲悯和同情导致长久情绪低落甚至产生心境障碍，进而影响正常生活和工作，此时则需要引起注意。可以有意减少对他人悲剧的反刍，同时避免将他人的悲剧与自己的经历相提并论，以免加重自己心理负担。

本书作者首次将共情能力与认知行为疗法相结合，主张挖掘与生俱来的共情能力，并创立 Facebook "共情与善良工程"项目和领英"健康共情成就小组"。这些做法，很值得我们在从事心理咨询实践时学习和借鉴。

2024 年 1 月 31 日晨

4.21 保持正念，身心合一，就会出现奇迹
——《身心合一的奇迹力量》晨读感悟

这本书的作者提摩西·加尔韦是美国运动心理学第一人、教练技术的先驱。他将运动场上的有效教练方式成功地转移到企业管理和人生规划上来，通过改善被教练者的心智模式，发挥其潜能和提升效率。

他为可口可乐、IBM、AT&T 等许多著名公司提供教练支持。他还因撰写了"内在游戏"系列畅销书而闻名于世，其中《身心合一的奇迹力量》入选全球 50 部心灵励志经典。

运动场上有两种运动员，一种是"训练型运动员"，训练时成绩很好，可上场比赛就掉链子；另一种是"比赛型运动员"，总能发挥出自己最好水平，甚至超常发挥。

在日常生活中，我们也常见到类似现象，有的经营管理人员准备的演讲稿和制作的 PPT 都相当好，可是上场演讲表述便乱了阵脚，语无伦次；也有许多学生，平时学习成绩很好，可是每次重大考试总是失常；生活中也有不少人明白很多道理，却就是过不好这一生，明明知道该怎么做，可临到做时却又做不好；等等。

作者说，人生的每一次比赛，其实都有两场，一场外在的，一场内在的。外在比的是技术，而内在比的则是自身内心的较量，考验我们能否避免过度紧张、焦虑和自我责备等心理状况。

我们为外在比赛积极准备固然重要，但在正念状态下，改变固有习惯，全身心地投入当前所做的事中更重要。只有这样，我们才能释放自身全部能量，实现惊人突破，从而赢得自身内在的比赛。

这个道理同样适用于自身疾病的治疗。我们要以正念对待疾病治疗，千万不可有负性思维，胡思乱想，积极主动配合医生进行有效诊治。除此之外，我们还要相信自己的身体有自愈力，只要身心合一积极治疗，我们就能战胜疾病，赢得"比赛"。所以，放下执念，放松地专注，保持适度兴奋；找回自信心，保持头脑冷静，做到身心合一；唯有先战胜内在，方能赢得外在胜利！

要正常或创造性地超常发挥自己水平，最重要的是使预期结果的正念图像化。行动或赛事的失常，究其根本，往往源于正念状态的缺失。

所谓正念，其实就是自我一和自我二的合一、协调。由于两者之间根本没有任何的评判，也就不存在沮丧、懊悔和自卑或失望这样的感觉，我们就能坦然地、全身心地做自己该做的事。这种状态一旦出现，就出现了心理学上所说的高峰体验。

我们在做重要事情或进行比赛时都有两个自我，一个是下达指令的自我一，另一个是执行指令的自我二，自我一对自我二的评判，常常导致我们无法做到身心合一。过于关注评判是我们每个人最大的敌人。所以，事中或赛中，我们只有不评判，只观察，从感觉出发，才能达到做事或比赛的巅峰状态。在生活中，往往是我们越想操控，就越适得其反。

其实，比赛和竞争的意义在于激发每个人的潜能，胜利就是跨越障碍，实现目标，过程远比结果更重要。更多时候，我们不是通过比赛的胜负来证明自己，而是通过战胜自我内在、不断完善人格来证明自己。

这本书也从另一个视角分析了人格因素与做事成败的关系问题，也就是心理学上所揭示的关于"兴奋水平与成就高低"的"倒U曲线"。

其实，王阳明、孔子及曾国藩的修炼也都是在追求身心合一，即自我一和自我二的统一。这种身心合一的过程，实质上就是一个发现自己、解放自己、体现自己、战胜自己、升华自己、强大自己的过程，可以让我们通过努力达到自我超越和自我实现。

其实，人生的最大意义在于自我挑战、自我战胜、自我成长。自我一和自我二就是在自我对抗中强化专注，挖掘潜能，掌控惯性。自我竞争，向内发力，才是成长和成功的基石。因此，我们只有把做事的对象当作竞争对手，才能专注到极致状态，做到知行合一并身心合一。

有兴趣的书友们可以通过细读本书，品味其中要义，掌握其中方法，从而自我修炼身心合一的内功，去成功做事和创造人生辉煌，达到自我实现的最高境界。

我曾经是个业余田径运动员，经常参加比赛，代表苏州地区参加过三次江苏省田径运动会，也代表上海师大参加过两次上海市大学生运动会，拥有一定的训练和比赛经验，同时具备了一定的生理心理学基础。

在 20 世纪 80 年代，我在大学除了教普通心理学和教育心理学外，也兼教过近 10 年的运动心理学，并自编了《体育运动心理学》教材，在调研和实验的基础上撰写了数篇有关人格因素对竞技能力影响的论文，主要发表在国内相关专业刊物上。这些文章的主要内容是从不同角度论述并论证了上述有关自我竞争和身心合一的观点，可以说与我今晨听读的这本书的主要观点不谋而合。

所以，我对这本书情有独钟，感触颇深。它确实是一本对人生具有积极指导意义的好书，实用性很强，非常值得一读！

2023 年 10 月 18 日晨

4.22 突破临界点，实现人生由量到质的转变
——《临界点》晨读感悟

本书作者许单单，拉勾招聘创始人。

一、什么是临界点

我们知道，冰在超过 0℃之后就化成了水，水在超过 100℃之后又变成了水蒸气。物理变化中存在这样的临界点，在其前后物质的状态和性质会发生很大的变化；在化学变化过程中，刚开始往往难以看出变化的痕迹，但当温度等外部环境超过一定标准，达到临界点之后，往往就会产生新的物质。

临界点也就是所谓的"火候""冰点""极点"，这是一个很重要的标志。事物达到临界点，就会由量变到质变，这就是临界点效应。

我们很多人练习长跑时都有这样的体会，当跑到一定程度的时候，常常感觉喘不过气来，筋疲力尽，但咬牙坚持跑，挺过去，你又会感到呼吸顺畅起来，两条腿也好像又能轻松跑起来了，继续跑下去的勇气会转变成一种轻松向前跑的惯性，你就又能跑很长一段距离。你咬紧牙关、极度难受的那一

刻,就是你跑步的临界点,也是所谓的"极点"。同样,在学习和事业上要想取得成功,也需要我们有挺过临界点的勇气和毅力。只有坚持到底,才会胜利!

二、实现人生的几何级发展

作者在书中分享了他可带入、可执行的职业成长方法论"1.01",每天多做一点简单小事,日积月累,在职场中收获指数级发展就成为水到渠成的事了。

假如职业发展临界点是平均值1,那么每天多做一点即1.01。有人算过:1.01与0.99的365次方竟然相差1481倍,这个描述很直观。这让我们对"0.99和1.01"有了新理解、新认知。"1.01",即每天多一点点,能不断提高升级指数。同样每天退步一点点,长久下去会被甩出很远。

因此,坚持1的1.01,每天多做一点点,长此以往,正向循环,必将收获很大的进步,进而实现人生的指数级发展。当然,要实现人生的指数级增长,需要找准临界点。临界点以内,一分耕耘一分收获;临界点以外,一分耕耘十分收获。其底层逻辑是对自我的肯定、对未来充满信心,相信我可以、我值得!

三、关于选择和努力

人的一生最关键的就那么几步,特别是年轻的时候,既要勤奋努力,更要慧眼选择,因为选择重于努力。在做选择之前一定要先把眼界打开,只有你看过更大的世界,才能知道什么才是真正应该选择的。"会当凌绝顶,一览众山小。"只有站得高,才能看得更远。要做出正确的选择,需要知道两个标准:

第一个核心标准是相对优势。知道自己的相对优势在哪里,并找出与其他人的差异点,同时扬长避短,把自己的优势点发扬光大,以获得指数级的发展。这样,你就可以超越他人。

第二个标准是长期主义。不要用今天的认知来做抉择，而是用 2～3 年甚至更久后自己想要什么来做今天的决策。用长远眼光看自己，坚持自己的选择，不忘初心，努力到底。

虽说选择重于努力，但努力永远需要。选择决定方向，努力成就事情。努力本身并不重要，努力在 0.99 还是努力在 1.01 才是质的区别。所以，千万别小看每天进步一点点的威力，日积月累，当刮目相看。

稻盛和夫说：工作就是修行，要付出不亚于任何人的努力。努力学习，努力工作，每天进步一点点，就像作者提示的那样："掌握方法之后，你也可以跨越你的人生临界点，获得指数级的发展。"

四、关于做选择的要素

第一个关键要素是眼界。在选择之前一定要先把眼界打开，看过更大世面，才知道什么才是应该选择的。开阔眼界可以帮助我们实现认知升级。提升眼界的方式是：多读书，多旅游，阅人无数。多读书，尤其是多读名人传记；多旅行，读万卷书不如行万里路；阅人无数，接触更多的能人善人，与他们结交朋友，变成良师益友。

第二个要素是人脉。人脉就是那些对自己有所指引、有所帮助的人。人脉本质是交换背后的真诚。获得人脉的方式是：良好的沟通和助人为乐，情商技巧。"蓬生麻中，不扶自直。"找到适合自己成长的圈子，找到倒逼自己成长的环境，努力向优秀的人学习，你就会越来越优秀。

虽说挣钱很重要，但是在年轻时，不要把挣钱多少当成唯一重要的东西，至少不要当成跳槽最重要的选择因素，而要把是否能学到本领、提高技能技巧、接触到优秀人脉、拥有良好发展平台、能够更好地展现能力等作为更重要的考虑因素。

五、获得脱颖而出的发展方法

第一是"被看见"。"努力被看到"是人性。我们不仅要会做事，还要会说，会彰显自己和营销自己，这与高调骄傲无关。"酒香也怕巷子深"，是金子就要让它发光，就是让做的事被看见，才能让人了解你、任用你，不能默默无闻。

第二是"会假装"。你想成为一个什么样的人，可先根据那个人的样子模仿。长此以往，你会发现自己的心态和性格及能力等方面都会发生变化。假如你不够开朗活泼，不够自信，那么你可以模仿你想成为的那个人的样子去假装，按照他（她）的样子努力生活。时间久了，你就变成自己喜欢又令人喜欢的样子了。我有个好朋友，就几度提到时常"假装高兴"对自己心态和性格的明显积极影响。所以，要学会"假装"，模仿榜样优点，努力改掉不足，久而久之，你真的会变个模样。

多读书、拓展人脉、被看见、会假装等方式可以不断提升我们自己，达到人生目标，拥有终身学习的心态，追求终身成长，使自己永远在成长路上。活到老，学到老。学习要有规划，但目标不要太高太大，只需每天进步一点点，一年的收获就会很大，一生的受益则更是巨大。

我坚持每天晨读已有1000余天，在帆书平台完成听书500余本，还做了大量读书笔记。自去年10月起至今，已写好并发布100多篇读书感悟，我感觉到这对自己"眼观六路，耳听八方""思接千载，视通万里"的认知能力的提升帮助很大。另外，我每晚坚持练习和琢磨唱歌2～3首也已有2年多，已在K歌平台上发布1000多首次，不仅在无师自通的情况下唱歌水平明显提升（来自K歌平台的打分、专业评价以及歌友们的评价越来越高），同时对自身肺活量、气息运行、敲打神经、按摩内脏、调理身心都有明显改善。我坚持不懈地晨读和晚歌的事例，让我体会到了"每天进步一点点"，可以实现由量到质的转变的真理。

其实，人与人之间的差距不是很大，关键在于1.01与0.99之间的差距。但随着时间推移，差距就会凸显。《临界点》是一本心法与技巧并用的实用好书。1.01就是心法，而提升眼界、管理人脉、创造被看见的机会、假装我能行、寻找相对优势、长期发展、满足别人、选对轨道则是技巧。心法的内容比较容易记住，但还需要结合这八个技巧勤加练习才能奏效。

本书让我们看到了自己成为高手的可能性。"你要相信自己是一个优秀的人，相信未来你会成为一个优秀的人。""每天进步一点点"，长此以往，你就离优秀越来越近，最后必将心想事成，获得成功。

2024 年 2 月 18 日晨

4.23 磨炼心性，热爱工作，让人生更快乐
——《干法》晨读感悟

稻盛和夫是日本"经营四圣"之一，被誉为"当代松下幸之助"，有 51 年的经营生涯，缔造了两家世界 500 强企业。他力挽狂澜，救日航于将倾，并仅用一年时间，使日航做到了三个第一，即利润世界第一、准点率世界第一及服务水平世界第一。退休时，他把个人股份全部捐献给了员工，转而皈依佛门，追求至高财富，提炼心智。

《干法》这本书实际是稻盛和夫的工作哲学，他把工作当作一场修行，通过工作让自己的心性得到不断的提升，很像王阳明所说的"在事上磨炼"。同时，稻盛和夫认为工作是防治万病的良药，也是解决一切问题的重要良药。

稻盛和夫对工作的看法，我深表认同。如果我们把工作当作一场修行，那么心态就会好很多。如果觉得这份工作很讨厌、干起来很烦，那工作中就会不断出现各种不顺心、不愉快。

同理，在现实生活中，无论做什么事，我们都不能只会抱怨，而应想方设法地努力把事情做好，这样可以更好地磨炼自己的心性。所以，生活、学习和工作都是一场修行，修行无时无刻无处不在。

稻盛和夫之所以能这么成功，是因为他能把王阳明心学的核心思想实践起来，做到知行合一，确实令人敬佩。

在《干法》一书中，稻盛和夫主要告诉我们以下几点。

一、努力工作的意义

1. 工作可以提升自己的心智；
2. 工作可以修炼心性，塑造优良人格；
3. 积极认真的工作态度可以扭转人生格局，获得美好人生；
4. 工作不是为了赚钱，而是和自己的贪嗔痴做斗争；
5. 工作是防治万病的良药。

二、努力工作的态度

1. 视人生如修行，而工作就是最好的修炼方式；
2. 要和工作谈恋爱，喜欢工作，热爱工作；
3. 要把做好工作看作是天职，不要把分配给自己的工作仅当作一种任务；
4. 人可分为可燃型、自燃型、不燃型，我们要做自燃型至少是可燃型的人，积极主动自觉地工作。

三、努力工作的要素

1. 不断树立更高目标，挑战更高目标；
2. 付出不亚于任何人的努力，积极工作；
3. 不要有感性的烦恼，以免影响工作心态；

4. 学会创造性地工作，每天进步一点点，把不可能变成可能；

5. 要克服困难，严格地锻炼自己，修养心性。

四、工作干法的境界

1. 工作本身对人就是一种修行，如果不把工作看作是一种必要之恶的话，我们就不会存在烦恼；

2. 要有把工作当成自己天职的心境，自觉自愿地做好工作；

3. 要拿出自燃型的精神去工作，享受工作，这是让自己变得更愉快的一种工作方法，这就是干法；

4. 对待工作，要"动机至善，私心了无"，好的心态决定一切。

总之，工作能够锻炼人性，磨炼心志；工作是人生最尊贵、最重要、最有价值的行为。持有积极的工作理念，不抱怨工作，并踏实地努力工作，把工作当作愉快的、实现自我价值的事情，这就是成功之道，就是干法的根本。

阅读本书，我们可以收获稻盛和夫的工作经验总结；学会如何排解工作中的负面情绪；形成正确的思维方式；树立科学的工作理念。稻盛和夫是企业家们学习的榜样，我们在提高经营理念和追求利益最大化的同时，是否还有更重要的东西值得我们去提升？我们普通人又该如何对待工作，树立正确的工作观呢？我们不妨仔细读一读《干法》这本书，它会给我们一些令人信服的实用答案。

复读《干法》一书，使我进一步认识到：工作不仅仅是为了赚钱养家生存，更重要的是要把工作当成修行，当作乐事；要设定更高的目标，付出比常人更多的努力，才能有所成就；"动机至善，私心了无"，工作的动机一定要和善，不抱私心。

通过细细品味和领悟此书精华，更增强了我"活到老、学到老、工作到老"的信念，生命不息，工作不止！

2023 年 12 月 24 日晨

4.24 懂得如何断舍离,让成功离自己更近
——《放弃的艺术》晨读感悟

近些年,"断舍离"的理念流行起来,让我们认识到了放弃的重要性,意识到定期舍弃一些东西也是提升生活质量的一条有效途径。是的,生活中有太多关于如何获取的经验法则,却很少有人告诉我们该如何学会舍弃。

美国心理学家佩格·斯特里普和艾伦·B. 伯恩斯坦共著的《放弃的艺术》告诉我们:放弃不仅是一个简单的行为抉择,还是一种实践艺术和习得智慧。所谓放弃,其实也叫"目标脱离"。真正的放弃,是能有效抵制坚持下去的惯性思维。

本书告诉我们,人们喜欢坚持,主要来自几个心理学的原因:

(1) 近在咫尺的胜利;

(2) 坚持不懈而获得成功的先例;

(3) 间断强化的力量;

(4) 承诺升级与沉没成本悖论;

(5) 难以走出的舒适区与固步自封。

放弃的各种形式:

（1）逃避式放弃；

（2）对决式放弃；

（3）假装式放弃；

（4）威胁式放弃；

（5）无故失踪式放弃；

（6）爆发式放弃；

（7）貌合神离式放弃；

（8）正确的放弃——目标脱离；

（9）放弃的绊脚石。

（以上内容请参见书中详述）

那么，我们如何进行四步目标脱离法？作者强调：我们要在认知、情感、动机及行为这四个层面同时做到对前目标的脱离，鼓励自己设定新目标，并舍弃妨碍新目标的旧目标。作者告诉我们，达到目标有四个步骤：一是认知脱离；二是情感脱离；三是动机脱离；四是行为脱离（请详见书中介绍）。

研究发现：一些人格类型与放弃能力密切相关。如接近型人格或回避型人格（前者积极主动，后者消极被动）、依恋型人格（回避型、矛盾型或焦虑型）、行动导向型与状态导向型（前者像"比赛型"，后者则像"训练型"）。

这里，具体说说行动导向型人格和状态导向型人格。

行动导向型：当感觉到压力时，人们能够调节消极情绪，振作精神，形成积极而明确的自我形象，果断而不依赖外部刺激，在目标确定和目标脱离两方面的行动都能产生效果（压力之下，行动导向型会着手于行动）。

状态导向型：在压力条件下，一个人的情绪状态主导其行为的应对方式。当存在压力或冲突时，这类人往往会被消极感受淹没，他们决定应对路径总是犹豫不决，对外部刺激很敏感，会依据最后期限做决定。这类人不容易做到目标脱离（压力之下，他们会更加摇摆不定，不肯放手旧目标）。

一个人的成功，其实同他怎样开始和怎样结束的博弈智慧有关，有时也是数次放弃后才有的结晶。马云认为，应当"拥抱变化，学会放弃"，"但有三样是不能放弃的，那就是梦想、初恋以及思想"。梦想是前进的动力，初恋是对新鲜事物的第一感觉，思想是决定梦想能否成功的基石。

然而，不忘初心、坚守目标仍是许多人最后取得成功的必备素质。因此，这里涉及两个问题，即坚守什么、放弃什么？什么时候该坚守、什么时候该放弃？书中均有涉及，我们不难从书中寻得解答。

学会放弃，轻装前行，具有十分重要的意义。正如引言中所说，放弃不仅能够使我们从无望的追求中解脱出来，还能让我们有时间和精力去追求新的、更为满意的目标。学会巧妙地放弃非常重要，它可以对我们固有的思维习惯做出有意识的区分，让我们能对最终目标坚持到底，不轻言放弃。

可见，放弃是一种需要勇气和眼光的战略调整，其目的是抵达更远的目标。从这个意义上来说，放弃也是一种获得。在佛家箴言中，舍得是一种智慧。舍得，舍得，有舍才有得。《放弃的艺术》则从心理学视角诠释了同样的道理：学会放弃，才会有所收获。突破人生发展瓶颈、走出尴尬生活困境，我们需要放弃那些旧目标，调整更新成新目标。

过去，在人们心目中，"只有失败者才会轻言放弃"。放弃，被视为愚蠢和不会成功的行为。如今，作者在书中不仅介绍了放弃背后的心理学动机，还引导我们培养放弃的能力，并管理好随之而来的思想和情绪，继而盘点现有目标，并规划好新的目标。作者使用了一个很好的比喻，叫作"重置你的内心罗盘"。只有重新明白自己的人生道路朝向，才能够专注于追求生活中真正需要的东西，从而获得成功。所以，放弃"并非大众所认为的穷途末路之举"。我们只有在放弃能力和坚持能力上求得均衡发展，才能对自己的决策更为满意，从而努力实现目标。

2024年1月8日晨

4.25 《减法》的智慧，精兵简政、化繁为简

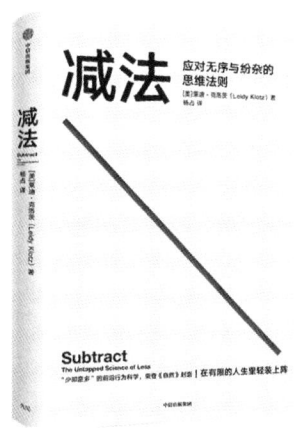

本书作者莱迪·克洛茨，美国弗吉尼亚大学副教授，"减法"的提出者和倡导者。他所提倡的"减法"引起了国际著名学术期刊《自然》杂志的重视，并将有关文章介绍登上杂志封面，备受世人关注。

本书探讨了人们喜欢做加法的深层原因，并提供了一套减法思维法则，帮助我们化繁为简，在有限人生中轻装上阵。其核心思想就是让我们认识到减法的力量。

作者通过长期的实验和科学的观测发现，人们更多地重视加法而较少使用减法是一个惯例，并用实验科学地证明了这件事情。书中还列举两个很有说服力的案例，让我们知道了减法的威力。（请参见书中详述的"栅格实验"和"搭积木实验"）

作者告诉我们：厌恶损失（沉没成本）不应成为我们忽视减法的借口。我们所追求的减法其实是一种改进，这种改进即使在数量上有所减少，但也是一种进步而非损失。其实，"减法可以改变系统，消除系统内阻碍进步的力量，是最有效的改变系统的方式"。"看透事物的本质，就是看你能不能抓住

复杂系统中最核心的那几根支柱。"

记得几年前，我的好朋友叶建军先生（退休前是中国康辉旅行社副总裁、江苏康辉总裁）在我去他办公室拜访时，曾语重心长地对我说："龙华，我们这个年龄的人啊，要开始做减法了。"当时，这句话就引起了我的重视。我对自己一直以来总是喜欢满负荷，甚至超负荷工作的习惯进行了沉思，开始尝试踩踩"快生活节奏"的刹车了，努力去轻松地"拥抱复杂，追求本质"，做本阶段自己最想做的事情，开始体验到了精简事情、放慢节奏、身心轻松的快感。

事实证明，一味地做加法并非人生的最优解，如何抓大放小，提炼思维和行动范式，才是提高工作效率和生活幸福感的方法。

我还记得曾经读过的《放弃的艺术》，书中说："放弃并不意味着结束，它是重新审视你的目标和想要的生活时必须跨出的第一步。"今晨，复读《减法》一书，我又有了新的理解和领悟。是啊，生活中会做"减法"，是一种很好的修行。如果我们能学会做减法的话，那么应该明白，其实它的实际效用并非减少，反而是不断倍增的。

我们希望生活过得越来越好，这一点也没错，但我们若是一味追求越来越大的房子，追求越来越豪华的车子，追求获取越来越多的物质，我们的幸福感会越来越少。这到底是什么地方出现了问题？我们应该深思！

老子说："大道至简，衍化至繁。"大道至简，人生亦简。简，不是贫乏，而是单纯、简单、简朴。

我们生活中的减法是什么？

（1）减去一些不需要的东西，留下更宝贵的东西。人的成长是做加法，而成熟则是做减法。

（2）学会分清轻重缓急，不兼顾所有，做收益和收效最显著的事情。

（3）不仅仅做那些"对"的事情，而是做你真正想做的事情。

（4）不凭惯性做事情，而是学会洞察真相，看事情更透彻。

（5）在问题面前想得更多，在更多的基础上选择更好的一个。

我们做减法时要注意运用"3R 原则"：Reduce、Reuse、Recycle，即减少、再利用和再循环，围绕核心，不断深化，螺旋上升，从简至美。

人有三种自由：放手的自由，保留的自由，取舍选择的自由。我们要学会思维反转，学会拓展、提炼和坚持，这样才能真正把减法这件事越做越好。"Less is more."绝非一句口号。学会做"减法"，让我们的生活变得更轻松！

总之，《减法》这本书给我的启示是：生活中"精兵简政""化繁为简"的高效作用，可以令我们集中优势精力，与时俱进地去做自己最想做且最有意义的事情。

2024 年 1 月 3 日晨

4.26 《即兴演讲》揭秘提升即兴表达能力

作者朱迪思·汉弗莱，知名演讲人、沟通领导力专家，创建并带领汉弗莱集团成为北美著名的沟通领导力企业。

这是一本关于即兴演讲指南的书，为我们提供了实用的演讲技巧和策略，教导我们如何做出自信有力的演讲，强调了思维、结构、引用案例和故事等要素的重要性，提供了应对紧张情绪的方法，告诉我们通过实践这些技巧，可以逐渐提高自身即兴演讲能力，并在关键时刻展现更佳表现。

一、即兴演讲的意义

即兴演讲，是一种在没有事先准备的情况下，根据主题和要求即兴发挥的口头表达能力。它通常要求演讲者有一定的背景知识、灵活的应变能力和清晰的思维。

在现实生活中，我们经常面临需要即兴演讲的情况，比如在会议上发言、与客户沟通、参加面试等。掌握即兴演讲技巧，能够帮助我们更好地应对各种场合，提升自己的沟通能力和表达能力，达到事半功倍之效。

即兴演讲的具体意义表现在：带来更多机会；促进人际合作；加快决策速度；使人觉得真实可信；使人充满魅力；沟通快捷高效。

巴菲特说，学会演讲是一项可以持续使用 50～60 年的资产。它属于个人的无形资产。

二、即兴演讲的要点

即兴演讲要有正确的心智方式，包括具有领导意识、学会认真倾听、保持讲话真实、保持高度专注和保持适当尊重五个方面。

1. 具有领导意识

善于确定最佳领导力时刻：

（1）选择合适的时间和地点；

（2）整理演讲思路；

（3）获得观众注意；

（4）讲话内容有价值；

（5）面对面地沟通；

（6）得体有效地沟通。

2. 学会认真倾听

掌握倾听艺术，需要做到用身体倾听、用大脑倾听和用心倾听三个方面。

3. 保持讲话真实

保持讲话真实有六个策略，即处于当下、分享想法、分享信念和价值观、分享感受、分享脆弱、分享故事。

4. 保持高度专注

演讲内容要主题明确，重点突出。

5. 保持适当尊重

这需要做到尊重组织、尊重管理者、尊重同事和尊重自己。尊重来不得半点虚假，应当恰如其分，过度尊重就是虚假。要拥有积极的正面风格，才能成功影响他人，并让人印象深刻。

只有保持演讲的正确心智方式，之后的事自然就水到渠成。

三、怎样创作即兴演讲脚本

1. **做好准备**

（1）了解主题；

（2）牢记关键信息。

2. **了解听众**

（1）讲话前，需对听众做一番分析；

（2）讲话中，留心听众反应，并及时做出调整；

（3）讲话后，进行反思小结。

3. **讲话脚本模板**

模板包括四个部分：

（1）抓手：用积极话语作为引言来吸引听众注意；

（2）要点：这是讲话脚本的核心，具有六个特征——第一，讲话必须围绕要点展开；第二，语句简洁明了；第三，具有吸引力；第四，承载着你的信念；第五，要点要正面积极，包括希望、成就、可能性或目标等；第六，清晰可辨，让听众一听就能明白。

（3）结构体：提供一系列有说服力的论据。

（4）呼吁行动：这有六种形式，即把话语权交给对方；要求对方做出决定；介绍项目推进的步骤；鼓励他人；传达最后通牒；激发合作，共同解决问题。

四、即兴演讲的"4C"原则

即兴演讲选择语言,需要遵循"4C"原则:

1. 清晰性(Clear)

即兴演讲要有一个清晰的思路。在准备即兴演讲之前,考虑好主题和内容,明确想要表达的核心观点,并选择一些关键性的论据和例子来支持观点。这样可以帮助您在演讲时保持思路的连贯性和明确性。

2. 口语化(Conversational)

即兴演讲需要良好的口头表达能力和快速的反应能力。在演讲时,言语要积极正面,能够鼓舞他人,且语调抑扬顿挫,让人易于接纳,使听众感到您是在与他(她)真诚而又随和地谈心论道。

3. 保持自信(Confident)

即兴演讲要有自信,自信是成功的关键。即使您对某个主题不是非常熟悉,也要相信自己的能力和知识。相信自己的表达能力和思维能力,相信您能够应对任何突发情况。当您充满自信时,演讲将更加流畅、自然,也更容易吸引听众的注意力。

4. 保持合作(Collaborative)

即兴演讲需要与听众建立连接。在讲话时,需要与听众共情互动,保持眼神交流,用有亲和力的语言表情、面部表情和身段表情与听众交流。也可以使用一些幽默笑话或故事以及个人经验来吸引听众的兴趣,并引起共鸣。与听众建立情感联系不仅能够提高演讲的效果,也有助于缓解紧张情绪。

对许多人来说,即兴演讲可能是一项令人望而生畏的任务。然而,通过掌握一些简单的演讲思路和技巧,即兴演讲也可以让人变得自信和轻松起来。

所以,即兴演讲是一项需要在实践中不断练习和积累经验的技能。通过参加演讲俱乐部,与他人一起练习相互反馈,以及对各种话题进行积极思考和讨论,您的即兴演讲能力将会得到迅速提高。

其实,每一个看似轻松的演讲者,其背后都有一套成熟的方法论和长期的刻意练习。只要掌握科学方法并坚持系统练习,你也可以成为侃侃而谈、言之有物且备受欢迎的演讲者。

总之，即兴演讲需要清晰的思路、敏捷的反应能力、与听众的互动和自信心。通过掌握这些演讲技巧，你也能够在即兴演讲舞台上脱颖而出。要相信自己，不要害怕挑战，尽情展示你的才华！

2024 年 2 月 10 日晨

4.27 演讲不仅是一门技巧，更是一场心灵的交流
——《高效演讲》晨读感悟

本书作者彼得·迈尔斯，企业家，美国 Stand & Deliver 咨询集团创始人兼董事长，斯坦福大学沟通力与领导力讲座教授。

大家知道，演讲是一种能力，是人类社交交流与沟通的重要方式之一。演讲，对人生的意义和价值主要在于：提升你的自信心、改善你的沟通能力、展示你的个人才华、塑造你的个人魅力、彰显你的个性特质、助你事业成功并给你带来幸福的生活等方面。

要想获得高效演讲，需要把握四大秘诀。

首先，调节好演讲心态。然而，在众目睽睽之下，很多人在演讲时容易感到紧张害怕，严重影响演讲效果。心理学上著名的耶克斯-多德森定律（这

个定律可以用"倒 U 曲线"来表现）足以说明紧张焦虑对工作效果的影响。

耶克斯和多德森于 1908 年创立"倒 U 形假说"，亦称"贝克尔境界"，说明成绩与唤醒水平之间关系的理论假设，"倒 U 曲线"认为：每项任务都有一个最佳的唤醒水平，未达到或超过这个最佳点，活动效率（成绩）即会下降，成绩与唤醒水平之间呈倒 U 形曲线关系：当唤醒水平由低向上变化时，活动成绩会有所提高，直至达到最佳唤醒水平；而当唤醒水平进一步提高，活动成绩则会下降。

完成任何一种活动技能都遵循这一规律，每种活动技能都有其取得最佳成绩的最佳唤醒水平。由此可见，要想获得好的活动效果，就得放松心情，调整好心态，控制好兴奋性水平。

那么，在演讲活动中，唯一能够令人放松的方法，是把演讲当作一个派发礼物的过程。别太关注自我，时刻记住观众才是主角。

记住：你是来给大家送礼物的，不会有很多人真的关注你，除非你能给他们提供价值！千万不要想通过演讲取悦所有人，也不要想通过演讲让观众都记住你。

这样，你演讲时的心态就放松了，主题就会明确，思路就会更加清晰，灵感就越容易迸发，从而妙语连珠。

其次，特别关注演讲方向，即演讲内容、演讲风格、演讲状态。这是高效演讲最重要的三个方面。其中演讲内容最为重要，占 80%。

无论你想传递给听众多少信息，都要把它浓缩成三件事。因为人类对"三件事"的记忆具有天然的敏感性。除此之外，要多站在听众的角度想问题。演讲风格和演讲状态只占到 20%。

只要有好的内容，听众就能听下去，并请记住演讲的误区在于过度关注风格和状态，而忽略内容。这里不能本末倒置，哗众取宠。切记：内容永远是第一位的。

再者，巧设演讲的核心结构，即坡道、发现、甜点。

所有好的演讲都是由这三个部分构成的。

"坡道"要从关联性构造着手，让听众知道为什么要做坡道，容易引起全场的兴趣。有时候坡道已经决定了你演讲的成败。

常用的"坡道"有8个：

(1) 以"你们"开头，说出听众的心声；

(2) 运用有震撼力的数字；

(3) 提出问题；

(4) 令听众震撼（如"我们正面临一次前所未有的挑战……"）；

(5) 坦白（如"我一直害怕公众演讲……"）；

(6) 运用想象；

(7) 讲述历史轶事；

(8) 讲故事。

"发现"是演讲的主体，你想要传递给听众的信息，需要归纳整合成三件事，把你准备好的三个要点逐一讲述清楚，并视时间长短来决定详略。

"甜点"是演讲的收尾，千万不要在问答环节结束演讲，一定要在最后自己收尾。这是你把感性发挥到最大的时候。一个故事、一首诗、一句名言都可以作为甜点来完美收尾，让听众记住你的演讲。

最后，要记住几个重要的原则。

(1) 讲话中用一次"我"就要用十次"你"。记住：请在演讲沟通中多用"白金法则"，少用"黄金法则"，即多用"你"，少用"我"。

(2) 七秒法则。你只有七秒钟去争取听众的注意力。所以，第一句话就要和听众有关系。

(3) 开头慎用笑话。因为听众可能不笑。开头最重要，易引起听众的兴趣，所以不要把精彩内容放在最后。

(4) 告知听众演讲流程（时间、大标题及互动规划），并展示演讲路线图，既让听众明了你的演讲内容及其顺序，同时又便于你自己做演讲小结。

根据我曾在高校当老师多年和在社会上开讲座的经验体会，我认为高效演讲的基础功底主要有三：

一是文字组织能力。要善于以文字形式将演讲内容构思好，明确重点，详略得当，最后画龙点睛，一定会让你的演讲精彩纷呈。

二是口头表达能力。要能恰当组织语言，准确表达出自己的思想，这实际也是一种语言组织能力。

三是逻辑思维能力。能够将事情的本末梳理清楚，层层剥笋，循循善诱，动之以情，晓之以理。

总之，通过积极主动地参与演讲活动，我们可以不断提高演讲技巧和表达能力，使自己在日常生活和职业生涯中取得更大的成功。

因此，无论在哪个领域，演讲都是我们实现目标和追求人生价值的重要工具。年轻朋友们更要注意锻炼自己的演讲能力，未来世界是属于你们的！

2024年1月23日晨

4.28 培养语言魅力，进行有效关键对话
——《关键对话》晨读感悟

本书作者科里·帕特森，组织行为领域的杰出贡献者，曾获得杨百翰大学马里奥特管理学院迪尔奖，并在斯坦福大学从事组织行为方面的博士研究工作。

另外三位作者约瑟夫·格雷尼、罗恩·麦克米兰、艾尔·史威茨勒都是资深的咨询顾问，长期活跃在咨询和演讲领域，为大量企业提供培训和管理指导工作。

一、关键对话的特征及其意义

当人们激动且意见不统一时产生的对话就叫作关键对话。

1. 关键对话的三个特征

（1）对话双方的观点差距很大。比如双方意见不合的争执、与不同意见的同事沟通和说服你的老板和父母；

（2）对话存在很高的风险。比如难得的面试机会、求婚、谈判、要求加薪；

（3）对话双方情绪激烈。比如面对叛逆的子女、下属情绪失控、客户生气的投诉。

2. 关键对话的意义

关键对话之所以关键，是因为其结果会对你的人际关系和生活质量造成巨大的影响。

关键对话良好，可以帮助你在面对挑战时保持冷静。其作用具体表现在：

（1）提升影响力：能够轻松化解问题，增进双方关系；

（2）和谐组织：让组织成员敢于表达不同的观点，彼此理解，达成共识；

（3）改善人际关系：譬如化解夫妻间、同事间、邻里间的争吵；

（4）改善个人健康：调节情绪状态、改善免疫系统、提高健康指数。

3. 关键对话不好的情况

（1）对话后果严重：达不到沟通目的，损害人际关系；

（2）情绪激烈：对话双方可能生气，甚至争吵动怒；

（3）意见分歧：双方在某个问题上有很大的不同看法。

因此，掌握有效处理关键对话的技巧和策略非常重要。

二、成功关键对话的三个重点

在我们的日常生活和工作中，关键对话是无法避免的。然而，要想在关键对话中取得成功，我们必须关注以下三个重点：

1. 明确对话目标

在任何一次关键对话开始之前,我们应该明确对话目标。这就需要我们清晰地知晓自己希望从这次对话中得到什么以及愿意为此付出什么。明确目标有助于我们保持对话焦点,避免被无关紧要的细节干扰。

设定目标时,我们需要考虑到对话的背景、参与者的需求和利益以及可能产生的结果。这需要我们进行深入的换位思考和预测,以便能够设定一个既实际又具有挑战性的目标。同时,我们还需要准备好应对可能出现的挑战和困难,以便我们能够灵活地调整目标。

2. 把握情绪管理

在关键对话中,把控情绪至关重要。当情绪激昂时,我们容易失去理智,做出冲动的决定或说出伤人的话,这不仅会破坏对话,还可能导致我们与对话者的关系破裂。

因此,我们需要学会制怒,控制住情绪,尤其是在面对冲突和沉重压力时,我们更需要保持冷静,理智地分析情况,并做出明智的决定。此外,我们还需要学会倾听和理解对方的情绪,在共情和同理心的基础上,以积极心态去推动对话进行。

3. 追求双赢结果

在关键对话中,目标应该是追求双赢,这意味着我们需要找到一种解决方案,既能满足自己的需求,又能满足对方的需求。这样的结果不仅能增进双方的关系,还能提高自我效能感和满意度。

追求双赢结果,这就需要我们超越传统思维模式,采用引领未来的思维方式,学会探索和创造可能性,寻求升维解决方案。因此,我们需要动之以情,晓之以理,学会妥协和让步,促进对话双方达成共识。我们也需要理解和接受对方观点和需求,保持开放和尊重的态度,以求关键对话的成功。

三、进行成功关键对话的技巧

1. 关注你的真实目的;
2. 进入关键对话的引导思维;

3. 学会观察对话氛围；

4. 保证对话的安全（强调共同目的，保持尊重、及时道歉）；

5. 在受伤、愤怒和恐惧的情况下还能展开积极对话；

6. 当情绪将要失控时，有立马止住的情绪管理技巧；

7. 关键对话的步骤运用得当：分享事实经过；说出自己的想法；征询对方观点；为继续关键对话做铺垫。

8. 关键对话中常用具体妙招，如缓和谈话气氛有 4 招：道歉；对比说明；创造共同目的；保持尊重。

达成关键对话有 5 招：陈述事实；表达想法；征询对方意见；对共同点表示赞同；对盲点进行补充。

书中还提供了一些其他方法，有兴趣的书友不妨认真读一读，一定会让你受益匪浅！

这本书对我很有启发和教育意义。回顾自己人生历程中多次关键对话的失败，多半是由于同理心不够、缺乏换位思考和情绪管理不当造成的。

无论是当初当政协委员时的会议发言、建言献策，还是在经营管理中的商务谈判及员工谈心都存在简单主观、情绪激昂的问题。

随着多年人生历练，让我体会到了社会的多元性与复杂性，更明白了：讲话需有策略，不可意气用事；管理意味着需要多方协调和有效沟通，要管好别人，先要管好自己；在创新建议和创新活动中，与人意见相左乃是家常便饭，这时更需要冷静，据理说服，采取引向未来的积极思维方式十分重要。

这本书确实非常实用，它告诉我们如何学会在控制自己情绪的同时，安全地在整个对话中有目的地阐述观点，寻找共同观点，在意见不同时找到共赢的处理方式。

根据本书的指引，你会发现自己也可以很好地控制情绪，流畅并且智慧地引导谈话向解决问题的方向前进。感兴趣的书友可以同时参阅《非暴力沟通》一书。

2024 年 3 月 3 日晨

4.29　向上社交艺术，教您结交更优秀的人
——《如何结交比你更优秀的人》晨读感悟

作者康妮，人脉管理师、哈佛商学院 MBA。

这本书可以帮你构建人脉力，使你成为真正的人脉达人，让人脉网络帮助你的事业更加成功，使你的生活更加幸福。

所谓人脉，在大多数人的理解中都带有功利和互相利用的色彩。作者认为我们应该用更加开放和正面的心态来看待人脉，可以说"今生你相识相知的人都是你的人脉"。

人脉关系有强弱两种连接：强连接包括和你相识时间长的，经常联系的，感情深厚的，而且你会经常性地给对方帮点小忙，也常受惠于对方的朋友。弱连接是与你交往时间短，不常联系，没有太多的感情基础和投入，没有什么互惠互利的行为，也没有家族血缘关系的人。

Network up，就是"向上社交"。很多人脑海中的向上社交，就是要结识大伽，结识那些身份地位比自己更高的人，或者说基础比自己更好的人。

但是作者认为，所谓向上社交，就是结交比自己更优秀的人，周围所有的人身上都可能有我们自身所不具备的优势，学习别人的长处就是向上社交。

正所谓："三人行，必有我师焉。"

所以，识别他人身上的优势是向上社交的关键。真正看懂后要善于向他们学习，将他人的优势内化为个人竞争力，这就与你的"人脉力"强弱有关。

"人脉力"，就是如何与人进行有效的链接，把他们从陌生人变成熟人，从熟人变成自己的朋友、知己、智囊，也就是结交比自己更优秀人的能力。

人脉力包括三种核心能力：第一，识别力，就是善于从身边人身上识别他们的优点、亮点、特色和强项的认知能力。第二，学习力，就是能从那些比自己更优秀的人身上学习长处，并把它们内化成个人竞争力。第三，链接力，就是能跟这些优秀的人产生一个有效的链接，把他们从陌生人转化成熟人，从熟人变成长期的智囊、知己和朋友。

在日常生活中，我们发现许多人在搭建人脉时常有三个误区：第一是不愿，即不屑于做人脉搭建，拉不下面子逢人便说好话，讨好和巴结人。第二是不敢，即虽然想结识别人，但是由于性格内向和害羞腼腆，比较社恐，没有勇气与人交往。第三是不会，即缺乏人际交往方法，不知道该如何与人交往，不懂如何进行沟通。

本书的精彩之处就在于，它不仅透彻分析了这三个误区的成因，而且还实操性地告诉了我们突破三大误区的具体方法，既实用，又有启发性。

书中告诉我们：

（1）一个好的人脉关系，是从为他人创造价值开始的；

（2）朋友是麻烦出来的，为对方帮一点小忙，有助于感情的增进；

（3）与陌生人的交往，第一步是找到你们的连接点；

（4）在人际交往中要适当敞开自己内心柔软脆弱的部分；

（5）通常人际交往中，人们最关心的三个核心问题是：子女、财富、健康；

（6）"交朋友必择胜己者"，重点是要学人之长，补己之短，要善于建立和谐的人际关系。

《繁花》这部电视剧很火，通过描绘 20 世纪六七十年代到八九十年代上海老百姓的日常生活、商业商战以及社会经济发展，让观众更深入地了解了那个时代的生活状态和人文风貌。

本剧对人际关系的细腻描写和对人物心理的深刻剖析，使人们对那个时代的人际关系和人脉圈子、情感状态和社会氛围有了更深刻的认识。

《繁花》一剧中，爷叔是一位资深的生意人，他在上海滩的商场上摸爬滚打多年，积累了丰富的经验和智慧。

作为宝总人生中的启蒙导师和重要的引路人，爷叔为宝总提供了宝贵的建议和帮助，为他的事业发展奠定了坚实的基础。爷叔是一个深思熟虑、沉稳干练的人，他的言行举止充满了严谨和理性，给人以稳重和可靠的印象。

用我们现在的话说，爷叔是一位德高望重的长者，他就是宝总的重要贵人和向上社交的启蒙人以及引入商业圈子的第一人。宝总选对了高人，也就摸到了门道，就能做对事情。

事实上，人脉关系和社交圈子对人的成功有着十分重要的意义。

（1）人脉能带来更多资源和机会。拥有好的人脉，意味着能够更快地发挥自身才华，同时带来更多的资源和机会，帮助自己快捷获得成功。人脉关系对于成功来说至关重要。

（2）人脉资源具有变现能力。人脉本身是一种无形的个人资产。斯坦福研究中心指出：一个人赚的钱中，有 12.5% 来自知识，有 87.5% 来自人脉关系。如果能够有效地管理和利用人脉资源，那么挣钱的可能性将大大增加。

（3）人脉必须注重质量而非数量。人脉关系的核心在于双方都能提供价值和帮助，互惠互利，以形成稳定而又和谐的人际关系。交结朋友不在数量多，而重在质量高。所以，我们更需要向上社交，结交比自己更优秀的人。

（4）人脉是一面有助成长的镜子。通过人脉，我们可以得到反馈，发现自己的不足，并通过贵人和高人的建议和指导进行改进。所以，人脉不仅是一个交流信息和资源的平台，而且还是个人成长的一条有效途径。

（5）人脉具有网络效应。随着社交圈子的扩大，我们可以接触到更多不同背景的人和信息，从而增加了学习和发展的机会。这种网络效应有助于我们在职业发展和生活中取得更大的成就。

（6）人脉有助于提高信任度。通过维护和发展人脉关系，我们可以提高自己在他人心中的信誉度，这对工作和个人都有积极影响。

要注重人脉质量，就必须选对圈子。你所在圈子的质量，决定你生活的质量。你朋友圈的平均水平，就是你的水平，也就是说，你接触什么样的人，大概率自己就会变成什么样的人。"和勤奋的人在一起，你不会懒惰。和积极的人在一起，你不会消沉。与智者同行，你会不同凡响。与高人为伍，你能登上巅峰。"

古人说："近朱者赤，近墨者黑。""蓬生麻中，不扶而直；白沙在涅，与之俱黑。"所以，想要快速成长，就要加入更高质量的圈子。

只有和更优秀的人在一起，你才能看到自己的不足，不断反省，才会克服懒惰，突破舒适圈，积极向上求进。

综上所述，人脉圈子作为一种重要的社会资本，对于个人的职业发展和生活质量有着深远的影响。

这本书清楚地告诉我们如何结交比你更优秀的人的实操方法，对于我们构建自己的人脉力从而成为一个人脉达人很有帮助。

以上感悟是我的一孔之见，不一定对，仅供参考。

2024 年 1 月 16 晨

4.30 《福格行为模型》揭示习惯决定成败

作者福格博士是斯坦福大学行为设计实验室创始人,"微习惯"理论的提出者。他创立的"微习惯学院"训练营,已经帮助超过 12 万人养成好习惯,戒掉坏习惯,过上想要的生活!

《掌控习惯》和《微习惯》这两本书,都借用了福格博士的一部分理论,而在《福格行为模型》中,作者首次完整地介绍了行为设计的整套原理和方法。

本书是一本关于习惯养成的实操手册,是行为科学领域的前沿研究成果。书中介绍了 15 种人生情景与挑战、300 个微习惯配方以及 100 种庆祝成功的方式。

福格还重点介绍了一套行为模型,揭示了行为习惯养成的原理;提出了七个实操步骤;攻克了习惯养成过程中的难题;同时教会我们如何运用行为设计的方法培养习惯,有效克服习惯养成过程中的种种困难,让好习惯水到渠成!

我们总是认为只有动机足够强,行为才会发生,甚至把动机不足归咎于自己缺乏意志力。

其实,动机只是影响行为发生的一部分因素,并不是起决定性作用。行为能否发生,取决于三个因素:你是否有足够的动机;你是否有做出行为的能力;是否有提示来提醒你做出这个行为。

行为设计的本质是情绪设计。积极的情绪,是我们把行为固化为习惯的重要前提。只有创造出积极的情绪,习惯才能被养成。

福格行为模型的核心,即 B=MAP。

B——Behavior(行为),即你的某一个行为动作;

M——Motivation(动机),即你做某件事情的意愿的大小;

A——Ability(能力),即你是否有能力做这件事情,或者说这件事情对你来说难度如何;

P——Prompt(提示),即是否存在有效的提示来提醒你什么时候开始做这个行为。

所以 B=MAP 的意思就是:行为=动机×能力×提示。

当你想知道一个坏习惯(行为)改不掉的原因时,你可以套用这个公式,看看它的 M、A、P 三要素分别怎么样。通过分析，思考如何通过调整某个要素来改变这个习惯。

另外，当你想养成一个好习惯却感到困难时，也可以套用这个公式，查看一下 M、A、P 三要素中缺了哪一个，并知晓怎样来设计行为，寻找解决的方案，最后促成这个好习惯（行为）养成。

可见，要么你做这件事的动机很强，要么做这事对你的能力要求很低，或者两者同时具备，就容易促使你做这事的行为发生。但若没有提示（P）的话，动机（M）和能力（A）再强，行为（B）都不会发生。

根据福格行为模型 B＝MAP，可以在提高动机和能力或降低难度的同时，增加提示。具体操作步骤如下：

首先，根据个人愿望列出行为集群，筛选黄金行为（既容易做到又对实现愿望具有显著效果的行为）。

其次，运用工具"能力链条"（满足脑力、体力、时间、金钱、日程五大要素）和"微习惯"策略（将高难度行为拆分为一个个的微行为，如通过只执行入门步骤、降低心理门槛以及缩小规模的方式形成习惯等）。

再加以人物、情境、行动的提示方法（行动提示也即锚点，如每天都发生的"顺便习惯"和将负面情绪与积极行为相衔接的"珍珠习惯"）。

最后，配合庆祝动作，感受成功，固化行为，形成习惯，巩固习惯。

因此，要培养一个习惯，或者改掉一个习惯，要做到如下七个步骤。

第一步，明确愿望，把你的一个具体的目标或者愿望写下来；第二步，探索行为选项，尽可能多地列出行为清单；第三步，从上面的行为集群当中找出效果最好而又最容易做到的黄金行为；第四步，设计你的黄金行为，让它变得更容易做到且可融入日常生活节奏的微习惯；第五步，设计对的提示，把一些高频发生的行为当成锚点以此提示你去做你的黄金行为，从而让黄金行为更容易发生；第六步，即时庆祝，每一次做完黄金行为，就用一个简单的能提振情绪的庆祝来让自己感受愉悦，以此来固化我们的黄金行为，让它更容易养成自然而然的习惯；第七步，排除障碍，重复、扩展。

这本书中有一个"美丽"的概念叫作"珍珠习惯"，是指将原本惹人厌烦的事情转化成美好的提示。比如福格教授睡眠不好，经常被半夜启动的空调吵醒。与其每次被吵醒后都烦躁地抱怨，不如设计出一个习惯——每次被吵醒后，就冥想放松。于是，他收获了一个明确的冥想放松的时间段。他甚至觉得被吵醒后冥想、放松，是一件幸福的事情。

每一颗美丽的珍珠，其实都是蚌包裹好的痛苦与刺激。对于那些确定会发生的刺激，建立一个习惯来"包裹"它，久而久之，也许就会得到一串生活的珍珠。或许，我们日常生活中频繁发生的各种困扰人的事情，都可以是微习惯养成的机会。

珍珠习惯的做法就是：你可以把生活中不开心的、痛苦的事情当成锚点，当它发生的时候，就去做一些能让自己开心的事情，这样就可以把痛苦的锚点和开心的行为习惯相联系，一方面转化了痛苦锚点带来的负面情绪，另一方面可以顺便培养一个积极向上的好习惯。记住：珍珠习惯，看似很小，但"小的改变能够改变一切"。

"知者行之始，行者知之成。"这本《福格行为模型》给了我们切实可行的行动抓手，让我们不仅"知道"，而且可以"做到"。行动的根本是行为设计，"行为设计的本质是情绪设计。积极的情绪是我们把行为固化为习惯的重要前提，只有创造出积极的情绪，习惯才能够被养成"。从微习惯开始，改掉坏习惯，养成好习惯，习惯成自然，习惯好了，自然就会"知行合一"。

养成一个好习惯不容易，改掉一个坏习惯同样不容易。成功有套路，习惯有模型。福格行为模型，能帮助我们养成好习惯，改掉坏习惯，过上自己想要的生活。这本书很实用，有方法，有步骤。千里之行，始于足下！让我们从现在开始吧！

2024 年 1 月 17 日晨

第五辑　勇敢面对衰老

衰老通常是指生物体随着时间的推移，其机体各脏腑组织器官功能逐渐降低的过程。

衰老的主要表现有：生理功能的衰老、心理和行为的衰老、细胞层面的衰老、组织和器官的衰老等。如细胞增殖能力下降、细胞凋亡增加、肌肉萎缩等，还有免疫力下降、记忆力减退、注意力不集中、情绪波动等表现。

衰老是生命的动态过程，与年龄增长密切相关，但并不等同于年龄，这是一个个体差异相对较大的过程。不同个体、不同器官和不同生理功能的衰老速度和程度可以各不相同。

在变老旅程中，我们要善待自己，坚持终身学习和终身成长；要能接受不完美，保持好奇心，培养健康生活方式，珍惜人际关系；要善于追求内心平静，留下人生足迹，拥抱生命瞬间，开心快乐每一天；要能顺应自然，勇敢地坦然面对衰老，以平和之心迎接未来。

5.1 《老去的勇气》：在变老的路上优雅前行

老去，是我们每一个人必须面对的终极大考，需要时间，需要身体，需要心理，需要勇气，需要智慧，需要准备，更需要价值判断与耐力定力。

终极大考，怎么考？不同的人有不同的应考策略与答案。有服老的，也有不服老的；有未老先衰的，也有老而不甘的，还有老得其时的。

其实，衰老是一种自然的现象。面对不可逆转的衰老，我们不应太过"年龄焦虑"，而要拥有正确的心态，毕竟老的只是身体，不老的是精神。面对衰老，我们要有七大勇气，从而无惧暮年，优雅地老去。

（1）享受下坡路的勇气：上坡要努力，下坡求精彩；

（2）跨越"但是"的勇气：莫用堂而皇之的借口来安慰和欺骗自己；

（3）相信自己对他人有益的勇气：余热发电，余生当位；

（4）珍惜当下的勇气：初恋品味道，人间重晚情；

（5）接受"执着"的勇气：曾经合光，回忆同尘；

（6）承认做不到的勇气：温暖瞬间，彼此给力；

（7）传递幸福的勇气：人生不是对抗赛，而是接力赛，将"此时、此地"

的幸福传递给年轻人。

如果真正领悟了"尽人事，听天命"的道理，那么"老得其时"应该是终极大考的最佳答案。因为这样不早不晚，既不夸张，也不回避，顺其自然，有道法自然之风范。我们要看到所拥有的，而不是已失去的；要永远在路上，保持年轻的心态！

所以面对变老，心理认知极为重要。心态决定选择，选择决定命运。面对变老的身体，心态不要变老。承认身体上的变化，并积极应对这种变化，多了解身体上的变化给自己带来的影响，与生活环境、家庭环境和谐相处，变老也许是件美好的事儿。智者不惑，仁者不忧，勇者不惧。夕阳无限好，何惧近黄昏。

其实，每个年龄阶段都有每个阶段的美好。我们"50后""60后"这代人，确实生活得不易，如今退休了，更应该好好地享受人生，不再追求力所不能及的事情，不要再逞强好胜，不再计较得失，在生活中应多做减法，保持正念，活在当下，开心过好每一天。孔子七十从心所欲而不逾矩。随着年龄的增长，智慧的不断积累，会让每个勇敢面对变老的人越来越幸福。

《老去的勇气》是一本教人们跟岁月、跟年龄、跟时光和解的书，它不是让大家鼓起勇气老去，而是让那些不能很好面对老去问题的人，能够鼓起勇气享受老去的生活，我觉得这个非常关键。请大家记住：积极维护心理健康，感知人生自我价值，摆脱"习得性无助"，追求"习得性快乐"，积极的心态特别重要！

愿各位朋友都能健康、快乐、优雅地慢慢老去！

2023 年 11 月 26 日

5.2 《百岁人生》揭示长寿时代的生命智慧

本书作者是琳达·格拉顿和安德鲁·斯科特。琳达·格拉顿,美国人力资源协会会员、新加坡政府人力资本咨询委员会成员,被《商业思想家》评为15个有影响力人物之一。

安德鲁·斯科特,伦敦商学院经济学教授,牛津大学万灵学院和欧盟经济政策研究中心研究员,曾任英国金融服务局非执行董事。

该书是作者为MBA学生开设的一门"百岁人生"课程,21世纪初出生的人有50%的概率活到100岁,面对这个事实,作者运用当今社会学、经济学和心理学的研究成果和丰富的实践经验,向我们展示如果活到100岁,我们的日常生活、工作、学习和社交会发生怎样的变化,以及我们该怎么办。

根据我国部分统计数据信息:2020年中国百岁老人约有11.88万人,其中男性3.51万人,女性8.37万人。然而,截至2014年6月30日,中国百岁老人数量为58789人。数据显示,中国百岁老人的数量相比过去几年显著增长。从2014年到2020年,全国百岁老人的数量几乎翻了一倍,这一增长反映了中国人均预期寿命的提高和长寿时代的到来。

关于人类寿命的研究，相关专家提供了不同的预测和观点，但普遍认为人类的寿命上限可在 115 到 150 岁之间。阿尔伯特·爱因斯坦医学院的研究也将人类的平均寿命上限修订为 115 岁，绝对上限修订为 125 岁。

生物学和生物物理学专家通过大数据研究发现，生理年龄和适应力是决定人类寿命的关键因素，然而这些因素又与人们的生活方式、压力和疾病有关。

在人均寿命开始普遍延长的时代（每 10 年延长 2 岁），我们需要对人生重新做出规划，由过去的三段人生，即从求学阶段（25 岁前）、工作阶段（25 岁到 60 或 65 岁）、退休阶段（60 或 65 岁以后）逐步演进到多阶段人生。

书中也向我们介绍了一种很有意思的现象，叫作"青春再来"，即青春期延长。过去我们一直认为，在 20 岁时青春期就结束了。可现在作者认为我们的青春期大概要延长到 65 或者 75 岁，这个阶段都叫青春期（这时间界定还值得商榷）。

这种现象在生理学上叫作"幼态持续"，也就是年纪虽然上去了，但身心状态仍保持着青少年时期的适应性和灵活性。我们今天 40 岁的人还玩呢，50 岁的人还老小孩呢，60 岁的人还骑自行车环游中国呢，这就叫幼态持续，也是我们常风趣地说"抓住青春的尾巴"。

这种幼态持续的状况，将会在我们这一代和下一代的身上持续地发酵。最后你会发现，七八十岁的人还在快乐地工作（做自己喜欢做的事情），参加马拉松、游泳、远足旅游、爬珠穆朗玛峰等，这些现象都是很正常的。因为他们要保持青少年的适应性和灵活性，也为了拥有良好的身体条件。

虽说这本书并非专门研究养生之道的书，然而通过揭示当今社会人的寿命普遍延长的事实，将终身学习、工作到老、终身成长等与幸福快乐人生有关的养生之道融入其中，蕴含对未来人生活法的创新思维，值得我们任何年龄阶段的人深思并按照此新思路重新规划自己的人生，设计出一份适合新时代的生涯规划，让自己的生命历程更加精彩。

这本书让我们了解到长寿时代对生活产生的深远影响，告诉我们培养应对环境变革的前瞻性的思考方式，帮助我们早早规划人生，延长生命长度，拓展生命宽度，使生命更有意义。

如果我们没有规划好自己的人生，那么要是真的活到 100 岁，可能会陷入"温迪妮诅咒"，也就是为了生存而终身忙碌。根据此书的研究结果来看，将来这个时代的年轻人，可能基本上都要工作到 80 岁。只有这样，人生才是平衡的。在这个延长了的工作阶段当中，我们会遇到足够多的工作技能和生活方式方面的挑战（每隔 3～5 年将发生一次），这就需要我们不断地学习、提高和适应。

所以，寿命变长后的生涯规划，需要我们认真考虑如何平衡工作与生活的关系以及如何快乐工作和快乐生活。这取决于每个人的认知理念和明智选择。书中也有许多提示，值得我们研读和借鉴。

在未来会有一个趋势，就是我们一定要去经营和打造自己的无形资产。现在我们专注的资产常常是房子、汽车、存款、股票等；但是往后个人的无型资产会变得越发重要，比如友谊、知识、健康等。作者一再强调，知识将变得越来越值钱。因为今后大量的生产资料都来自知识。你必须得好学，不断地进步，才能完成有关技能的更迭。

我们的无形资产，基本上可以分成三类：第一类是生产资产，比如知识、技能、声誉甚至外貌。第二类是活力资产，即精神状态、友谊、健康、人脉关系等。这些资产，能让你充满活力，健康地工作和生活下去。第三类是转型资产，就是你能不能快速地转换一个岗位或变换一个角色、适应一个新工作或新的生活方式的能力资本。

若从心理学视角来审视，我们不难看出，这三类无形资产就是我们常提及的智商、情商、意商、灵商、财商、健商和体商等人格结构要素，这既有先天因素的存在，更有后天环境教育的影响，同时还有个人主观努力、自我效能的重要作用。因此，在这长寿浪潮滚滚来临之际，规划好中后段各期的快乐人生非常重要。我们不仅要根据实际情况更新自己的生涯规划，更要树立"终身学习、终身成长"的理念，努力践行"活到老、学到老、工作到老、快乐永远"的人生信念，活出幸福快乐的精彩人生！

2024 年 5 月 17 日晨

5.3 《活法》解锁生活智慧，活出精彩人生

作者稻盛和夫，日本著名实业家，毕业于鹿儿岛大学工学部；27岁创办京都陶瓷株式会社（现名京瓷Kyocera），52岁创办第二电信（原名DDI，现名KDDI，在日本是仅次于NTT的第二大通信公司），这两家公司又都在他有生之年进入世界500强企业。

稻盛和夫在78岁时临危受命，正式就任日航的董事长兼首席执行官，接受了拯救日航的挑战。他仅用424天就使日航扭亏为盈，在不到3年的时间里让日航重新上市，堪称奇迹，他被誉为日本的"经营之圣"。

虽说当今我们正身处一个混沌的不确定性时代，但正如上周末我与大家探讨的《百岁人生》一书中所说的，人类预期寿命正持续延长。所以，我们更该省思新的"活法"了。

说到活法，其实并无固定模式。每个人所处的环境、自身条件及年龄阶段的身心状态各不相同，因此有不同的活法。但是身处当今时代，不管你现在是何种活法，最重要的是要问自己一个根本问题："人活着到底是为了什么？"要确立自己的人生"哲学"，确定自己的人生指南针，然后根据自己的

情况，理智地调整自己的活法，绝不能"做一天和尚撞一天钟"，浑浑噩噩地过日子。

稻盛和夫先生说，这本书的目的就是探讨人的活法。他以抽丝剥茧的方式，把心中所思所想毫无忌惮地全部说出来，从根本上探讨生存与生命的意义，希望借此发挥一点抵御时代洪流的抗衡力量，并对人们的活法有启迪作用。

一、稻盛和夫处事待人的理念

《活法》各章节都充满了稻盛和夫先生的人生哲学。开篇便提出一个最根本的问题：人到底为什么而活？他开门见山地告诉我们：人生的意义就在于提升心性、磨炼灵魂，是为了在死的时候，灵魂比生的时候更纯洁一点，或者带着更美好、更崇高的灵魂去迎接死亡。

我们从出生到死亡这个过程当中，改变最多的是我们的灵魂。当我们的灵魂变得更纯粹、更美好，人生的意义就已经实现了。他还以自己丰富的人生经验和企业管理经验，为我们揭示了人生的真谛和价值。

稻盛和夫强调人生目标的重要性。他提出"工作是一种神圣的使命"，认为工作不仅仅是一种谋生的手段，更是人生的重要组成部分，并呼吁我们要拥有一个超越自我的、更高层次的人生目标。

稻盛和夫又强调持之以恒的重要性。他认为只有坚持不懈地努力，才能实现自己的目标和梦想。即使在遇到挫折和困难的时候，也不能轻易放弃，要坚持不懈地寻找解决问题的方法，并努力克服困难，最终才能取得成功。

稻盛和夫还强调感恩的重要性。他认为我们应该对身边的人和事充满感激之情，因为只有懂得感恩，我们才能更加珍惜身边的人和事，更加积极地面对生活和工作中的挑战和困难。

二、稻盛和夫著名的"人生方程式"

人生/工作的结果＝思维方式×热情×能力。

稻盛和夫认为此方程式中的各因素按照重要程度排序，应该是思维方式第一，热情第二，能力第三。这个方程式被称为稻盛和夫一生成功的秘诀。

第一，能力。它是你在当前工作中已具备的智能和技巧素质，如果能力不够，可以在工作过程中来逐步提升。稻盛和夫认为，人的能力在未来一定会提高，只要努力就能实现。他强调，我们应该相信自己，即使现在可能觉得力不从心，但通过不断的学习和努力，可以使我们的能力得到提升。在方程式中，能力的分值范围是0～100分。

第二，热情。它包含工作态度，有热情至少说明你认同工作的文化意义和价值观，并一定会为之而努力工作。稻盛和夫同时指出，热爱是点燃工作激情的火把。无论什么工作，只要全力以赴去做，就能产生成就感和自信心，产生向下一个目标挑战的积极性。成功的人往往都是那些沉醉于所做之事的人。在方程中，热情的分值范围也是0～100分。

第三，思维方式。它主要是指一个人的人生观、价值观、思想理念等，它决定了一个人看待问题和处理事情的方式。在此方程式中，思维方式的分值范围是从−100分到＋100分。正面的思维方式可以引导个人走向成功，而负面的思维方式则可能导致人生失败。所以思维方式是方程式中最重要的因素。既然人生方程式是相乘的关系，而思维方式又有正负之分，且分值范围较大，可想而知，它在方程式中起着决定性作用。所以把思维方式运用在正确的方向，否则任凭有天大的本事，满腔热情，也有可能只是浪费才华，甚至危害社会。

三、稻盛和夫倡导佛陀的"六度"智慧

稻盛和夫认为，在现实人生中我们应实践佛陀教导的"六度"，即布施、持戒、精进、忍辱、禅定、般若。佛陀的这六度智慧，是佛教修行者追求的六个基本原则，具体包括：

布施：通过给予物质、知识或安慰来帮助他人，分为财布施、法布施和无畏布施；

持戒：遵守戒律，包括出家和在家的戒律，以此来净化身心；

忍辱：面对困难和挑战时保持耐心和宽容，不怨不怒；

精进：积极努力地追求善法和修行，对善法充满热爱和积极的态度；

禅定：通过冥想和内心的平静来培养定力和智慧；

般若：通过深入的理解和洞察事物本质来获得真正的智慧。

这六种修行方法不仅有助于个人的精神成长和自我提升，还能帮助修行者达到更高的精神境界，实现自我解脱和利益他人。

稻盛和夫认为每个人都应持有纯正的利他之心，抑制自己的贪婪、怨恨、傲慢等习气，全心全意地应对任何事情，不让一日空过，对任何的苦难不屈服、不逃避，在纷纭浮躁的事务中锤炼风雨不动的佛心，在生命的种种发奋中体悟佛智。从他的实践历程就能看到，他就是这样努力要求自己的，并以自己的成功为我们讲述了他的人生活法。

四、稻盛和夫的六项精进法则

第一，付出不亚于任何人的努力。这意味着要拼命工作，竭尽全力，这是企业经营中最重要的一条。只有付出不亚于任何人的努力，才能摘取成功的桂冠。

第二，要谦虚，不要骄傲。谦虚之心不仅能唤来幸福，还能净化灵魂。"满招损，谦受益"，提醒人们在生活中应该保持谦虚的态度，避免骄傲自满，以促进个人的成长和进步。

第三，要每天反省。每天检点自己的思想和行为，如是不是自私自利、有没有卑怯的举止。不断自我反省，有错即改。通过反省，清除心中的负面情绪和杂尘邪念，培养善良之心。

第四，活着就要感恩。活着就已是幸福，应该对生活中的一切美好事物心存感激，包括生命本身。

第五，积善行、思利他。"积善之家必有余庆"，多做好事就会有好报。言行之间留意关爱别人，真正为对方好才是大善。这需要我们时刻保持一颗善良的心，尽自己所能去帮助他人。

第六，不要有感性的烦恼。不要让忧愁支配自己的情绪，要学会用理性和客观的态度去面对生活中的各种困难和挑战，不被情绪所左右。感性的烦恼无助于解决问题本身，反而会影响心情和工作效率。

稻盛和夫认为人生的意义就在于提升心情，磨炼灵魂。要实现人生意义，就要付出不亚于任何人的努力，谦虚戒骄，每天反省，懂得感恩，积善行，思利他，不要感性的烦恼。

我们只有通过这六项精进的实践，不断磨砺自己的心智，才能让自己变得更加成熟和坚强，才能在人生道路上不断前行，实现自己的价值和梦想，活出高质的精彩人生。

《活法》是一本深入人心、富含人生哲理的书籍，它不仅讲述了人生的各种道理，还通过作者自身的经历告诉我们如何树立正确的人生观和价值观，以及如何在工作中实现自我成长和价值。它对每个年龄阶段的人都有很强的教育意义，可以帮助年轻人设计好自己的职业生涯，精准地发奋努力，赢得成功；也可以帮助我们老年人更新观念，生命不止，学习不止，伴随工作，颐养天年。

让我们一起努力践行一种"活到老、学到老、工作到老、快乐永远"的新活法吧！

2024 年 5 月 23 日晨

5.4 《长寿的活法》：健康幸福的人生智慧

本书作者路易杰·冯塔纳，医学博士，是国际公认的医学科学家，营养学、运动生理学和人类长寿健康研究领域的国际领军人物，5∶2轻断食理论的奠基人。担任澳大利亚皇家内科医学院荣誉院士、悉尼大学医学与营养学教授、意大利布雷西亚大学医学院医学与营养学教授、美国圣路易斯华盛顿大学医学院教授等职。曾在《科学》《自然》《细胞》《美国医学会杂志》等国际知名学术期刊发表130多篇被学术界高频引用的论文。除此外，还是BBC（英国广播公司）纪录片《节食与长寿》的特邀科学家。

作者在书中明确指出令我们每个人都想追求的一种人生状态：一个没有疾病困扰、没有病痛侵袭、可以尽可能长久地做我们想做的事情的完美人生。

他说："我希望通过这本书告诉大家，如何通过营养、体育锻炼和大脑训练变得更加长寿、远离疾病，以及为什么这些因素会对我们的健康产生影响。我相信，如果你们能够理解生理、生物化学和分子机制，就可以做出明智的选择，这将帮助你们活得更长，也让你们更快乐、更健康。"

此外，他还说："我还会解释其他促进幸福和快乐的实践和干预措施，比如正念冥想、健康的睡眠模式、一些呼吸技巧、社会关系和环境健康的重要性，这些都是有科学依据的。"

衰老和与年龄相关的疾病，是一个复杂的代谢和分子机制调节的过程，目前人们对其知之甚少。

作者通过严格的实验，探索哪些生物因素可以调节衰老和寿命；探索调节衰老的机制和可以促进健康长寿的干预措施；探索营养和运动促进健康并预防一些常见慢性病的原理。

作者在长期行医和科研中发现，将营养和运动干预与动机、意识和冥想练习结合起来，可以让人的行为产生令人惊讶的积极改变，这种改变源于新的思维定势。

他说要培养这种新的心态，就必须学会敞开心扉、利益他人、拥有同情心和热情，这是减少所有对我们健康和环境有害的负面情绪和行为的必不可少的方法。

这三种品质的培养也有助于我们增强内在力量，让我们可以在这个世界上充满信心地生活，结交朋友，实现目标。

作者希望我们了解改变生活方式、心态和性格发展的巨大好处。通过阅读本书，我们会发现：

（1）对于如何积极改变生活方式和行为的实用建议；

（2）基于科学解释，对机制的有效性易于理解；

（3）衡量自己达到健康目标与进展的具体参数；

（4）改善健康和幸福感的干预措施的例子（中西方文化）；

（5）关于"全人"发展的信息，以及为了显著提高人的情绪力、创造力、直觉敏锐度、智力、自我效能感、自尊水平和生活满意度，我们应该培养什么样的个性；

（6）如何通过改善饮食和生活方式，最终达到延缓全球变暖、污染和环境退化的目标。

我在阅读时惊奇地发现，本书作者对中国古代文化了解得很透彻。他巧妙地结合了中国古代的养生智慧与现代世界医学研究的科学论证，旁征博引，提出了多种科学养身共识，以帮助人们远离慢性疾病和过早衰老，保持旺盛的体力和脑力直到 100 岁。

书中主要强调了以下几个关键点：

（1）热量限制。通过在营养均衡的条件下限制热量摄入，如轻断食是延缓衰老、远离慢性疾病的有效干预措施。

（2）合理饮食。过量摄入蛋白质，尤其是动物蛋白，会增加患肥胖、糖尿病、心血管疾病和癌症等的风险。饮食应多样化，包括足够的膳食纤维、适量的蛋白质、脂肪和碳水化合物。

（3）有氧运动。中等强度的有氧运动能有效降低患癌风险和血糖水平；耐力运动可以增强心肺功能；有氧运动能保护记忆力，预防脑雾。（有关这方面内容，有兴趣的书友不妨参阅我的《运动改造大脑》的晨读感悟。）

（4）生活方式。不健康的生活方式和习惯，如热量摄入过多、饮食习惯不健康、久坐不动和吸烟等，都会影响代谢和激素水平，与最常见的慢性疾病发展息息相关。

（5）良好心态。自古以来，促进健康的核心要素一直都是"心灵的滋养"，要有良好的认知水平和快乐平和的心态，保持内心世界的安宁和谐，建立良好的亲友关系和社会关系，这对身心健康、延年益寿的意义重大。

《长寿的活法》确实是一本引人深思的书籍，通过阅读这本书，我们可以对如何活出一个健康、充实和长寿的人生有更深刻的理解。

首先，本书强调了身心健康的重要性。长寿不仅仅是活得长久，更是如何在漫长的生命旅程中保持健康和平衡。书中提到了许多实用的健康习惯和建议，如合理饮食、适量运动、保持充足的睡眠和积极的心态等。

其次，探讨了如何保持学习和成长的热情。随着年龄的增长，人们往往容易失去对新事物的好奇心和探索欲望。然而，长寿的活法要求我们保持开放的心态，继续学习和成长，不断挑战自己的极限。

再者，强调了和谐人际关系的重要性。长寿的活法不仅仅是个人的努力和追求，还需要家庭、朋友和社会的支持和帮助。一个良好的人际关系能够给我们带来情感上的支持和精神上的鼓励，让我们更加坚定地面对生活中的各种挑战。

最后，揭示了一个重要的道理：长寿不是目的，而是我们实现更高目标和梦想的手段。我们应该珍惜生命的每一个瞬间，努力追求自己的理想和价值，让生命更加美好、更有意义。

这本书让我们知道了：人类健康有四大"杀手"，即吃得不对、吃得多了、坐得久了、压力大了。所以，想长寿，要吃对、吃少、运动、从心。世界各国研究机构也公布了关于长寿方法的一些最新研究成果，其中包括：

（1）唱歌：据调查，歌唱家的心脏功能和普通人相比更加活跃。唱歌能使人长寿。（有关唱歌的好处，详见《唱歌的好处》一文）。

（2）跑步：研究显示，每天跑步的人比没有跑步习惯的人的平均寿命长3年，而且每天跑步5分钟就能达到健康的效果。

（3）活动：久坐对于中老年朋友来说，是个坏消息。每天静坐3个小时以上，人的预期寿命减少2年。

（4）拥抱：拥抱能够降低血压，有益于心脏。我国著名心理学家、清华大学彭凯平教授的研究表明：拥抱能够传达爱意，缓解情绪，促进人际关系。拥抱是一种非常有效的情感表达方式，能够通过肢体接触传递出爱、同情和感恩的情感；拥抱能够通过触觉信号传递到大脑，帮助调节情绪，带来愉悦和舒适的感觉；拥抱还能促进体内催产素的分泌，有助于稳定感情，缓解疼痛。

（5）保持充足睡眠：要有高质的充足睡眠。睡眠质量不好，会增加患癌症的风险。

（6）开心：通过对7万人的健康资料进行分析发现，轻度忧虑者死于心脏病和中风的风险比普通人要高29%。

（7）跳舞：跳舞可加快血液循环，增加老人脑部供血，预防老年痴呆症。

（8）护牙：能咬能嚼，生活美好；残牙缺牙，无缘美味。牙龈炎症还会导致动脉硬化，诱发心血管疾病。

（9）坚持饮食"三低"（低脂、低糖、低盐）并预防"三高"（高血脂、高血压、高血糖）。

（10）保持良好的生活习惯。

除上述外，要多发善心、多行善事。

总而言之，我觉得《长寿的活法》是一本非常有启发性的书籍，它让我们重新审视了自己的生活方式和人生价值观。

我相信,只要我们保持健康的生活方式、积极的心态和终身学习、终身成长的精神,就能实现健康充实、幸福长寿的人生。

2024 年 8 月 1 日晨

5.5 珍惜并拥抱生活,让生命更充实美好
——《活好》晨读感悟

在研究乐老养老和心理养护之际,我读到了《活好》这本书,觉得很受启示,故想与朋友们分享之。

《活好》一书的作者是日野原重明先生。他医术高明,是日本的皇家医生,曾任国际内科学会会长等职。他将健康体检带入日本,在日本掀起了医疗改革,是日本提倡预防医学的第一人,也是全世界执业时间最久的医师之一。

在行医之余,他写作出版了 200 余部著作,并发表了大量演讲,深受世人和患者好评。他于 2017 年 7 月 18 日离世,活了 105 岁零 10 个月。

他将大半生时间用于服务他人,在即将离开这个美好的世界前,以对话的方式,将他关于死亡、生命、家庭、朋友、工作、孤独等的思考,向所有

愿意聆听的人娓娓道来。

在书中,我们能够看到很多关于人生疑问的答案。愿日野原先生有关人生的临终告白,能够带我们穿越人生的迷雾,领悟生命的意义,获得勇往直前的力量。

生命到底是什么呢?日野原先生在书中说:"生命是一种能量体,看不到,但是一定存在。生命存在于我们能够支配的时间里。一个人年轻的时候,基本上把能够支配的时间都用在自己身上,但是随着你的年龄增长,过了40岁、50岁、60岁、80岁,你应该拿更多的时间用在别人的身上。"如果我们愿意把更多的时间花在其他人的身上,我们的生命的能量体就被赋予新的意义,这是他对于生命的看法。

当有人问他什么是死、怎样看待死时,他说:"死亡和生命不可分开,死亡是生命的一部分。""我希望虽死犹生,让我留下的这些话能像一粒麦种一样在人世间结出丰硕的成果。"他还说:"长寿真的是太好了。""我不断地探索自己的乐趣。"他热爱生命、珍惜生命,快乐地生活,直到105岁的时候,还在学习画画,并乐在其中。

其实,对于生与死的看法,不同文化和宗教信仰的看法是不同的。古希腊哲学家伊壁鸠鲁说:"死亡这件事和我无关。为什么呢?因为我活着的时候,死亡没有来;死亡来了的时候,我不在。所以我永远不会遇到死亡。"这是伊壁鸠鲁对死亡的一个界定。

在佛教中,生与死是一个循环的过程,人们的灵魂会在死后转世再次投胎。因此,佛教徒对于死亡并不恐惧,而是将它看作是生命的延续和轮回。在基督教中,人们相信死亡并不是终结,而是灵魂的永恒存在,是与上帝相会的开始。

怎么才能够活得更好?如何活出真实的自己?日野原先生说:"珍惜为了理想而活下去的自己,珍惜为了梦想而努力不懈奋斗的自己。""同时,能接受逆境的考验,接受现实的考验,无论是通过自己的努力而改变,还是即使努力了也改变不了的,一切都是上天的安排,怀着这样的信念在无法改变的现实中活出真实的自己。"所以,他的建议是:不在乎身外之物,不要被别人的评价左右,一切顺其自然。

事实上，日野原先生所说的这些话的意思早被中国古代先哲（《论语》孔子弟子语录集）和近代哲人（清代旷敏本、清末曾国藩等）提及并道明。

岳麓书院里有副著名对联，其中写道："是非审之于己，毁誉听之于人，得失安之于数。"它充分道明了活好的人生哲理，值得我们借鉴！

"是非审之于己"，就是凡事是对是错，自己心里有杆秤；"毁誉听之于人"，别人对你的评价，那是他们的事，他们爱怎么说就怎么说，不必介意；"得失安之于数"，你能够得到还是失去这事，自然有命运安排。谋事在人，成事在天。

所以，如果我们能够做到不在乎身外之物，不被别人的评价左右，同时学会顺其自然，我们就能够活得很好。

对于生与死，不同心态的人的理解是不同的。持有正确人生观、乐观开朗的人往往对生与死持一种积极的态度。他们认为生命是宝贵的，应该活好每一天，并乐于接受生活中的挑战和困难。而那些消极悲观的人则会对生命的意义产生怀疑，对生与死持否定态度，对死亡抱有恐惧和厌恶心态。

我觉得阅读此书，可以帮助我们从容地面对生与死这个永恒话题，让我们明白：

生与死是生命不可分割的组成部分，是个循环往复的统一整体。生命是一个动态过程，从诞生到成长，再到衰老和死亡，都是自然法则的一部分，就像四季更替、循环往复一样。

生命是短暂的、有限的。"人固有一死，或重于泰山，或轻于鸿毛"，取决于我们如何活。我们的生命有限，因此应该珍惜每一刻，更加专注于重要的、有意义的事情，不要浪费时间和精力在无意义的事情上，从而过上有意义的快乐生活。

生命是宝贵的、有价值的。我们每个人都有责任去充实、丰富自己的生命。我们可以通过终身学习、终身成长，积极探索和创造为社会、为人类做贡献的机会来实现生命价值。

2024 年 1 月 6 日晨

5.6 端粒：揭开年轻、健康与长寿的秘密
——《端粒：年轻、健康、长寿的新科学》晨读感悟

"端粒"这个医学新名词，大家听说过吗？它是人体里的延缓衰老的密码。今天，我们一起来了解一下吧。

本书作者是诺尔奖获得者伊丽莎白·布莱克本。通过阅读本书，我们可以了解到：什么是端粒？什么会损害端粒，引发衰老？如何保持端粒健康，延缓衰老？压力、走神、抑郁如何让人加速衰老？相比减重，代谢健康更关键等生命科学的前沿问题。

一、什么是端粒

1961年，生物学家海佛烈克发现，人体细胞自我分裂的次数最多大约50代，这被称为海佛烈克极限。而关闭细胞分裂机制的关键，就是端粒。

端粒是包裹着染色体末端DNA的蛋白，就像一个保护鞘（类似鞋带末端的塑料帽）。随着人体细胞的分裂，端粒就会变得越来越短。当一个人的端粒变得不能再短时，细胞就会停止分裂，人就进入了衰老期。

也就是说，人的细胞分裂一次，端粒就短一点。端粒越短，人就越容易衰老；反之，端粒越长，人就越年轻、健康。除了细胞分裂会消耗端粒外，还有其他不好的东西也会磨损端粒，让端粒短得更快，从而加速人的衰老。所以，端粒是参与人衰老过程的一个重要因素。

其实，细胞的衰老会发生在我们身体的所有细胞中，比如皮肤。为什么有的人看起来很年轻，但有的人看起来很衰老？因为皮肤的老化过程和端粒相关。

又如人体骨骼，它有成骨细胞和噬骨细胞。在正常的人体骨骼中，当它们平衡时，我们就拥有健康的骨密度。但是，随着不断衰老，人的成骨细胞端粒慢慢变短，成骨细胞的更新速度就跟不上噬骨细胞的破坏速度，于是就会出现骨质疏松。

再如白发，人一旦上了岁数，就会出现白发。这是为什么呢？因为人的头发分为毛囊和发干，发干是毛囊所制造出来的角蛋白，毛囊制造出来的毛发都是白色的。但是，毛囊中有另外一个细胞，叫作黑色素细胞，它会为毛发注入颜色。如果人上了岁数，或者长时间受到压力，黑色素细胞的端粒就会磨损，这时黑色素细胞更新的速度就赶不上毛发生长的速度，人就会出现白发。当黑色素细胞完全死掉后，人的头发就会全部发白。

其实，端粒衰减引起的细胞衰老，会在每个人的身上发生。但是，在我们体内发生的速度可能会有所不同。当端粒受到损害，特别是发生端粒功能障碍时，衰老的速度就会大大加快。

二、影响和损害端粒的因素

1. 长期压力

短暂的压力问题不大，但是长期的慢性压力，让人焦虑。压力激素一直很多，就会损害端粒。应对建议：转换思维，把压力当作成长的挑战。

2. 走神分心

走神容易让人陷入负面情绪，让人感受到压力对端粒的自然不友好。应对建议：每次只专注做一件事。

3. 矛盾反弹

矛盾反弹会过多消耗大脑能量，影响端粒长度。即你越想赶走一个念头，它越是缠着你。应对建议：尝试冥想，训练专注力。

4. 焦虑抑郁

研究表明，人的抑郁程度越高，端粒就越短。应对建议：做些力所能及的事，放轻松，同时寻求专业的医疗帮助。

5. 糟糕关系

人际关系会影响心情、内分泌代谢及神经系统功能。亲密的夫妻关系则有利于调节内分泌功能、营养神经系统，维护和保养端粒，有助于延缓衰老。应对建议：多拥抱和抚摸安抚。

三、保护端粒、延缓衰老的方法

首先，多做合理运动。不要长期过度运动；不要三天捕鱼，两天晒网，把握好节奏和强度。研究发现，下列三种运动对端粒有益：一是有氧耐力运动，指的是每周三次，每次 45 分钟，具有一定强度的有氧运动。这种运动坚持 6 个月，端粒酶的活性能平均提高一倍；二是高强度的间歇性训练，即一个高强度运动加上修复运动，二者轮流交替，这种运动对端粒健康也非常有帮助；三是阻力运动，即我们平时说的力量训练。它有助于加强肌肉的力量和维度，对于机体健康、端粒的长度以及骨质疏松都大有裨益。

其次，拥有好睡眠。科学家说：对大多数人来说，保持规律且七小时以上的睡眠，对端粒有益。当然，也不能睡太多。

最后，保持代谢健康。相比减重，代谢健康更重要。研究发现，天天纠结该不该吃，会让端粒变短。注重均衡饮食、代谢健康，比节食减重对端粒更有用。

研究发现，在人的细胞当中有一个物质能够帮助端粒不被磨损，这个物质叫作端粒酶。它可以用自己的 RNA（核糖核酸）模板修复端粒 DNA（脱氧核糖核酸）。但是必须注意：虽然也可人为摄入端粒酶，但它也会影响身体其他组织，带来其他严重疾病，故医学专家不建议使用。警惕错误增加端粒，避免提高患癌风险!

本书最令我感触的一句话就是:"基因负责上膛,环境扣动扳机。"所以,我们要努力提升修养,丰富内心,改善内在环境;同时,好好生活、好好工作,努力打造好外在环境。有了良好的内外环境基础,维护好了我们的 DNA 及端粒,让其更健康长久地发挥功能,对我们保持身体健康和延缓衰老、延年益寿非常有意义。

这本书为我们提供了健康长寿的新视角:保护好端粒,让端粒更健康!

2024 年 1 月 25 日晨

5.7 关爱老年"心"疗愈,幸福快乐养老
——《老年心理健康枕边书》晨读感悟

随着社会的快速发展和人口老龄化趋势的加剧,老年人心理健康问题日益突出,解决好老年心理健康问题不仅关乎老年人自身的幸福感和生活质量,更对社会和谐稳定有着重要意义。

《老年心理健康枕边书》虽说不是一本理论性很强的专著,但它不仅通俗易懂,而且实用性很强,我已反复读了几遍。

这本书从多个维度剖析了老年期心理变化的特征、面临的问题以及维护

和提升老年心理健康的方法，对于我们深入理解老年心理健康的内涵和重要性，探索如何在实际生活中帮助老年人维护良好的心理状态具有重要作用。

通过阅读本书，我们不难发现老年心理健康涵盖了情绪稳定、认知功能、人际交往、自我价值感及自我效能等诸多方面。

老年期的心理变化常常伴随着身体机能的衰退、社会角色的转变以及家庭关系的变动等。这些变化都可能导致老年人出现焦虑、抑郁等心理问题，若不及时化解和干预，就会成为心理障碍和疾病。

我深知，在这样一个快速变化的社会中，老年人需要更多的关注和理解。这本书不仅提醒我们老年人的心理健康问题不容忽视，更让我们有一种强烈的责任感和义务感，督促我们多关心和帮助身边的老年人，让他们老有所养、老有所乐，身心健康地快乐养老。

所以，在关注老年人身体健康的同时，我们不能忽视他们的心理健康。我观察到，许多老年人在退休后，由于社会角色的转变和社交圈子的缩小，容易出现孤独、焦虑等心理问题。

因此，我认为社会应该提供更多的心理支持和关爱，帮助老年人端正生活态度，让他们感受到生活的美好和希望。

我还发现，老年心理健康对于老年人的生活质量和幸福感有着直接影响。假如我们在退休后能够积极参与社区活动，多与人交往，适当进行户外运动和娱乐活动（如跳舞、唱歌），结伴旅游观光，多读书勤思考，我们的心态就会变得年轻，身体也会变得硬朗，活力就会更加充沛，心情自然就舒畅了。

所以，老年人的心理健康与其生活质量息息相关。一个心理健康的老年人能够更好地适应生活的变化，享受晚年的幸福时光。

这本书也介绍了一些维护老年人心理健康的有效方法，比如保持积极的生活态度、培养广泛的兴趣爱好、与亲友保持良好的沟通以及参与一些有意义的活动等。这些都是维护心理健康的有效途径。

我觉得这些方法很适用于老年人。通过认知理念先行，影响并矫正不良行为习惯，形成新的健康心态及其行为方式，从而达到并保持心理健康。总之，我觉得这本《老年心理健康枕边书》值得一读，书友们不妨将它作为枕边书，经常翻阅，汲取精神食粮，滋养我们的老年生活。

我在大学本科和研究生阶段所学专业是心理学（主攻普通心理学和人格心理学）；后来留校任教时，教学和研究的主要是教育心理学和运动心理学；下海经商后，钻研管理心理学和营销心理学；退休这几年来，又对老年心理学产生浓厚兴趣，侧重老年康养和心理养护，并已在中国老年学会和老年医学学会等处发表过相关研究论文，且都获奖，受到有关部门和社会的关注。

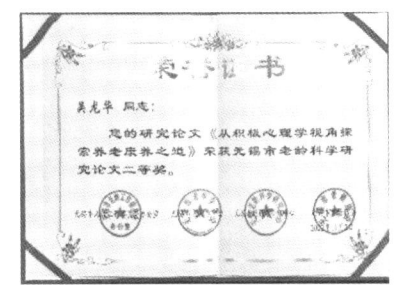

老年人的"康养"是指集养老、养生、医疗、文化、住宿、旅居等为一体的产业链，是一个十分完善的生态系统。这种"康养"一般是让老年人保持或者恢复自己的身体机能，将自己的身体保持在一个最佳的状态。它涉及旅居、保健、康复、运动等服务。

事实上，现代医学和心理学都已从不同角度证明了"不良心理"（特别是情绪）状态会破坏人的生理健康，导致人体内神经系统、内分泌系统及心血管系统等发生病变。而心理健康则可以促进生理健康，有助于体内神经递质和有益激素（如乙酰胆碱、多巴胺等）的分泌释放，起到提高免疫力、增强体质的效果。

养身与养心之间的辩证关系，医务专家和心理专家都是很清楚的。这个身心医学的老命题又在当今社会养老和康养方面有了新的内涵。心理养生也将成为养老康养新时代的一项备受关注的新课题，并会逐步常态化。

所谓心理养生，就是从精神上保持最佳的状态，从心理上保持良好的平衡，以保证生理机能的正常运转，来达到防病健身、延年益寿的目的。实践证明，拥有健康的心理是身体健康的保证，而身心健康又是延年益寿的基础。

所以，长寿靠养生，养身先养心，只有身心健康了，老年人才能尽享天寿之年，实现老有所悟，老有所为，老有所乐，老有价值，老有体面，老有尊严。

人本主义心理学家马斯洛的需求层次理论早就告诉我们吃、喝、拉、撒、睡等基本生理需求得到满足后，人就会追求更高层次的精神需求，包括自尊和受人尊重、人际交往、体验自己价值和自我实现等高级精神需求。然而，这些需求在晚年居家养老时常常是难以得到满足的。

试想，当子女忙于事业顾不上来看望您，请来的保姆、佣人大多也只能照顾您的生活起居，难以解决您多方面的精神需求时，您一定会感到非常孤独、寂寞，不由自主地产生自卑凄凉感。

其实，老年人不应被人遗忘。他们同样有乐群、交友、参加社交活动等多种正当需求，也有不给子女亲友添乱和实现自我价值的需求。

所以，我们一定要根据当代老年人的身心发展特点做好"心理养护"工作，以帮助他们安度晚年。"心理养护"这个概念是我四年前带领团队服务耘林生命公寓（养老集团）项目时提出来的。

"心理养护"中的"养"，是指老年人要注意自身的修身养性。修身，主要是指对身体上的"康养"；养性，是指心理上的"康养"，注重自身心理的放松或者修补，对心理健康进行呵护和疗养，让老年人从精神上获得"康养"。

老年人通过养生学习和心理咨询等活动获得先进康养理念，养成良好的生活习惯，完善人格品质，拥有积极心态，身心健康快乐地过好每一天。

美国著名心理学家詹姆斯说："播种理念，收获行为；播种行为，收获习惯；播种习惯，收获性格；播种性格，收获命运。"先进的康养理念必须通过自觉学习获得，幸福安康长寿的命运也必须通过自身努力才能得到。

俗话说："学无止境。"老年人的"养心"也是一门学问，需要终身学习。随着时代的发展，当下"活到老，学到老，工作到老"已为越来越多的老年人所认同。

这里的"护"，主要是指由社区养老机构的护理人员来完成的一系列服务。因此，养护人员应该要以"心"为中心，做到：关心、知心、热心、爱心、诚心、细心、甜心、耐心、匠心和信心，进行全面周到的"用心"服务。老年人有受人照顾和看护的需求，更有自尊与受人尊重的需要，特别需要被人理解与同情。

老年人也有提高生命价值的要求，他们不仅追求生命长度（延年益寿）；也需要拓展生命宽度（生活领域）；还需要提升生命高度（生活层次）。当身心状况良好时，还期望加强生命密度（活动频率），以此提升自己的幸福感。因此，护理人员一定要理解老年人对幸福安康的向往，通过"走心"的护理方式，采用"动之以情，晓之以理，导之以行，持之以恒"这条心理学规律，通过"动情"与"晓理"让老年人接纳（"导行"）并获得改变（"持恒"），达到改变生活理念，培养相应自理能力，形成良好生活习惯，积极参与活动，从而达到延年益寿的目的。

展望未来，我将会继续深入学习和研究老年心理健康及心理养护的相关问题，不仅为了自己身心健康、幸福快乐地活着，也为了更好地关爱和服务老年群体，帮助更多老年人促进心理健康，奠定坚实的专业理论与技能基础，带领有志共事团队一起服务社会、服务老人。

同时，我希望能够在退休后积极发挥余热，继续从事自己喜爱的心理学工作，并在生活中结合实际多写一些有关科普文章，积极传播老年心理健康的理念和方法，为构建一个更加关爱老年人的社会贡献自己的绵薄之力。

2024 年 5 月 30 日晨

5.8 《松弛感》：生活勿紧绷，松弛亦有道

本书作者小野，旅日作家、设计师，酷爱日式东方美学和日式极简主义，推崇极简主义的生活方式，提倡将极简主义融入日常生活的方方面面。她认为真正有品位、有价值的生活，其实在于集中精力把真正有价值的事情做到极致。小野的这本《松弛感》是一部阐述不急不慢、积极面对生活的人生哲学。

一、什么是松弛感

"松弛感不是放弃努力的躺平，不是什么都不在乎，不是无所事事的悠闲，而是尽力之后对追求的随遇而安，是无所畏惧活出自在心安，坚持自己的本性。"

作者认为松弛感并非是消极逃避，而是一种积极的人生态度。它不是要我们放弃追求，而是让我们学会在追求中保持内心的平和与宁静。松弛感不是消极懈怠，而是一种平衡忙碌与成长的态度体验。

从心理学角度看，松弛感其实是介于极其紧张（紧绷状态）和极其放松（躺平状态）两极情绪之间的一种情感状态，是人们在生活中按下暂停键蓄积能量的过程。

一个人只有拥有了松弛感，才能游刃有余地面对生活中的困难和挑战。

过去，人们常常错误地认为松弛感是一种消极的情感体验。通过阅读这本书，我们认识到松弛感实际上是一种积极的生活态度，它鼓励我们在日常的忙碌和压力中保持内心的平静，从而更好地应对遇到的挑战和困难。

这里所谓的"松弛"，其实就是向内安顿自己，向外精进自己。本书建议我们学会把生活调成"松弛模式"，让自己活得更加松弛和开朗，让工作和学习更有成效。

本书作者小野以他的亲身践行，从自我、情绪、生活、职场和亲密关系等多个角度出发，阐述了松弛感的含义，以及如何在人生中创造出这种令人向往的松弛感。其目的是让我们摆脱紧绷、拧巴和内耗的生活，去过一种松弛有度、具有"生活韵律"的和谐人生。

他以细腻的笔触将我们带入了一个充满诗意与哲思的世界。书友们不妨认真读一读，许多观点对我们当下的"活法"和"干法"颇有启示作用，有益于我们在"百岁人生"中"活好"自己的美好人生。

二、松弛感的意义

松弛感对于身心健康很重要。在充满不确定性的快节奏现代社会中，我们常常面临各种压力，容易导致身心疲惫。通过培养松弛感，我们可以减轻压力，放松身心，从而提高生活质量。

保持张力的松弛感让人更加笃定、自信、平和和感恩。在人际交往中更自然、真实，珍惜每个当下，让生活更丰富多彩。

松弛感对于提高工作效率有明显影响。在工作中，保持适度松弛感可以让我们更好地集中注意力，提高创造力，更好地解决问题。这种心态有助于我们在工作中保持乐观和恰到好处的兴奋，从而使得工作高效（心理学上著名的"倒U曲线"揭示了其中规律）。

三、松弛感的三种境界

强迫式松弛。这是一种表面努力放松,但内心一直紧张,无法真正放松的假松弛状态。

沉浸式松弛。这是一种虽能暂时放松下来享受生活,但内心深处仍存在一定程度的焦虑,甚至恐惧的状态。休息一结束,人又回到以前状态,之前的压力和紧张又会卷土重来。这样依旧做不到真正的松弛。

内在喜悦式松弛。这是一种由内心持续充盈而外显的一种状态,能稳定持久地塑造一个人的性格。这是松弛感的最高境界。只有达到这种境界,一个人才算得上真正地拥有了松弛感。

四、具有松弛感的人的状态

在生活中,不仅能有条理、自律地生活和工作,还能让自己活得漂亮、精彩。

在职场上,能够应对客户各种挑剔的要求,从容不迫地进行有效沟通,毫无抱怨。

在读书时,有良好的学习习惯,善于劳逸结合;该紧张时紧张,该放松时放松,兴奋适度,放松有度。

拥有松弛感的人,必定有足够的实力应对任何事情。这是许多年如一日不懈努力的结果。只有长期自律和不懈努力,才能真正获得松弛感。

五、松弛感与"三减三会"

书中提到若想拥有松弛感,需要做到"三减三会",即减少对比、减少焦虑、减少压力和学会接纳、学会拒绝、学会消解。每个人的人生都是独特的,我们没有必要和别人对比,做好自己,对自己负责,就能产生松弛感。

拥有松弛感的人可以接纳自己的负面情绪,并通过恰当的方式表达出来,构建内在情绪稳定性。

"如果一个人不委屈自己，不讨好他人，活得不卑不亢，那么一定会散发出一种令人舒服的松弛感。"

活出松弛感，其实也能舍弃对过去的执念，不让过去的错误或伤痛牵动内心；同时能够断绝对未来的担忧和焦虑，不让明日的阴云遮蔽今日的阳光。这种态度鼓励人们接受生活中的不确定性和变化，允许一切发生，让岁月自由馈赠。

在当代社会中，我们的生活节奏越来越快，许多人忙于工作和琐事，却遗忘了如何精心经营生活。

实际上，过于放松的生活和过度努力的生活都是有问题的，二者需要达到一种和谐的动态平衡。人生需要适当地做减法，从而为自己的生活留出更多的时间和空间。

"真正的松弛，是步履不停、心无挂碍，不会困于生活的鸡毛蒜皮，也不会囿于人生的低谷。"其实，人生真的不必活得太辛苦、太用力，只要适度的意志努力、有意后注意的做事和处事，积极调节自我心态，养成良好的自律习惯，然后一切顺应自然就行。

总的来说，《松弛感》这本书给我们带来了不少启发。它让我们觉得有必要重新审视一下自己过去引以为豪的快节奏生活和较为紧张的工作方式，并进一步帮助我们认识到松弛感对工作效率和身心健康的重要作用，从而采取积极的"性价比"高的工作和生活方式来过好我们的人生，尤其是退休后的老年人更需要过上这种带有松弛感的"慢生活"。我相信，通过培养松弛感，我们可以更好地应对生活中的各种挑战，提高生活质量，活出生命的本真。

顺便提一下，松弛感实战派、心理咨询师范俊娟老师的力作《松弛感》一书也值得书友们读一读，它教您由内而外养出松弛感，并告诉您 4 大提升维度、8 个原因分析、26 种行动指南，帮助您涵养内心力量，让您生活得更加游刃有余。

两本同名著作从不同维度阐述了同一个主题，让我们全方位地了解了松弛感的真谛及其获得松弛感的实用方法。大家不妨将这两本书结合起来读一读，相信收获会更大。

2024 年 6 月 6 日晨

5.9 寻找老年松弛感，让生活更轻松惬意

上周末，我们了解了《松弛感》一书，知晓了松弛感的真谛及其意义，今天我们再花点时间来谈谈老年人如何获得松弛感。

我觉得任何一个好的理念、好的逻辑、好的策略，只有落实到解决方案上，才能真的帮到大家。

一、拥有松弛感的活法原则

老年人要活出松弛感，最好的活法就是能够坦然地面对一切，有所取舍，调整好心态、少管他人的闲事、关注身体健康、做喜欢的事充实生活、捂紧钱袋子。只有这样，才能活得轻松自在，有松弛感。

1. 调整好心态

只有拥有良好心态，我们才能够坦然地面对一切，活得更加轻松愉快；反之则会让我们感到紧张焦虑、疲惫不堪，产生紧绷感。俗话说："笑一笑，十年少；愁一愁，白了头。"无论是快乐地过一天，还是愁眉苦脸地过一天，时间都会流逝。所以，我们应该高高兴兴地过好每一天。这才是明智的选择，也是获得松弛感之必需。

2. 少管他人的闲事

老年人若想晚年生活过得轻松愉快，切记不要多管闲事。别人家的闲事不管，自家闲事也要少管。俗话说："儿孙自有儿孙福，莫给儿孙做马牛。"这是有道理的。儿孙们有属于他们自己的生活，不需要老人为他们过于费神操心。即使老人心甘情愿为子孙们做牛马，也未必一定会有好报，有时候甚至还可能是给他们添乱。因此，过好自己的日子，少操闲心，才能获得松弛感。

3. 关注身体健康

生老病死是自然规律，就像机器老化、零部件损坏一样。人一旦老了，各种病痛都会随之而来，生活就难以过得愉快。因此，老年人应该时刻关注自己的身体健康，保持有规律的生活方式，注意饮食和作息，避免不良习惯，适当进行运动，保证充足睡眠，定期进行体检，并永远记住身体健康才是最重要的！只有拥有健康的身体，才能拥有松弛感，享受美好生活。

4. 做喜欢的事充实生活

即使年纪大了，心态也不能老去。老年人要坚持多活动。俗话说："流水不腐，户枢不蠹。"生命在于运动。只是长时间地坐着或躺着，那不是真正的松弛，反而会让人变得废弛，身体也会因此垮掉。为了让晚年生活更加充实，我们可以每天做些力所能及的喜欢或者有兴趣的事情，这样可以活跃大脑，调节情绪，促进身心健康，松弛感也会油然而生，让晚年的生活更加充实和有意义。

5. 捂紧钱袋子

虽说钱不是万能的，但是没有钱是万万不能的。晚年如果没有足够的经济支持，想要过上好的生活和拥有高的生活质量都只能是空想。对于普通老年人来说，养老金是自己的生活保障，绝不能轻易放弃主控权，否则，当有身体不适、生病住院或各种意外之事发生而需用钱来化解时，自己却做不了主，耽误及时医治和事情的及时解决。

所以，没钱就只能将就凑合，委屈自己，更谈不上拥有松弛感。因此，对于儿女的经济支持要量力而行，扶持有度，时间有序，绝不能一下子倾囊付出，影响自己的生活状态和心态。

二、获得松弛感的生活要点

1. 放慢生活节奏

面对外界的挑战和压力时，不要急于反应或反抗，而是提醒自己放慢脚步，避免冲动行事。

2. 合理规划生活

通过提前做准备和规划，学会做减法，减少被生活或工作追赶的感觉，增加人生的掌控感。

3. 学会巧妙表达

在感到愤怒时，先离开现场冷静一下，然后明确表达内心的想法和需求，避免用批评和指责的语气。

4. 专注事物本身

不要过度纠结于问题的其他方面，而是关注问题的解决方法。停止胡思乱想，专注于眼前的事情，从而减少精神内耗。

5. 学会讨好自己

不要为了迎合他人而做自己不喜欢的事情，而是把关注点放在自己身上，讨好自己，取悦自己。

6. 高质量的睡眠

保持良好睡眠习惯，避免不良睡眠习惯带来的精神损耗。学点自我催眠法，如睡前听听催眠曲（如《勃拉姆斯摇篮曲》等），像婴儿般放松心情。

7. 积极自我暗示

凡事都往好处想，不断给自己加油打气，事情自然会朝着理想的方向稳步迈进。即我们相信什么，未来就会发生什么。心理学将此现象称为"自证预言"。

8. 善于适度休息

要避免"休息羞耻症"，适时给自己休息的时间，避免过度劳累，消耗过多的体力和精力。只有善于劳逸结合，才会赢得松弛感。

三、保持松弛感的九种习惯

在日常生活中要想持续活得轻松，过得坦然，就要保持住松弛感，让生活和谐美满、幸福快乐。这里，我向大家介绍一下《人民日报》曾推荐过的保持松弛感的九种习惯。

1. 接纳自己

要认识到人生不会完全按照预期发展，学会接纳现实，不妄自菲薄，对自己保持宽容的心态。

2. 感受当下

要专注于现在,不过分担忧未来或后悔过去,把握当下,未来自然会向好发展。

3. 享受过程

要重视过程胜过结果,享受努力和经历本身带来的快乐,不过分追求结果,以免过度紧张、焦虑。体验生活中的各种滋味,尝遍甜酸苦辣才是真正的生活。

4. 敢于试错

要勇于不断尝试,不畏失败,允许自己犯错,并从失败中汲取教训,从中学习和获得成长。

5. 拒绝内耗

要避免过度地自我问责、自我内卷、自我消耗,如过度担心和焦虑,而要保持内心的平静和祥和。

6. 适度休息

要认识到休息的重要性,避免过度劳累,适时给自己身心放松和恢复的机会。只有休息好,才能工作好、生活好。

7. 健康社交

要多结交良师益友,建立高质量且稳固的社交关系,好的朋友可以帮助排忧解闷,增加生活的宽度和高度。身体状态良好时,还可适当增加活动密度。

8. 适量运动

通过运动强身健体,提高身体素质和心理素质。而且运动也容易锤炼意志,化需要一定意志努力的有意注意为无需多少意志努力的有意后注意,进而轻松疗愈心灵。

9. 心态乐观

保持积极乐观的心态,面对生活中的挑战和逆境,通过自身的智慧和力量转逆为顺,从而心想事成。

杨绛先生说过:"我们曾如此渴望命运的波澜,到最后才发现,人生最曼妙的风景,竟是内心的淡定与从容。"是的,没有人不渴望稳定安逸的生活,然而世事总是充满动荡与挑战。我们唯有把握好生活的细节，活出松弛感，方能让内心回归安宁。

以上所介绍的这些原则、要点和习惯可以帮助我们培养一种更加松弛的心态，使我们在面对生活的起伏和挑战时能够更加从容和自信。每个人来到这个世上，都背负着责任和压力，谁都不容易，尤其是进入老年阶段之后。然而，有的老人之所以幸福快乐，是因为他们把心态调成了松弛模式。心态松弛了，生活就顺了。人生是一场长跑，只有放轻松了，才能安然跑完全程；只有做到轻而不浮、松而不懈，人生才能幸福美好。

愿老年朋友们都能过上有松弛感的美好生活！

2024 年 6 月 12 日晨

5.10 《不被定义的年龄》：活出无龄感人生

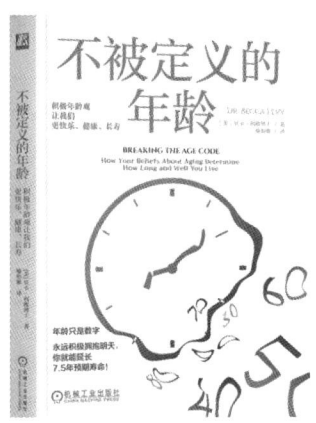

作者贝卡·利维，耶鲁大学教授，研究年龄观念如何影响老龄化健康的权威学者，世界卫生组织对抗年龄歧视运动的科学顾问。主要研究影响老年人的认知、身体功能以及寿命的社会心理因素，关注从社会文化中内化的年龄观念如何对老年人的健康产生有利或不利的影响。

我们眼中的老年人是不是记忆差、耳朵背，腿脚不利索？是不是都有年龄焦虑，害怕长出皱纹，出现白发？是的，我们都会变老，我们也恐惧变老。

实际上，变老并不可怕，即使变老，我们也可以在人生的舞台大放光彩。

《不被定义的年龄》这本书提醒我们：年龄，不过是一个数字，任何人都不该被年龄定义。无论处于人生的哪个阶段，只要我们树立正确的年龄观念，积极面对生活，就能变得更健康、更快乐、更长寿，创造出属于自己的精彩人生。

其实，"老年人远没有像消极的年龄刻板印象所误解的那样，成为经济的消耗者，他们反而正在帮助推动经济：家庭内部财富的整体流向，从年长的亲属到年轻的亲属，要比相反的情况大得多。经济学家发现，在许多国家，寿命的增加会带来国内生产总值的增加"。（第104页）

另外，"积极的年龄观念对长寿有双重裨益。除了寿命增加的可能性，这些观念带来的各种回报让增加的年岁更有可能带来一个充实和有创造力的人生"。（第111页）

作者研究发现：具有积极年龄观的受试者比那些具有消极年龄观的同龄人表现出更好的功能性健康。

作者在书中介绍了一个关于老年人锻炼的实验。在这个实验中，出现了一个非常明显的滚雪球效应。

作者在社区里发了很多通告，希望能有老年人来配合他们进行锻炼。这个实验就是让老年人在锻炼之前受到那些积极潜意识的影响，改变他们对于年龄的看法，再让他们做一些基础的肌肉锻炼。

最后发现，这些受到积极潜意识影响的老年人锻炼1个月的效果，相当于其他老年人锻炼6个月的效果。

而且他们很容易进入良性循环，也就是说随着他们年龄观念的改变，锻炼的效果会更好，肌肉会更有力量，进而他们也会更相信这个积极的年龄观念。

本书的核心，就是对年龄的态度会影响我们的实际表现。这并非心灵鸡汤，而是有大量科学研究支持的结论。所以，让自己积极一点，真的会让我们的身体更年轻！

传统的年龄观念，特别是老龄歧视，在世人心中是根深蒂固的，想要改变可能需要漫长的时间。

然而，这本书让我们看到了改变的开始。不管处于什么年龄阶段，首先得有积极乐观的意识，方能转变人们对年龄的正确认知，树立积极的年龄观。

那么，什么是积极的年龄观？积极的年龄观强调：无论年龄多大，都应对生活充满热情，对事物保持好奇，过好自己的生活。

这种观念认为年龄不仅仅是一个生物概念，更是一个社会概念，老年人可以根据自己的需求做出更加多元的选择，实现社会和个人福祉的最大化。

积极年龄观，旨在最大限度地提高老年人"健康、参与、保障"水平，确保老年人在老龄化过程中能够不断提升生活质量，充分发挥自己的身体、社会、精神等方面的潜能。

这种观念强调老年人能够按照自己的权利、需求、爱好、能力参与社会活动，确保他们老有所用，充分肯定老年人是社会不可或缺的重要资源。

积极年龄观的心理学基础在于，通过改变对年龄的看法，可以显著影响个体的心理健康和生活质量。研究表明，持有积极年龄观的人更快乐、更健康和更长寿。

这种观念帮助人们克服对衰老的恐惧，积极面对生活，从而在心理上获得更多的满足感和幸福感。此外，积极年龄观还鼓励老年人保持学习和探索的精神，不断充实自己，享受生活的乐趣。

我觉得只要我们保持积极乐观的心态，不断学习新知识，丰富自己的生活，就能活出每个年龄段的精彩。这本书告诉我们，年龄只是一个数字，它不能定义我们的生活质量和幸福感。

所以，我更加坚信，只要我们用心生活，无论年龄多大，都能拥有快乐和有意义的人生。其实，一个人真正的成熟，从来都与年龄无关，而是自己内心的一种状态。

所以，归根到底，还是人的心态决定状态。不管处在什么年龄阶段，只要拥有积极的人生态度，就能活出精彩自我。

对于上了年纪的老人来说，不要动不动就用年龄把自己困住，限制自己的行动。只要我们树立积极的年龄观念，活在当下，干自己喜欢而又能干的事，就会越活越年轻。

所以，我们要树立正确的积极的年龄观，看淡生理年龄，保持心理年龄年轻化。

首先，心若不老，便无惧老之将至。英国诗人拜伦说："悲观的人虽生犹死，乐观的人永生不老。"心态好的人，总能从容面对生活，巧妙化解遇到的烦恼。忧愁随风散，笑容脸边生。既然年龄无法逆转，那就调整自己的心态。心宽一寸，受益三分。心态好的人，从不畏惧岁月流逝，而是享受生命的每个阶段，偶尔起舞，时而微笑，一直保持优雅的姿态，拥有独特的魅力。

其次，人生就是用来体验的。无论什么年纪，都会面临各种各样的焦虑。其实，人们焦虑的并不是年龄本身，而是隐含在年龄背后"没有成功"的失落。

每个人都有自己的人生步调，你正在做的事情即使现在还没有取得成果，但也在慢慢地成就你自己。常言道："失败乃成功之母。"只要善于总结，汲取教训，坚持不懈，即使未能才华早露，也有希望大器晚成。

古今中外这样的事例不胜枚举。只要我们对生活有追求，有一件自己热爱的事情，那么，无论什么年龄，都能体会到人生的乐趣。

再者，要善用年龄附加价值。如果我们把年龄视角从"老一岁"切换为"成长一岁"，你就会发现：时间其实是个好东西，可以带给我们更为成熟的心智思想和胸怀气质。

荀子在《劝学》中说："不积跬步，无以至千里；不积小流，无以成江海。"这句话就是强调人生过程中积累的重要性。

另外，打破年龄焦虑的最好办法就是，发现年龄优势，利用优势加倍努力，活成自己喜欢的模样。人的年龄优势表现在以下几方面。

第一，生活阅历和经验更丰富，理解力更强。相同的事情、相同的话语，不同的年龄段会有不同的理解。随着年龄的增长，人的阅历越来越丰富，理解力也会越来越强。

以前看不懂的书，现在可以看懂了；以前听多少遍都不明白的道理，现在不用说也明白了；以前理解不了的事物，现在也能体会背后的深意了。所以，年龄不是负累，而是走在人生路上收获的经验与阅历。

第二，情绪和情感更稳定，懂得为自己负责。情绪稳定，很多时候就来自年龄的馈赠。未经世事时，遇到挫折，就会容易情绪崩溃。长大后才发现，减少痛苦最好的方法是不断成长,自我疗伤。

随着年龄的增长,经历了许多事情之后,褪去了青涩莽撞,人越来越成熟,情绪也会越来越稳定。另外,懂得为自己的言行负责,是一个人真正的魅力所在,也是年龄带给我们最大的收获。

第三,意志和自控力更好,更易成就大事。尼格尔在《自控力》一书中写道:"人生有两种痛苦,一种是努力的痛苦,一种是后悔的痛苦,而我认为后者要比前者大千倍。"

随着年龄的增长,不断经历后悔的痛苦,一个人的自控力也在慢慢增强,思想不再信马由缰,说话不再信口开河,行为也不再不计后果。自控力好的人,遇事不慌、临危不惧,更容易成就大事,也更值得别人信赖。

人生是自己的,要按照自己的节奏来,不要因为年龄而束缚了自己的人生。只要心之所向,什么年龄阶段都不会晚,怕的就是被年龄所困而一事无成。真正成熟的人,敢于打破年龄的焦虑,活出不被定义的人生。

2024年11月6日晨

5.11　探寻文化教育对健康长寿的积极作用

一、文化教育与健康长寿的关系

《柳叶刀》子刊:受教育程度越高,死亡风险越低,寿命越长。研究表明:健康长寿与文化素养之间确实存在密切关系,文化程度越高的人,其死亡风险相对较低,寿命也相对较长。

2024年1月23日,挪威科技大学的研究表明,教育可以延长寿命,每多受一年教育,死亡风险就会下降1.9%。这种相关性非常强,无论年龄、性别、地点、社会和人口背景如何。研究团队发现,与不受教育相比,经过6年的小学教育后,死亡风险下降了13.1%;经过12年的中小学教育后,死亡风险下降了 24.5%；经过 18 年教育后，死亡风险下降了 34.3%。

虽说这种现象在年轻人群中更为显著，但即使在 70 岁以上的老年人中，每多受一年教育，死亡风险也能平均降低 0.8%。所以，终身学习、终身成长对我们每个人都十分重要。

中国的研究也发现，学历越高，早死风险越低，小学以下教育程度的人过早死亡风险比高中及以上教育的人高 93%。此外，中国文化的生命质量观也强调道德修养的重要性，认为道德高尚的人更容易长寿。

波兰国家公共健康研究所最新研究结果表明，受过高等教育的人可能比只有小学文化程度的人寿命更长；长寿与教育程度有关，受教育程度越高的人，越有可能获得高寿。

他们在对近年波兰居民死亡情况进行统计后惊讶地发现，在同一座城市不同城区生活的男性，寿命长短不同。在华沙北布拉格区居住的大部分人是工人，只有 1/10 的居民有高等学历，该区男子寿命一般在 63 岁左右；而在华沙乌尔森区，那里 1/3 的居民受过高等教育，这个区的人一般都能活到 80 岁，比普通波兰人的平均寿命还要长 10 岁。

请看，世界上排名前十的长寿城市或地区是：日本冲绳、意大利撒丁岛、希腊伊卡里亚岛、哥斯达黎加的尼科亚半岛、中国香港、澳大利亚悉尼、瑞士日内瓦、挪威奥斯陆、新加坡、中国上海。

再看，中国排名前十的长寿城市情况：

苏州，人均预期寿命为 84.33 岁；

上海，人均预期寿命为 84.11 岁；

深圳，人均预期寿命为 83.73 岁；

广州，人均预期寿命为 83.56 岁；

厦门，人均预期寿命为 83.49 岁；

杭州，人均预期寿命为 83.35 岁；

珠海，人均预期寿命为 83.28 岁；

南京，人均预期寿命为 83.15 岁；

青岛，人均预期寿命为 83.09 岁；

威海，人均预期寿命为 82.98 岁。

这些城市或地区居民之所以人均寿命较长，其共同的原因除了优质的医疗保健服务、良好的社会保障体系、健康的饮食习惯、积极的生活方式以及和谐的社会环境等之外，还有一个很重要的因素就是这些城市或地区的文化教育程度相对较高，居民总体的文化素养和健康意识较好。

另外，其中大多数城市的文化底蕴及其对居民潜移默化的影响也是影响寿命的重要因素。

二、文化素养对健康长寿的影响

关于读书学习对健康长寿的影响问题，古今中外有许多论述和研究。

我国汉代文学家刘向说："书犹药也，善读之可以医愚。"所谓"医愚"，从养生保健方面来说，就是可使人开朗、消怒和化郁，提高对人生意义的认识，增强防病抗病的信心、决心和能力。

南宋大诗人陆游也有深切体会，他说："读书有味身忘老，病须书卷作良医。"古人曰"读书也是保健的方法"，读书可以养生。清代萧抡谓："一日不读书，胸臆无佳想；一月不读书，耳目失精爽。"清代李鸿章也说："体气多病，得名人文集，静心读之，亦足以养病。"

所以，读好书能给人一种好心情，排除忧愁烦恼的情绪。阅读知识性、趣味性、实用性强的图书，仿佛和良师益友交谈，心情特别愉快，也能起到防病治病的效果。

读书能有较强的解郁作用和宣泄效果，能够调整人的心理状态。当我们把注意力集中在书籍上时，仿佛进入另外一个世界，一切忧愁烦恼和不愉快的感觉顿时烟消云散，有利于促进心理健康。

因为读书是积极的心智活动，能使大脑产生一种叫作神经肽的高级化学物质，这种物质可以增强细胞免疫力，从而有益于身心健康。

在西方国家，有人对16世纪以后欧美出现的400名杰出人物进行过寿命研究，结果表明，这些人的平均寿命为67岁，这在当时算是长寿的了。其中寿命最长的是那些大量用脑的科学家和发明家，平均寿命为79岁。

再看，在1940年以后已故的诺贝尔奖金获得者中，80岁以上的有33人，其中 90 岁以上的有 6 人。其中，美国心理学与医学奖获得者乔治·惠普尔享年 98 岁。

据中华医学会对老人存活率的测定表明，脑力劳动者、体力劳动者和无职业者的累计存活率分别为 85％、39.6％和 28％。

根据世界卫生组织的统计，文化程度越高的人，因患结核病、流感、肺炎、糖尿病、脑血管病等常见病和多发病的死亡率就越低。

分析研究发现，文化素养对健康长寿的影响主要是通过以下几个方面实现的。

首先，文化程度高的人通常有更好的健康意识和健康行为，能够通过养成良好的生活习惯，更好地管理自己的健康。

其次，受教育程度高的人通常能获得更好的经济和社会地位，生活条件相对较好，并能够享受更好的医疗资源。

最后，文化素养还包括道德修养，这有助于保持内心的平和与宁静，活得较为通透，从而有助于促进健康和长寿。

可见，教育是健康长寿的关键社会性决定因素。受教育程度与健康长寿之间存在正相关关系。受教育程度较高的人通常更有可能采取健康的生活方式，如均衡饮食、适度运动和定期体检。此外，他们也善于学习和思考，愿意接受更多的科学养生知识和方法，拥有更多的健康常识和健康决策能力，更乐意参加健身运动，并能够更好地管理自己的健康。

科学家们认为，提高文化修养可以延年益寿，这主要是取决于脑运动的结果。英国科学家柯基斯等人在分析大量资料后得出结论说，只有脑运动才能直接促进脑健康，通过脑协调与控制全身的功能，达到健康长寿的目的。勤于用脑的人，大脑血管经常处于舒张状态，以输送充足的氧气和营养物质，从而延缓中枢神经老化，带动血液循环，使全身各系统功能保持协调统一。

（有兴趣的朋友，可以查阅 2024 年 1 月 23 日，华盛顿大学医学院的研究人员在《柳叶刀》子刊 *The Lancet Public Health* 上发表的一篇题为 "Effects of Education on Adult Mortality：A Global Systematic Review and Meta-Analysis" 的研究论文以及 2024 年 5 月 7 日，中国疾病预防控制中心周脉耕、新加坡国立大学杨潞龄医学院的研究人员在《柳叶刀》子刊上发表的一篇题为"The Association Between Education and Premature Mortality in the Chinese Population：A 10-Year Cohort Study"的研究论文，这两篇论文有大量研究数据足以说明教育及文化素养影响健康长寿的问题。）

三、长寿老人个案分析及启示

我们就以周有光、杨绛及杨振宁三位先生为例，他们平日注意读书学习、养成良好的生活习惯以及注重养生运动，才有他们令世人瞩目的健康长寿。

1. 周有光先生：享年 112 岁

周有光先生享有"文化老人"的美誉。作为我国著名语言学家、文字学家、经济学家，他通晓汉、英、法、日四种语言。他生活规律且有涵养，除了一生坚持学习外，还特别注重养生保健，而且是从深层次上理解践行。

周有光先生在《周有光百岁口述》一书中公开了自己的长寿秘诀："首先，生活要有规律，规律要科学化；第二，要有涵养，不要让别人的错误惩罚自己，要能够'卒然临之而不惊，无故加之而不怒'。"

20世纪30年代，一位美国医生告诉他，饮食过度导致的早亡，要远比饥饿夺去的生命多得多，人最好的保健方法就是不要吃太多太饱。从那时起，周有光先生便养成了每顿饭只吃五六分饱的习惯，即使再好吃的东西，也是浅尝辄止，绝不过分摄取热量。

他经历了两次劫难，一次是在抗日战争时期，他的家被侵略者洗劫一空；第二次是在"文革"时期，他的书稿被席卷而去，未留片页。他非但没有绝望，反而笑着说："从头再来也好，可能会有新的发现啊。"这种超级释然淡定，的确非常人所能及。

2. 杨绛先生：享年 105 岁

她非常重视健康的人生哲理，由健康得幸福。她十分好学，勤于思考，104岁时仍笔耕不辍。

当被问到她的长寿秘诀时，她形象地说："健康是人生基石，事业好比在基石上筑起来的大厦。人的一生，健康会像影子一样处处跟随着你。你重视它，它会给你带来快乐与幸福。你忽视它，它也会给你带来疾病与痛苦。"

她认为精神舒畅、心理健康对老年人尤其重要。在老伴和女儿相继去世后,杨绛先生极力克制哀痛,为了避免负面情绪对健康带来不利的影响,她就以体育锻炼和写文作画来转移注意力,调节情绪。杨绛先生平时很重视运动健身,习惯早上散步,还坚持做保健气功操"八段锦"。

3. 杨振宁先生:现在 102 岁

他是著名的理论物理学家,中国科学院院士,美国国家科学院外籍院士,英国皇家学会外籍院士等。1956 年,他与李政道合作提出弱相互作用中宇称不守恒定律,获得了 1957 年的诺贝尔物理学奖。

2024 年 1 月,杨振宁已经 102 岁,精神状态良好,身体素质也不错。他在与科学家的会面中表现出清晰的思维和敏锐的洞察力,看起来完全不像 102 岁的样子。

杨振宁长寿的秘诀是:

(1) 重视读书。他非常喜欢阅读,认为读书不仅能丰富知识,还能保持心灵的宁静,防范疾病。适当的阅读与运动结合,使身心更健康。

(2) 良好心态。他强调良好心态对健康长寿的影响,认为长寿的人普遍拥有积极乐观的心态,不计较琐事。

(3) 健康饮食。他很注重饮食健康,每天保持三餐规律,摄入大量的蔬菜、水果、全谷物和高质量的蛋白质,以确保摄取到身体所需的各种营养物质。

(4) 谨慎用药。他从不随意使用药物,认为乱用药物易导致不良后果,甚至加重健康问题。他有丰富的医疗常识,遇到疾病也会咨询专业医生,获得准确的治疗建议。

(5) 优良基因。他认为基因也在一定程度上决定寿命,他的母亲遗传给他良好的基因,使他没有受到父辈糖尿病遗传的影响。

(6) 坚持走路。自从 60 岁开始,他每天坚持走路一小时。即使现在年事已高,他仍然每天坚持走 10 分钟。走路可以促进血液循环,提高身体的免疫力。

(7) 起居规律。他每天早睡早起,远离烟酒。严格保持每天定时定量吃东西,注意食品种类的多样化。他还提倡按时吃饭,吃饭时细嚼慢咽,从而有助于食物的消化和吸收。

（8）亲近大自然。他喜欢郊游、接触大自然和晒太阳。他认为适时的阳光照射可以改善大脑某种信号物质的含量，每天上午享受半个小时的光照效果尤其好。

古今中外，这样的长寿事例不胜枚举！虽说影响人健康长寿的因素有很多，但是文化素养对健康长寿的影响十分明显。文化修养就像生命航船的指路灯塔，指引那些热爱生命的智者以正确的生活方式驶向健康长寿的终点。

四、结语

上述研究及个案分析均已显示，获得更高教育水平的人，往往衰老得更慢，寿命更长。这提示我们提高教育程度的干预措施，可能会减缓生物学衰老的速度并延长寿命。所以，进一步提高我国人口的受教育程度，以降低和避免低教育程度人群的不良健康及英年早逝后果，这很有必要。

当今老龄化社会，老年人要提升生命质量、活出幸福快乐的健康长寿人生，就更要注意提升自己的文化素养，重视文化养老，从而达到延年益寿的目的。

2024 年 10 月 3 日晨

5.12 提倡文化养老乐老，促进健康与长寿

前两天我与朋友们分享了我的《探寻文化教育对健康长寿的积极作用》一文，探讨了文化教育与健康长寿的关系及影响，列举了有关研究数据及个案，论证了文化素养与健康长寿呈正相关关系，表明了文化修养有助于延长寿命。

今天，我与朋友们接着探讨文化养老问题。

一、什么是文化养老

文化养老就是老年人通过主动学习和潜移默化的被动影响,形成自己养生养老的系统理念,并用主观意识力量去对抗衰老,让老年人自己在精神世界中保持身心年轻。

文化养老强调在保障老年人物质生活的基础上,注重他们的精神文化生活,通过群体性、互动性、共享性的活动,如文化交流、艺术欣赏、运动健身等,来张扬老年人的个性,让他们享受快乐、愉悦精神。

文化养老方式不仅关注老年人的个体福祉,还强调老年人在社会中的价值和作用,鼓励他们继续学习、参与社会活动,实现老有所教、老有所学、老有所乐、老有所得、老有所为。

实际上,文化养老的概念也是逐渐形成起来的一种养老理念和实践方式,体现了传统文化与当代人文关怀的结合,旨在通过参加文化活动满足老年人的精神需求,提升他们的生活质量。

总而言之,文化养老是一种积极的养老方式,强调通过提升老年人的文化素养来促进健康长寿。它是通过认知理念的转变、良好习惯的养成,知行合一地提升生活品质,达到既能健康长寿,又老有所为、老有所乐目的的积极养生养老方式。

二、文化养老的核心内容

一是满足精神需求。文化养老以老年人的物质生活需求基本得到保障为前提,重点满足其精神需求,包括通过文化活动来丰富他们的精神生活,提升他们的精神境界。

二是交流思想情感。文化养老强调老年人之间的思想交流与情感沟通,通过参加集体活动促进老年人之间的友谊和互助,增强社会归属感。

三是拥有健康身心。文化养老十分关注老年人的身心健康,通过参与各种文化活动,如书法、绘画、唱歌、跳舞等,帮助老年人保持身心健康,延缓衰老速度。

四是活出独立自我。文化养老鼓励老年人张扬个性，崇尚独立，通过参与自己感兴趣的文化活动，展现自我价值，享受独立自主的晚年生活。

五是学会快乐养老。文化养老的最终目的是让老年人在丰富多彩的文化活动中实现"习得性快乐"，让其在晚年生活中享受快乐，愉悦精神，提高生活质量。

六是感受社会关爱。文化养老不仅体现传统文化的精髓，还融入当代人文关怀的理念，使老年人在享受传统文化魅力的同时，感受到社会的温暖和关怀。

七是双向传递互动。文化养老是一个双向互动传递的过程，即社会向养老群体传递精神关怀，同时养老群体也向社会传递知识、经验和精神共享。

综上所述，文化养老的核心内容是以满足老年人的精神需求为基础，通过丰富多彩的文化活动，促进老年人之间的沟通与交流，保持身心健康，张扬个性与独立，享受快乐与愉悦精神，同时实现社会与养老群体之间的双向互动传递，体现传统文化与当代人文关怀相结合的养老方式。

三、文化养老的途径和方法

实现文化养老有好几个层面，既包括政府、社区及家庭层面的各种途径，也包括老年人自身主观努力的方面。

本文主要从后者角度来谈谈有关文化养老方法问题。

老年期是物质向精神转化的过程，这个阶段的老年人开始追求内心的富足和平静。他们通过精神追求和文化活动来对抗衰老，保持精神世界的年轻，从而在老年期保持活力并增进幸福感。

具体方法主要包括：

1. **活出自我，顺从本心**

孔子说："六十而耳顺，七十而从心所欲，不逾矩。"六十岁以后，老年人应该更加关注自己内心的需求和感受，善于倾听，并去做自己真正喜欢的事情，追求那些真正令人快乐的事物。这样的人生会更加充实和有意义。

2. 不断学习，开阔视野

老年人只要能保持好奇和求知之心，生活就会变得更加丰富多彩。学习可以增加知识储备，提高智慧水平，激发兴趣和热情，延缓大脑衰老，预防老年痴呆。老年人可以通过老年大学学习营养膳食、电脑操作、艺术等课程，或自学一项技能、一门外语等，这不仅丰富了精神生活，还感受到了学习的乐趣。

3. 社区活动，积极参与

现在许多社区都有各种文化活动场所，如棋牌区、书法区、声乐区等一应俱全，老年人可以根据自己的兴趣爱好主动参与其中，学习琴棋书画、音乐舞蹈等，既能愉悦身心、陶冶情操，又能加强邻里间交流沟通，互相学习。这不仅能丰富老年人的精神生活，还能增强社交能力，促进身心健康。

4. 居家活动，主动创新

阅读写作，勤于思考；园艺养花，回归自然；烹饪美食，健康饮食；手工工艺，动手健脑；散步太极，强身健体；等等。通过这些有益的居家活动，可以让老年人乐在其中，在享受中感受到成就感和自我价值的实现。

5. 旅游出行，增进健康

旅游是一种"动态"读书。大自然就是生动的天然课堂，老年人同样可以在大自然中得到学习和成长：走南闯北，阅人无数；赏花观景，反思人生；观人文景观，思接千载；察天文地理，视通万里；应急排难，需要智慧；摄影摄像，更需才艺。旅游可推动自己远离舒适区，在山水之间发现自我，挑战自我，开发自我，放飞自我，从而实现终身成长。

6. 运动健身，焕发活力

我对运动可以改造大脑、提高认知水平、缓解紧张焦虑、促进身心健康的科学论断十分认同。运动生理学研究表明：运动让心血管系统变得更加强健，可以调节血糖、控制体重、提升压力阈值、改善情绪状态、强化免疫系统、强劲骨骼系统、提高动机能力、促进神经的可塑性，从而使我们能焕发活力、延缓衰老、延年益寿。

7. 性福快乐，身心健康

性的需求是人类的基本需求之一。性学博士 Stephanie A. Sanders 说：

"在性和性行为方面，并不存在年龄的限制。"性心理学研究表明，50～80岁的人中，超过一半的人对性和亲密关系仍然抱有热情。

一位70岁的老年病学专家Walter M. Bortz说："如果你想保持健康，不需要长期服药，有一个好的伴侣，你一直到死之前都可以享受性生活。他补充道："一个杜克大学词条研究显示，20%超过65岁的人拥有比从前更好的性生活。"Bortz医生还说，那些有性生活的人，活得更长。一个人和他人拥有越亲密的关系，这种亲密为个体带来的作用就越积极。

老年人的性需求是一个亟待关注的社会问题。在传统观念中，"性"似乎只是中青年人的专利，社会好像默认老年人已不需要性了。

因此，有许多老年人原本正当的性需求因主客观原因而被迫压抑了下来。但事实上，他们的性需求并不会因为压抑而消失。很多老年人在矛盾中生活，非常痛苦，反而有损健康。

所以，我们应该理解老年人的正常性需求，老年人自己也应积极主动珍惜自己的"性福利"，维护和保持好自己的"性福指数"，让自己身心健康，幸福快乐。

通过上述途径和方法，老年人可以在自己熟悉的环境中保持良好状态，并与家人有更多亲密和互动的时间，同时能感受到社区和社会的关爱与温暖，促进身心健康，达到延年益寿的目的。

2024年10月6日晨

5.13 终身学习与追求，走上幸福与成功路
——《终身学习》晨读感悟

本书作者黄征宇，金融科技服务及跨国投资专家、宇沃资本美国董事长，首位来自中国大陆的美国白宫学者、亚洲协会21世纪青年领袖、考夫曼基金会学者，英特尔前董事总经理。在斯坦福大学获得经济学学士学位、工业工程学士学位和计算机科学硕士学位，在哈佛商学院获得工商管理硕士学位。

国际21世纪教育委员会指出："终身学习是21世纪人的通行证。"终身学习又特指"学会求知，学会做事，学会共处，学会做人"。这是21世纪教育的四大支柱，也是每个人一生成长的支柱。

终身学习是指社会每个成员为适应社会发展和实现个体发展的需要，贯穿于人的一生的持续学习过程。它是终身教育的一部分。

一、终身教育的特点

终身教育是一种知识更新和知识创新的教育，其主导思想是要求每个人都有能力利用一生中的各种机会进行更新、深化和进一步丰富初始知识，不

断完善知识结构，提升自我能力，追求自我发展，提高自身素质，使自己与时俱进，从而适应快速发展的社会。终身教育的特点如下。

1. 终身性

终身教育的终身性，是指它突破了正规学校的框架，把教育看成是人一生中连续不断的学习过程，是人们在一生中所受到的各种培养的总和，实现了从学前期到老年期的整个教育过程的统一。既包括正规教育，又包括非正规教育。它包括了教育体系的各个阶段和各种形式。

2. 全民性

终身教育的全民性，是指接受终身教育的人包括所有的人，无论男女老幼、贫富差别、种族性别。终身教育具有民主化的特色，教育知识不是只为精英服务，而是让一般民众都能平等获得教育机会。事实上，当今社会上的每一个人都必须学会生存，这是现代社会给每个人提出的新课题。而要学会生存就离不开终身教育，要会生存必须善于终身学习。

3. 广泛性

终身教育的广泛性，是指终身教育既包括家庭教育、学校教育，也包括社会教育和自我教育。可以这么说，它包括人的各个阶段，是一切时间、一切地点、一切场合等各个方面的教育。终身教育扩大了学习天地，为整个教育事业注入了新的活力。

4. 灵活与实用性

终身教育具有灵活性，表现在任何需要学习的人，可以随时随地接受任何形式的教育。学习的时间、地点、内容、方式均由个人决定。人们可以根据自己的特点和需要选择最适合自己的学习，具有实用性。

二、终身学习的意义

20世纪60年代中期以来，在联合国教科文组织及其他有关国际机构的大力提倡、推广和普及下，1994年，"首届世界终身学习会议"在罗马隆重举行，终身学习在世界范围内形成共识。

终身教育已经作为一个极其重要的教育理念在全世界广泛传播。许多国家在制定本国的教育方针、政策或是构建国民教育体系的框架时，均以终身教育的理念为依据，以终身教育提出的各项基本原则为基点，并以实现这些原则为主要目标。在当今社会，若要说到何种教育理论或是何种教育思潮最轰动世界，则无疑当数终身教育。

终身学习，即人的一生都要学习。从幼年、少年、青年、中年直至老年，学习将伴随人的整个生活历程并影响人一生的发展。这是不断发展变化的客观世界对人们提出的要求。

人类从诞生之日起，学习就成为整个人类及其每一个个体的一项基本活动。不学习，一个人就无法认识和改造自然，无法认识和适应社会；不学习，人类就不可能有今天达到的一切进步。学习的作用不仅仅局限于对某些知识和技能的掌握，它还能使人聪慧文明，使人高尚完美，使人获得全面发展。

简言之，终身学习能使我们克服工作中的困难，解决工作中的新问题；能满足我们生存和发展的需要；能使我们得到更大的发展空间，更好地实现自身价值；能充实我们的精神生活，不断提高生活品质。

正是基于这样的认识，人们始终把学习当作一个永恒的主题，反复强调学习的重要意义，不断探索学习的科学方法。同时，人们也越来越认识到，实践无止境，学习也无止境。

古人云："吾生也有涯，而知也无涯。"当今时代，世界在飞速变化，新情况、新问题层出不穷，知识更新的速度大大加快。人们要适应不断发展变化的客观世界，就必须把学习从单纯的求知变为生活的方式，努力做到活到老、学到老，从而实现终身学习。

可见，学习是人类认识自然和社会、不断完善和发展自我的必由之路。无论一个人、一个团体，还是一个民族、一个社会，只有不断学习，才能获得新知，增长才干，跟上时代的步伐。我党早在十六大报告中指出："要形成全民学习、终身学习的学习型社会，促进人的全面发展。"这就从深度和广度上对学习提出了新的更高的要求。

三、关于《终身学习》主要内容

作者本人已经是哈佛商学院毕业的高才生了，依然给自己规划了包括身体健康、情绪把控、思维突破、人际关系、事业工作和财富管理在内的六堂课，组成了可以终身学习的人生课程。

本书共有六大章节，分别是：

第一章：管理好自己的健康，人生才能长赢；

第二章：你不管情绪，就被情绪操纵；

第三章：改变思维，让思维决定情绪；

第四章：谁在影响我们，谁在定义关系；

第五章：未来正在颠覆，事业如何掌控；

第六章：塑造创富思维比创造财富更重要。

上述六大章共包括 25 个部分和 98 个小节，重点强调了终身学习可以转变认知，历练思维，进而赢得人生的理念和实践。作者在学业和工作之外，有目的地去世界各地不断寻找和拜访在健康、情绪、思维、关系、事业、财富这六个方面最好的老师或最权威的人物，并将其个人的知识经验融于生活、学业和工作之中，以解决当前最紧要的问题。

比如，他跟施瓦辛格学健身，体脂从 18.6% 降到 8.8%；跟荷兰"冰人"维姆·霍夫学深潜冰水，克服对冷的恐惧；跟 FBI 探长乔·纳瓦罗学如何破解肢体语言；跟潜能开发专家托尼·罗宾斯学如何激发潜能；等等。他以自身的经历现身说法，为我们提升终身学习能力提供了一个全新视角。

通过阅读本书，书友们可以了解到如何在生活和工作中不断地、全方面地成长和进步，体会到作者希望大家在各自人生征途中都能走得更加顺利、更加成功的拳拳之意。有兴趣的书友不妨读一读，相信会对您的人生发展有所裨益。

2024 年 6 月 15 日晨

5.14 《终身成长》：成长是生命的永恒主题

上周末，与书友们分享了我晨读《终身学习》的感悟之后，我又复读了《终身成长》，同样深受启发。

本书是人格心理学、社会心理学和发展心理学领域内公认的杰出学者之一——卡罗尔·德韦克教授写的第一本大众读物，总结了她十多年的心理研究成果。

微软公司创始人比尔·盖茨曾撰文向读者推荐这本书，说："我爱这本书的一个原因是，它不仅提供了理论，还阐明了方法。"

一、什么是终身成长

1. 终身成长的概念

终身成长强调个人成长是一个持续不断的过程，是一种全身心的投入和日积月累的进步，与年龄无关，旨在不断完善自身，成为更好的自己，并强调这种成长不仅仅局限于年轻时期，而是贯穿于人的整个生命周期。

终身成长的概念侧重于包罗生活的万象，包括家庭、婚姻、职业、利益和人际交往等各个方面。

终身成长的关键在于培养成长型思维。这种思维模式鼓励人们在面对挑战和困难时，能够坚持学习，不断调整自己的思维和行为方式，以适应变化的环境和需求。

2. 发展心理学对终身成长的看法

终身成长是发展心理学的一个重要概念，发展心理学看待终身成长的态度是多维度和有深度的。

首先，发展心理学认为成长是少数时刻的产物，而稳态则是多数时刻的状态。成长的本质是通过短期内的经验拓展实现长期的稳定。因此，规律、稳定、熟悉的生活也是有意义的，这些没有改变的时刻，恰恰是成长的基础。成长不是连续的，而是跳跃地发生在生命中的少数时刻。

其次，发展心理学强调成长是一个痛苦的过程。成长意味着打破了"演化停滞"的状态，走出了"舒适区"，这自然会带来不适。但这种不适是成长的必要条件，提醒自己"这就是我期待的成长"可以帮助人们接受这种不适。成长不仅是为了避免痛苦，也是为了更好地着眼于现在，接受限制，安心地度过现阶段。

最后，发展心理学还认为成长是一个发展过程，而不是一个目标。成长是学习，是获得更多行为模式的过程。成长未必要否定过去，而是有更丰富的工具去应对同一个场景。成长不是一个人的事，是环境与社会关系协同发展的过程，而社会关系可以促进我们成长。

总之，发展心理学看待终身成长的态度是全面而深刻的，强调了成长的过程性、阶段性、痛苦性以及社会性，认为成长是一个持续一生的过程，不仅是个人努力的结果，也是与环境和社会关系协同发展的产物。

3. 终身成长的意义

终身成长必然离不开终身学习。通过终身学习，人们可以不断提升自己的认知水平和思维方式，获得更多的知识技能和良好的态度体验，形成优良习惯及人格品质，以更好地应对生活中的各种机遇和挑战。

此外，终身成长还强调了失败和挫折的价值，认为它们是成长过程中的重要组成部分。俗话说："失败乃成功之母。"通过内省反思和经验总结，人们可以从失败中学习，从而实现更大的成功。

从个人发展的角度来看，终身成长的意义在于它提供了一个不断突破自己的"舒适区"和持续进步的动力源泉。

二、成长型思维对终身成长的影响

作者在书中，区分了固定型思维与成长型思维两种思维模式在终身成长中的作用。

固定型思维模式倾向于认为人的能力和天赋是固定的。抱有这种思维模式的人，相信自身才能是不变的，因此不屑于努力，并且很在乎别人的评判和结果导向，总是掩饰自己的不足，往往更易焦虑和抑郁，遇挫时容易放弃，拒绝自省，一旦失败便一蹶不振。

成长型思维模式则认为通过努力和学习，人的能力和天赋可以得到发展和提升。拥有这种思维模式的人则认为能力是可以通过努力来培养的，相信自己和团队的力量，能将挫折和失败当作一种体验和学习经历，善于总结经验，不会因为失败而气馁。

前天，我去浙江绍兴办事，其间忙里偷闲去王羲之的故里兰亭景区游览，并参观了兰亭书法博物馆，对书法的"临摹"两字有了一点肤浅认识，同时启发了我对固定型思维和成长型思维的辩证认识。

"摹"是用薄纸蒙在字帖上，直接描摹，有利于把握字的结构和笔画，所以字形基本上不会走样，但可能缺乏对原作笔意和精神的理解。"摹"属于复制的范畴，其成果不具有独创性。

"临"则是将字帖置于案前，观察字的形态、结构、笔画，领会其精神，再下笔仿写。临帖容易掌握字帖的笔意，但对把握字的结构位置可能有所不足。"临"强调保持与原作的精神、形貌、位置的相吻合，需要有较高的技巧和素养。临帖有个从形似到神似的过程，是一种有独特性的再创造。

总的来说，书法中临难摹易。临帖更注重对原作精神的理解和再创造，而摹帖则更注重对字形的复制和结构的把握。在学习书法的过程中，两者可以相辅相成。

我认为,我们的人生应在一定固定型思维的基础上积累"摹",更多地用成长型思维去习得"临",创造性地去写好自己独特人生的点、横、竖、撇、捺,让人生变得更加丰富多彩!

可见,成长型思维的重要性不言而喻。它可以让人在看待问题时有不同的视野,进而有不同的行动,从而获得成功。我们每个人其实都是固定型思维和成长型思维的矛盾体,但重要的是,我们要能勇于发现、承认自己的固定型思维,分析自身原因,勇敢面对和接受,用成长型思维去帮助自己拥有正确的成长心态,训练积极强大的内心,通过自我努力,克服脆弱和恐惧,进而获得终身成长。

其实,终身成长的本质就是我们需要突破"舒适区"和"习得性无助",培育成长型思维,相信人的基本能力可以通过后天努力来培养获得,而不仅仅是依赖天赋。

这本书通过分析思维模式对个人成长的影响,帮助读者认识到突破恐惧、苦恼和失败的关键在于转变思维模式,从而实现持续的个人成长和目标达成。

《终身成长》一书结合诸多事例,让我们明白了思维模式决定了人与人之间的巨大差距。思维决定行为定势,行为定势决定性格命运。所以,思维决定一切!

首先,人与人之间的差距,往往是思维方式的不同。面对人生选择,选择不同的思维方式,你的生活质量就大不相同。人只要保持成长型思维,终将可以活成自己想成为的样子。

其次,成功与失败是由思维方式决定的。成长型思维可以帮助人们发展能力,取得成就。拥有成长型思维者,能明确目标,不断优化学习方法,并乐于向同伴学习。朗费罗曾说过:"很多人都有天赋,如果不加以发挥,天赋就只能埋没了。"

三、如何面对自己的思维方式

第一,接受。每个人都要承认自己有一部分的固定型思维方式,从而接受固定型思维出现的次数及给我们造成危害的事实。

第二，观察。了解自己是固定型思维时不是急着去评价，而是先观察一下，了解激发它出现的原因，观察后再根据自己的判断，做出结论。

第三，提醒。给固定型思维人格起个名字，可以是一个影视人物的名字，如果你起了一个不喜欢的名字，就可以提醒自己不要成为那样的人。

第四，修正。我们要学会教育自己的固定型思维人格，尤其是我们这样的老年人，保持固定型思维虽然让我们感到一丝安全，但要学会用成长型思维教育自己，勇于接受挑战，绝不轻易放弃。

进入人生后半场，老年人的人生会面临：收入减少，身体断崖式衰退，各种老年病找上门来，儿女们生活忙碌，常无暇顾及我们。这些现实的问题需要我们带着成长型思维来面对余生，绝不能"习得性无助"躺平，浑浑噩噩、消极悲观地过日子。

退休后，老年人在时间上相对自由。所以，老年人要利用好后半生的时间，以书为伴，以笔为友，旅游健身，"读万卷书，行万里路"，坚持终身学习，追求终身成长，这将是老年人此阶段的人生目标。只要做到活到老、学到老，我们就一定能获得终身成长。

2024 年 6 月 20 日晨

5.15 从"心"出发，知行合一，终身成长

终身成长其实也是我们个性结构中各种品质不断成长发展的过程，其本质就是我们需要突破"舒适区"，克服"习得性无助"，培育成长型思维，养成良好习惯和心态，提升各种能力和技能，历练心性，协调自我，完善人格，并相信自己的基本能力和个性品质可以通过后天努力来培养获得，而不仅仅依赖天赋。

一、人的个性成长的心理学研究

心理学的研究早就揭示了人的个性心理结构中能力、气质、性格、自我意识及行为方式和思维方式等的形成和发展与遗传素质、环境、教育等因素有着密切关系。

首先，遗传素质是个性形成和发展的物质前提。它提供了个性形成和发展的可能性，它是个性形成和发展的必要条件。（遗传决定论）

其次，环境是个性形成和发展的重要条件。（环境决定论）

最后，教育在个性形成和发展中起主导作用。（教育万能论）

确实，这三方面的因素对个性的形成和发展都起着不可或缺的作用，但这仍然解释不了为什么同卵双生子在同一家庭里，接受大体相同的教育，可两者的个性发展却不相同的问题。

我在20世纪80年代下叶发表研究论文《人才个性心理结构理想模式》中也有提到，"个性的形成和发展方面除了要考虑上述三个方面的因素外，还应考虑第四个方面的因素，即个人主观努力。人不是被动接受环境和教育影响的，环境和教育对人的影响，只有当人通过自身的活动，积极参与这一影响过程中，才能发挥作用。也就是说，一个人只有通过自身的主观努力，才能更好地接受各种外部条件的影响，尽快地形成和发展自己的个性。这也是同卵双生子在环境、教育大体相同的情况下却形成不同个性的原因。由此可见，个人努力在个性的形成和发展中起决定作用。"在研究中，我也发现："个性心理结构是个能动的开放系统，它除了本结构内部诸因素之间存在密切联系外，还同人的内外各种因素有着千丝万缕的联系。尽管目前仍存在'遗传决定论''环境决定论'和'教育万能论'的追随者，但大多数学者现在都承认影响个性形成和发展的因素是多元的。"

总而言之，个性心理结构与心理过程、心理状态、遗传素质、环境因素、教育因素以及个人努力之间都有密切关系。

上述有关内容，可参见我的论文《个性心理结构问题的研究》，发表在《人力资源管理》杂志2012年第12期，第199—205页。

总之，追求终身发展必须关注上述四大要素，以及它们之间协调互动的作用。

二、终身成长的践行法则

1. 保持终身学习态度，多元化学习，不断追求新知识，学习新技能。
2. 勇于接受各种挑战，从失败中吸取教训，变得更加坚强。
3. 培育发展深广兴趣，保持探索和发现的精神，突破固定思维，尝试创新活动。
4. 做好生涯规划，保持定力和耐心，坚持不懈地追求目标。
5. 培养自律的良好习惯，管理好时间和资源，做到高效生活和工作。
6. 以积极心态发展情商，乐意接受他人的意见与建议，提升沟通合作能力。
7. 谦虚谨慎、好学向上，寻找良师益友，向他们学习并得到指导。
8. 建立良好人际关系，与激励和支持你成长的人保持联系。
9. 反省反思行为决策，从中汲取经验，及时做出调整。
10. 自我肯定，接纳自己，为自己的每一点进步欣喜欢呼。

三、终身成长的具体方法

1. 设定成长目标。设定具体、可实现的目标，有助于集中精力努力。
2. 建立适度自信。相信通过努力可以达成目标，即使面对挑战和失败也要保持积极的态度。
3. 坚持不懈努力。成功需要时间和持续的努力。从实现小目标开始，逐步提升难度。
4. 保持乐观向上的心态。乐观的心态有助于提高应对和克服困难的能力，促进自我成长。
5. 强化健康意识。保持良好的身心状态，从身体和精神层面支持自我成长，并与他人共同成长。

6. 培养成长型思维。相信智商和情商可以通过学习和努力得到发展，将失败视为学习和成长的机会。

7. 保持终身学习的积极态度。不断学习新知识和新技能，适应不断发展的世界。

8. 持续自我反思并适时调整目标。定期反思自己的行为和成长历程，根据需要调整目标和策略。

9. 培育钝感力。不过分在意他人看法，专注于自己的目标和成长，不受外界的刺激与干扰。

10. 提升适应能力。适应不确定时代快速变化的环境，勇敢面对内心的恐惧和不安，突破舒适区，灵活应对新挑战和新机遇，迎接新成长。

这些方法共同构成了一个全面的成长策略，帮助个人在各个层面持续进步和发展，实现终身成长。

另外，终身成长在各年龄段的发展重点有所不同，需要与时俱进。和同龄相仿，回顾我自己近七十年酸甜苦辣、坎坎坷坷的人生历程，我深刻认识到：除了不忘"成长与发展"的初心外，顺应时代潮流、确立随遇而安的人生态度和积极修炼心性十分重要，这也是终身成长的目标。

随遇而安的人生态度，就是强调在任何境遇中都能得到满足，做到心安理得，心情愉快。它包括四个方面：一是"随遇"，指遇到任何情况或遭遇时，都能保持一个好的心态，不惊不喜，有感恩之心；不幸发生时也不急不躁，不怨天尤人；二是"随缘"，指随事态而动，遵循事物运动的变化规律并积极应对，不强求，不悲观，不慌乱；三是"随安"，指在任何时候都能顺应环境，满足自己，特别是在无法改变现实时，必须调整心态，以保持稳定情绪；四是"随喜"，遇到好事、美事、乐事时，及时享受美好，但不可得意忘形，要保持气定神闲的态度。

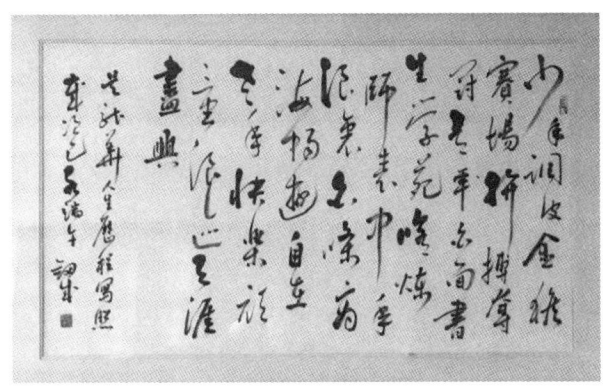

　　这幅书法字画是上海有名书法家，我上海师大的同窗室友盛剑成学兄为我写的人生历程："少年调皮金猴，赛场拼搏夺冠；青年白面书生，学苑修炼师表；中年浪里白条，商海畅游自在；老年快乐顽童，浪迹天涯尽兴。"以此勉励我在老年时期也要积极乐观，追求快乐成长。我将矢志不渝，笃行不怠。

　　顺祝大家都能获得理想的终身成长！

2024 年 6 月 24 日晨

第六辑　阅读名家经典

我们为何要阅读名家经典？

首先，名家经典是历史沉淀的结晶，具有典范性和永恒性。它们是经过长期历史选择的文化典籍，是历史上重要文化成果的象征，是民族精神的载体，持续影响着历史的发展和民族的灵魂。

其次，名家经典能超越时空，影响未来。它们作为人类文化的结晶，永远与人类同在，不断影响和指导未来，具有经久不衰的影响力。这种精神文化可以不断赓续，甚至永恒。

再次，名家经典蕴含丰富的古人智慧，是取之不尽、用之不竭的思想宝库。它们能丰富和提高我们的文化素质和思想修养，启迪和帮助我们更好地理解人性、历史和社会，从而更好地生存和发展。

最后，名家经典为终身学习提供丰富的精神食粮和智慧源泉。通过阅读经典，可以坚实我们的传统文化基础，提高文化自觉和增强文化自信，形成正确的"三观"和评判体系，有助于终身成长。

6.1 读《孔子：人能弘道》，做仁德之人

作者倪培民，现任美国格兰谷州立大学哲学系教授，东亚研究部主任，夏威夷大学哲学系客座教授，国际亚洲与比较哲学学会理事，英文版的"中外比较哲学丛书"主编。曾任北美中国哲学家协会会长，西密西根华人协会会长和中文学校校长。

孔子，周朝晚期春秋时代的圣人，中国古代著名的思想家、教育家、政治家，儒家学派的创始人。他的教育理念是培养德才兼备的人才，提倡因材施教和学思并重。孔子的政治理想是建立一个和谐、稳定、公正的社会，主张君王应以德治国，实行仁政。他的思想被记录在《论语》等著作中，传承至今，对后世的影响深远。

一、孔子的"仁""德"观

孔子一生追求仁，以仁德为本，坚信尽人事而听天命；坚信人能弘道，非道弘人。就孔子而言，"仁"意味着一种使生物意义上的人成为一个真正合

格的人的品质，这种品质是每个人都必须努力具备的。"德"是修炼仁的过程。以德来修炼，才能有所得。

人生的意义和创造不朽的现实都始于孝道，但不止于孝道。人只有首先实现在家中的意义和不朽，才能够追求在历史上的意义和不朽。

孔子《论语》中的金句"己所不欲，勿施于人"，被认为是道德金律，它揭示了为人处世的一条重要原则，即自己不想要的东西，切勿强加给别人；自己认为那样做会不妥，就不应该要求别人做；自己不希望别人那样对待自己，就不要那样对待别人。总之，孔子所言是告诫人们从自己的内心出发，去理解尊重他人、友好对待他人，这与当今心理学强调的同理心和共情力很吻合。人与人之间的交往，确实应该坚持这种原则，这是尊重他人、平等待人的体现。但从今天来说，"己之所欲，勿施于人"更应值得人们深思。即便是自己愿意的事，也要多加考虑，不要轻易加于人。

孔子也说过"己欲立而立人，己欲达而达人"。他强调人应该宽恕待人，应提倡"恕"道，唯有如此才是仁的表现。"恕"道是"仁"的消极表现，而其积极表现便是"己欲立而立人，己欲达而达人"。孔子所阐释的仁以"爱人"为中心，而爱人这种行为包括宽恕待人这个方面。

二、孔子的人文教育观

孔子的教育思想对中国传统文化和教育产生深远的影响。他认为教育的宗旨是育人，即帮助一个人转化成一个有文化教养的人，从而可以有美好的人生，并能成为改善社会的有用人才。孔子的教育观主要表现在三大方面：

一是有教无类。这是孔子最重要的教育观点之一。他认为教育应该普及所有人，不论其社会地位、种族、性别或贫富差异，通过提供公平的教育，消除人和人的鸿沟。这种观点反映了孔子对教育平等的追求，强调每个人都有受教育的权利。

二是因材施教。孔子认为每个学生都有其独特的个性和学习能力，因此教育应该根据学生的特点和需求进行个性化教学。教师应该了解学生的背景、兴趣和能力，以便为他们提供最合适的教育。

三是学以致用。孔子强调学习的目的是应用，学生应该将所学的知识运用到实际生活中。他认为，教育不仅是为了获取知识，更重要的是培养学生的实践能力和解决问题的能力。孔子主张把学生都培养成君子（教育目的）。

孔子的弟子们同样值得我们钦佩和效仿。颜回敏而好学，子路率直勇敢，子贡谦虚精明，冉有城府深厚，曾参老实勤奋，宰予大大咧咧，樊迟老实忠厚……这些人为了追求一个共同的理想人格而聚集在孔子门下，历经困厄，周游列国。据《史记》记载，孔子"弟子三千，身通六艺（礼、乐、射、御、书、数）者七十二人"。

三、孔子的"士"和"君子"之说

孔子认为："士"，不仅是一种社会身份，还代表具备文明素质的人。一个士应该追求道，而不是只贪图物质享受；为人有羞耻之心；出使外国能完成君主的使命；宗族中的人称赞他孝顺父母，乡里人称赞他尊敬长者；他们互相切磋勉励而又能和睦相处。能做到这些就能算是个"士"了。

士是初级目标，更高一级的目标是成为君子。"君子喻于义，小人喻于利"；"君子谋道不谋食"；"君子忧道不忧贫"；君子如果背弃了仁德，又怎能叫作君子呢？君子还要用礼来打磨自己。仁是内在的质，礼是外在的文。"文质彬彬，然后君子。"也就是说，一个人应该兼具文雅和朴实的品质，这样才能称之为君子。

孔子强调内外兼修的重要性，即一个人不仅要有内在的道德修养，也要有外在的文明礼仪。如果一个人过于质朴而缺乏文采，会显得粗野；而如果文采过多而质朴不足，则会显得虚浮不实。只有当内在的质朴和外在的文采达到和谐平衡时，一个人才能成为真正的君子。

在孔子看来，真正的君子应该是：君子内省，问心无愧，所以无忧无惧。君子泰而不骄，小人骄而不泰。君子追求不同意见的协调而不是完全的统一，小人追求完全的统一而不是协调。君子和而不同，小人同而不和。君子矜而不争，群而不党。君子宽以待人，严于律己，对别人不求全责备。君子犯了错误，不惧怕承认并自我改正。

君子好学，爱惜名声，重视实际行动而轻空洞的言论。君子即使不为他人所了解，也不怨恨。君子厌恶传播别人坏处的人；厌恶身居下位而毁谤在上的人；厌恶勇敢却不懂礼节的人；厌恶果断而不通事理的人。

四、孔子的圣人观

圣人是由君子一步步修炼而来。孔子认为学习的最高境界是成为圣人。孔子将圣人视为道德和智慧的典范，认为圣人是人间秩序中的最高地位；圣人具有深刻的道德认知和超越常人的智慧，能够理解和应用宇宙间的普遍法则；圣人不仅在道德上达到极致，还能将这种道德认知应用于社会实践，为人类谋福利。孔子将圣人视为治国平天下的典范，认为圣人的政治能量能够为天下苍生带来福祉。

孔子对圣人的看法体现了儒家思想中对理想人格的追求和尊敬。孔子自己也表达了对圣人的敬畏和追求，渴望达到圣人的境界，但他同时认为圣人是一种理想化的存在，非常难达到。他认为自己尚未达到圣人的境界，但不断努力朝此方向前进。他激励人们不断提升自我，强调了从君子到善人再到圣人这一逐步修炼的过程，认为这是实现理想人格的必经之路。

孔子对能做到博施济众的人评价极高，是超过作为仁人而进入圣人的境地。尧、舜作为古代的圣人，孔子认为其心犹有所不足，可见对圣人所给予的高标准。由于孔子对圣人的期望值太高，他又说："圣人，吾不得而见之矣。得见君子者，斯可矣。"（《论语·述而》）圣人难以见到，不得已求其次，能见个君子也可以了。这是孔子期望见到圣人而不能满足时出现的心态。

孔子眼中的圣人是：尧、舜、禹、文、武、周公。孔子对圣人提出很高的要求，他既肯定有圣人的崇高称号，又谦称自己没有达到标准，不是圣人，并对没有亲自见过一个圣人而表示遗憾。在孔子的心目中，圣人带有虚悬一格的意味。后人把孔子尊为圣人，认为他是"圣"集大成者。

《孟子·尽心》说："可欲之谓善，有诸己之谓信，充实之谓美，充实而有光辉之谓大，大而化之之谓圣，圣而不可知之之谓神。"大意是：值得人喜爱的叫"善"；自己确实具有善就叫"信"；"善"充实在身上就叫"美"；既充实又有光辉就叫"大";既"大"又能感化万物就叫"圣";圣到妙不可知就叫"神"。

孟子说"大而化之之谓圣"。能够光大仁德,能够感化世人世风,能够弘道,这才是圣。成为圣人是一个崇高的理想,而孟子和荀子都主张"人皆可为尧舜",进一步发展了孔子的圣人观。

总而言之,孔子有关人格品质和人才素质的思想具有深刻的现实意义,我们应该从中汲取智慧和力量,做一个"仁""德"兼具并对社会有益的"君子"和"圣人",共同构建一个更加和谐、友爱的幸福社会。

《孔子:人能弘道》一书是儒家伦理和精神传统的一种深思和启发式阐述,具有很强的可读性。其中还有许多富有洞察力和启发性的观点,同样值得学习和借鉴!

2024 年 4 月 25 日晨

6.2 读《道德经说什么》,重视积德致胜法则

作者韩鹏杰是西安交通大学人文学院哲学教授,北京大学、中国人民大学 MBA 特聘教授,主讲哲学。

《道德经》采用的是对话体，即在问答的基础上将答案概括、总结、提炼、升华而成，作者是老子。

《道德经》最重要的内容就突出在"道"和"德"两个字上，这两个字依然是中国传统文化中最重要的两个字，包括了仁、义、礼、智、信。我们今天所说的道德，出自儒家经典，是指伦理道德。可是老子讲的"道"和"德"，不仅包括哲学层面的，包括天道，也包括现实层面的人道，而法就是按照"道"与"德"去执行。

天道，是以天为形象，讲万物的本源、宇宙的规律、人生的信仰。人道，是指人生方向和目的、规划和境界、道的边界、前进速度。宇宙的本源叫作道，万物的规律叫作道，人生的信仰叫作道。方向、目标、规则、境界、边界、速度都是道的内容。

孔子讲道，"朝闻道，夕死可矣"；孟子讲道，"得道多助，失道寡助"；韩非子讲道，创造了"道理"这个词。大的规律叫作道，小的规律叫作理。道在前，德在后，一切才能顺理成章。所谓德，就是按照道去做，先把道搞清楚了，然后坚定不移地按照道去做。

"人法地，地法天，天法道"，即是"道法自然"，就叫天道，也叫天理。烙到心里就叫作良知，天地良心。"道法自然"，"自"就是本该，"然"就是如此，"自然"即本该如此。道本来就应该是这样，即效法学习天地精神，走在正确的大道上。道是高大的、深刻的，所以叫"常道"。常就是规律，如"天行有常"。"道法自然"，意味着万事万物的运行都应遵循自然的法则和规律。

《道德经》的精髓就在于：

1. 辩证思维

老子善于从正反两个方面思考问题。他认为，万物运行有其自然的法则，人们应顺应自然；世间事物都有其对立面，如难和易、长和短、前和后、美和丑、祸和福等都是相辅相成、对立统一的，甚至在某种条件下可以相互转化。这是中国古代最伟大的对立统一辩证法思想。

2. 逆向思维

与儒家提倡仁爱、礼义和忠孝等观点不同，老子采用逆向思维，如"大道废，有仁义；智慧出，有大伪；六亲不和，有孝慈；国家纷乱，有忠臣"。他认为社会的某些正面价值是在其反面现象的基础上产生的。老子认为，上用智慧治，下便以计谋应，上下都旁离了质朴而崇尚文饰机诈，便使天下失去了真诚，以致大的诈伪必然就会出现。家庭亲属不和睦，才有了所谓的孝慈；国家陷于昏乱，才有了所谓的忠臣。

3. 不争思维

老子强调"唯其不争，故天下莫能与之争"，即唯有不争的处世态度，天下才没有人能与之相争。老子认为，不显示自己，不自以为是，因而更显耀突出；不夸耀自己，因而有功绩；不自以为贤能，因而受到尊重。不争，才能保全自己，立足不败之地。这种哲学理念体现了道家的无为而治和顺应自然的原则。

4. 利他思维

老子推崇水，因为水包含了利他精神。他说："上善若水，水善利万物而不争。"只有利他的人，才会有精神上的大格局和灵魂上的新高度。所以，利他的人才是真正的无敌强者。

5. "天人合一"思想

"天人合一"则是指人与天地万物是一体的，人与自然、天道与人道是相通并统一的。这里的"天"，可以代表"道""真理""法则"，"天人合一"就是与先天本性相合，回归大道，归根复命；同时，"天"也可以理解为自然界或宇宙，而人就是其中的一部分，二者之间存在着紧密的联系和相互的影响。"天人合一"不仅是一种境界，也是一种修行的目标。"天人合一"的思想体现了人与自然和谐统一关系，是道家哲学的核心观念之一，也是《道德经》所倡导的重要思想。

6. 提倡重视"无"的价值

老子指出，"三十辐，共一毂，当其无，有车之用。埏埴以为器，当其无，有器之用。凿户牖以为室，当其无，有室之用。故有之以为利，无之以为用。"老子告诫我们：不管是做人还是做事，一定要看到"无"的价值。盆子、杯子等器具内部是"无"的，所以能装东西（空杯效应）；人建造的房子内部是"无"的，所以能住人。人们很容易只盯着眼见的实物，却忽略了

"无"的价值。

7. 战胜自我的思维

"知人者智，自知者明。胜人者有力，自胜者强。知足者富，强行者有志。"老子认为，能了解别人的称为机智，能认识自己的才叫有智慧和通达。同样，能战胜别人的只能说明这个人有能力，而只有那些战胜自己的人才可以称作强者。

8. 守柔贵雌的智慧

老子推崇柔弱的智慧。他说："人之生也柔弱，其死也坚强。草木之生也柔脆，其死也枯槁。故坚强者死之徒，柔弱者生之徒。是以兵强则不胜，木强则折。强大处下，柔弱处上。"人活着的时候身体是柔软的，死了以后身体就变得僵硬。柔弱的东西，更懂得变化。

9. 守正出奇的思维

老子说："以正治国，以奇用兵，以无事取天下。"意思是说，治国要用"正"，带兵打仗要用"奇"，取得天下要通过"无事"。"正"代表了原则性的东西，"奇"则代表打破规则。在日常生活中，我们要懂得守正出奇，首先要尊重规则，有些事一定要合于正道，但又要懂得打破规则，懂得变通，创新方式。

10. 重视积德致胜法则

《道德经》强调了德行的重要性，并指出通过不断积累德行可以达到无所不能的境界，这体现了其对于个人修养和社会伦理的高度关注。同时，《道德经》也用德的概念来鉴别人性的心灵素质和处理事务的行为结果。

其实，老子的《道德经》及其哲学思想中蕴含着丰富的心理学思想，这在上述《道德经》的精髓内容中不难发现。早年在读专业涉及中国古代心理思想史时，老师也从不同角度分析和介绍过有关内容，只是，当时我学识尚浅，没有细想，领悟不深。今天再听读韩鹏杰教授讲解《道德经说什么》一书后，觉得又学习了许多新知识，当然也有了些新体会。

关于心理起源思想，老子说："道生一，一生二，二生三，三生万物。"老子认为万物起源于"道"，当然包括人的心理，由此推知心理也起源于"道"。

关于心理治疗思想，老子同样主张"无为而治"，人们与世无争，天下就能太平，身心就能健康。心理学对情绪和心理困惑也有朴素的对立观点，比如消极情绪的积极意义、压力与成长的相互转化与支撑等，特别是现代对强迫症的治疗，采用的理念也接近于"无为而治"，接受强迫思维与行为，才能逐渐走出强迫状态。

道家讲的"无为"，不是什么事都不做，而是告诉你不妄为（不要瞎折腾）、不多为（做事情抓住关键），有所不为。想要有所得，就必须有所舍；想要有所为，就必须有所不为，这就是"无"的妙处，是"众妙之门"。

总之，老子，这位智者，其学说主要集中在《道德经》一书中，成为道家的经典，流传至今。我们可以从知人、知书、知宝三个角度去理解和读懂《道德经》这本"万经之王"，并用至简大道指导自己的人生。

2024 年 4 月 29 日晨

6.3 阳明心学与做人做事之道
——《心学的诞生》晨读感悟之一

《心学的诞生》这本书生动讲述了王阳明从陷入绝境到一路开挂，在黔悟道、讲学的经历，揭示了阳明心学的诞生、发展、影响。

本书以王阳明事迹为经，以心学为纬，编织成完整的阳明心学体系。在这个体系里，我们可以看到王阳明如何"格物致知"，如何"知行合一"，如何将心学发展为极具实践价值的哲学。

王阳明的一生历尽坎坷，少年科举失利，仕途不顺；中年被下诏入狱，贬谪龙场；晚年带兵平叛，反被人诬陷谋反。但他从未屈从于叛贼的胁迫、奸臣的蛊惑和流行学说的桎梏。他总是抬起头来做人，低下头去做事。

王阳明在少年时有"五溺"：初溺于任侠之习，再溺于骑射之习，三溺于辞章之习，四溺于神仙之习，五溺于佛氏之习。看山是山，看水是水。但他求知的心从未停止。

王阳明在青年时期研习"圣人可学"之理，践行格物致知之法，然而一事未果。出仕遭廷杖，下诏狱，落钱塘，困武夷。一路西行至黔，经千山，过万水，困于龙场。看山不是山，看水不是水。但他践行圣人之道的心从未改变。

王阳明在龙场经风雨，历困苦，战疾病。玩易苦思，大彻大悟，心外无物，心至理成。看山还是山，看水还是水。山高路远，道阻且长，凡心所向，行之将至。

这本书以阳明心学的诞生为脉络，从思想史、教育学、古典文学等多个维度切入，通过"向死而生""一路向黔""此境奇绝""龙场悟道""心外无物""知行合一""承黔启后"等七个部分的内容，生动讲述了王阳明传奇的人生故事和心学诞生的过程，帮助我们系统且轻松地掌握阳明心学大智慧，同时打破自己的思想禁锢，走出困惑，是一本兼具学术性与通俗性特点的好书。

我们可以从书中归纳出阳明心学的核心思想：一是心即理，心外无物。这是让我们找到自己。二是知行合一。这是让我们塑造自己，改变自己。三是致良知。这是让我们成就自己。

我们说人生当有人生的意义，生命当有生命的价值。我们立于这天地之间，不能辜负自己的人生。然而，当今世界科技日新月异，生活节奏也越来越快，我们都知道要活在当下，都想幸福快乐地生活，可是真正觉醒并能做到知行合一的人又有多少呢？

在这物欲横流、人心浮躁的社会，人人都不淡定。那么，谁能解救人心，谁能指点迷津？我们不妨跟随王阳明的脚步，深刻领略阳明心学的精妙，在这浮躁的社会中，淡定地面对一切，从容地待人处事，活出精彩的人生。

所以，现在学习阳明心学、了解《心学的诞生》正当其时。王阳明说，知道就会做到，做不到就是不知道；做到就是真知道，真知道就能做到。

"知为行之始，行为知之成。"好高骛远空有志，脚踏实地用心行。而且，能充分认识到学习与思考的关系，即"学而不思则罔，思而不学则殆"，并做到"吾日三省吾身"，相信我们都能"致良知"。

阳明先生说心外无物，心外无理。凡事不外乎你的心！你以为在跟这个世界周旋，其实你是在跟你自己周旋。阳明先生教我们在事上练、事上磨，在行中知，在知中行，才是知行合一。如果我们做事情，能把个人荣辱得失、情绪欲望放在后面，把做成事情作为第一性原理，人生应该不会再有什么难事了。

致良知，指的是我们做事要符合天理良知，也就是要符合孟子的仁义礼智的为人四端之心，即仁之端、义之端、礼之端、智之端。四端应有的四种德行，即恻隐之心，仁之端也；羞恶之心，义之端也；辞让之心，礼之端也；是非之心，智之端也。孟子认为这四端是每个人天生就具有的本性。

我对阳明心学核心理念的理解还是比较浅薄的，但它对我的生活却有了不少帮助。首先，我不再总是过度内卷；其次，我不再过分焦虑。"世上本无事，庸人自扰之。"其实，内卷和焦虑都是自找的。想到阳明先生说的"心外无物"，我就能立马停止胡思乱想和内卷焦虑了。

我很认同：人生有三大根深蒂固的困惑——欲望、情绪和习性，而众生皆菩萨，人人皆有定盘针。我也能体会到：心若改变，态度跟着改变；态度改变，习惯跟着改变；习惯改变，性格就会改变；性格改变，人生就会改变。

有关王阳明的书我还是挺喜欢读的，去年细细读了王阳明的《传习录》，前不久刚看完了鹤阐珊著的《王阳明》，这两天又反复听读了樊登老师与郦波教授对话《心学的诞生》，觉得自己的内心力量得到了增强，认识到我们做事一定不能加私欲，而要内在升维高标准，外在降维接地气，千万别把自己心给弄丢了。所以，我们要用阳明心学的智慧去指导和引领，塑造和创新自己的人生。那么，人生的价值和意义自然就会呈现出来。

2023 年 12 月 20 日晨

6.4 学习阳明心学的意义
——《心学的诞生》晨读感悟之二

当今社会,阳明心学对我们的生活和工作仍然有非常重要的指导意义,主要表现在以下几个方面。

第一,帮助我们修心养性。

当今社会,人们往往过于关注物质享受和功利目标,而忽略内心的修养。所以,我们需要通过修心养性来真正实现内心的平静。王阳明心学强调修心为修身成事之本,并告诉我们许多行之有效的修炼方法,让我们在面对工作和生活压力时,学会调整自己的心态,保持内心的宁静和坚定。

第二,促进我们知行合一。

当今社会,人们往往只注重知识的获取,而忽略了实践的意义。然而只有将知识和实践相结合,才能真正修成正果,实现自我价值。王阳明心学强调知行合一的重要性。所以,我们应该注重理论学习,转变思想理念,同时注重实践操作,转变行为习惯,提升解决问题、服务社会的能力。

第三,倡导我们致良知。

当今社会,人们往往会被各种欲望和诱惑所困扰,难以保持内心的良知。但只有通过致良知,我们才能真正实现内心的清明和正义。王阳明心学强调致良知对修炼自我的重要性。因此,我们应该注重自我反省和自我提高,不断加强道德修养,保持内心的良知和正义感,同时也应该更好地理解他人的思想和行为,尊重他人的权利和尊严,不伤害他人利益,增强自己的同理心。

第四,教育我们心胸宽广。

当今社会,人们往往容易被偏见和情绪所左右,草率待人处事。然而只有知晓待人处世的方法,我们才能更好地理解自己和他人,提高沟通能力和人际交往能力。王阳明心学强调做人必须心胸宽广。只有保持心胸宽广,才能提升自己的共情能力,更好地理解和包容他人,不计较个人得失,放下过去的恩怨和不满，以开放的心态去面对人生的挑战和机遇。

第五，提醒我们保持初心。

当今社会，人们往往会被各种名利所迷惑，难以保持初心。然而只有不忘初心，坚持不懈地为目标而努力，才能保持内心的纯真和坦荡。王阳明心学强调保持一颗初心对实现人生梦想的意义。所以，我们应该自觉抵制外界的物质享受和欲望的诱惑，保持初心不变，同时保持对世界的好奇心和对生活的热爱，从而实现人生价值。

综上所述，阳明心学的核心思想不仅是中国传统文化的重要组成部分，而且对当代人也有着重要的指导意义，在修心养性、知行合一、致良知、心胸宽广、保持初心等方面都给予我们重要的思想启示，值得好好学习效法，并努力发扬光大。

2023 年 12 月 23 日晨

6.5　如何践行阳明心学的精神
——《心学的诞生》晨读感悟之三

既然阳明心学如此重要，那么，我们该如何践行阳明心学精神，达到自我修身养性的目的呢？

简言之，自我修身养性需要把握以下三个步骤。

第一步，设计人生气象。

做人首先要立志，确立远大志向和崇高目标，并不断自我激励，需要心外无物，保持深刻透彻的体悟。

第二步，开发人生智慧。

办法就是知行合一。"知是行之始，行是知之成。"若领会精要，言"知"则"行"已在其中，道"行"则"知"已蕴其里。知行合一，便是致良知。

第三步，布好人生格局。

人生的大境界，其实就是心学的最终归宿致良知。若是知行本体，即是良知良能。那就是此心光明，亦复何言？

为了实现上述三个步骤，我们必须不断学习、调整心态、相信自己、修炼心性。以下具体方法可供大家参考：

1. 学会断舍离

在陷入困境时，我们经常会被焦虑、自卑、愤怒等负面情绪绑架。但往往也是这些消极情绪消耗了我们大量的时间和精力。心理学上的"情绪成本"，指的就是每陷入情绪一分钟，就浪费了一分钟的时间来解决问题，同时消耗大量神经能量。很多时候，影响效率的不是能力，而是情绪。

这世上没有哪份工作不辛苦，也没有谁的人生总是一帆风顺。与其陷入自我怀疑，不如迅速调整好心态，想办法把问题解决。无用的抱怨，当断；冗杂的心事，当离。当你学会把情绪调成极简模式，便能轻装上阵，不仅节省神经能量，还能提高效率。

2. 相信人间爱

薄伽丘曾说："爱，能唤醒人内心沉睡的力量和潜藏的才能。"陷入低谷的时候，不妨想一想亲人的关心和朋友的鼓励。在他们的支持下，我们已经走了这么远的路了，为什么不再多坚持一会儿呢？人活一世，伤痛不可避免，但心态可以调节。

真正有智慧的人，总会用爱抚平伤痛，相信希望的到来。就像傅首尔说的："你要相信你值得被爱，值得被善待。"只要坚定信仰，曙光终会刺破阴霾，让我们重新充满力量。

3. 养好自我心

其实每个人都要出生两次，一次是物理意义上的诞生，另一次是精神层面上的诞生，是人生最重要的一次出生，它使你不仅有血有肉，还有思想和灵魂。

王阳明的心学，就是要先打开心，完成自我和解，让心再升维。

4. 坚持知与行

在心上学，在事上练。心上学，即要读书，要交流，要反思，拒绝内耗，去掉冗杂，量变升维。在事上练，即秉持本心做事，不断熟练，并从中体悟创新的真谛，在平凡中修炼平静心。

每个人都得在行路和心路历程中不断成长！"破山中贼易，破心中贼难。"修身养性，提升自我，最有效的途径是提升内在，并不断锤炼。同时内外兼修，实际行动要跟上思想高度，切不可做"思想上的巨人，行动上的矮子"！这便是王阳明主张的"知行合一"的修炼方法！

读这本书令人印象最深刻的就是"知行合一"四个字。这四个字看似简简单单，但要落到实处很难，很多人做不到。就拿锻炼身体来说，大家都知道运动有助于健康，但是很多人做不到主动锻炼，总是三天打鱼两天晒网，这就是没有做到知行合一。

读万卷书不如行万里路，行万里路不如名师指路，名师指路还要靠自己来悟。子曰："学而不思则罔，思而不学则殆。"所以，我们既要多学习，也要勤思考。愿我们大家都能在行路和心路上齐头并进、修炼成功！

2023 年 12 月 24 日晨

6.6 了解王阳明传奇的一生，助读阳明心学

本系列书作者冈田武彦（1908—2004），九州大学教养系教授，文学博士，国际阳明学大师，日本当代著名儒学家，被儒学大师杜维明赞为"儒学

祭酒"。曾任美国哥伦比亚大学客座教授,并获"中华学术院荣誉哲士"称号。

《王阳明大传:知行合一的心学智慧》是冈田武彦倾注25年心血完成的作品。他以平实的笔调,运用丰富的史料,夹叙夹议地详述了王阳明传奇的一生及其思想的形成过程。

书中,作者凭着自己的专业优势,史料互证,并从王阳明的诗文中探寻其真实内心,补充不为众人所熟知的许多细节,解开了有关王阳明生平和思想的诸多谜题,对王阳明本人及心学做出了最权威、严谨的阐释。因而这是一套全面了解王阳明传奇的一生,轻松读懂阳明心学核心精髓的首选权威读本。

王阳明是明代著名的思想家、哲学家、文学家和军事家。他的哲学思想,特别是心学,对后世有着深远的影响。

王阳明的一生不仅以其智慧和才能著称,更因其人格魅力和道德修养被人们尊称为千古完人。他被誉为"立德、立功、立言"三不朽的集大成者。

他也曾被梁启超和毛泽东誉为"两个半完人"中的一个〔孔子、王阳明、曾国藩(半个)〕,是公认的儒家四大圣人(孔、孟、朱、王)之一,其人生经历在历史上也颇具传奇色彩。

王阳明也是近500多年来诸多杰出政治家,如徐阶、张居正、曾国藩、胡林翼、毛泽东、蒋介石等人的榜样。

曾国藩学他的兵法打仗。蒋介石堪称王阳明的最铁粉丝,曾言:"阳明心学是我终生的精神食粮。"钱穆先生则把王阳明的《传习录》归为七本"中国人所必读的书"之一。

王阳明的思想是墙里开花墙外香。在日本明治维新的诸位豪杰异士中,确有人从王阳明的思想中汲取精神力量,如在日俄海战大捷的海军大将东乡平八郎,在其随身携带的一枚印章上刻着"一生伏首拜阳明",足见其对王阳明的崇拜。

当代新儒学的代表人物杜维明曾断言:"21世纪是王阳明的世纪。"

那么,为什么王阳明的历史地位长期被低估呢?源头在于其心学思想,与主流的唯物主义理论相悖,所以过去的教育体系中,曾将其简单归类为唯心主义加以批判。

现在,阳明心学的璀璨光芒又重新普照大地。

习近平总书记从 2009 年至今,已经多次提到王阳明或引用其学说。他在参加十二届全国人大二次会议贵州代表团审议时指出,"王阳明心学正是中国传统文化中的精华,也是增强中国人文化自信的切入点之一。""要把文化变成一种内生的源泉动力,作为我们的营养,像古代圣贤那样格物穷理、知行合一、经世致用。"

王阳明思想的核心是"致良知"和"知行合一"。但长期以来很多人对其思想学说有很多误读,认为王阳明和他的心学偏重于抽象思维,而轻实践;有的人则把王阳明思想直接归为佛老的同体、无为等。

通过对"知良知"和"知行合一"的深入研读,我们才能真正了解其思想真谛。

王阳明解《大学》的"致知"为"致良知"。他认为,"良知"不但知是知非,还知善知恶,这是人人具有的,是一种不假外力的内在力量。而"致良知"是在实际行动中实现良知,也就是要知行合一。这与朱熹的"向外物求道理"截然不同,不像大家所误读的那样,只有抽象思维而没有行动。

"致良知"与"知行合一"是相伴相生的,好比孝顺父母是正确的事情,是我们的良知。而表现在实际行动中,就是常回家看看,帮妈妈捶捶背,帮爸爸洗洗碗,让他们幸福安享晚年,这就是致良知。

王阳明教人"存天理,去人欲"。所谓天理就是本心、真我;所谓人欲就是私欲习气、假我。他的思想这时已渐渐向"致良知"靠拢。

在王阳明 50 岁之际,"致良知"三字诀,成为其讲学宗旨。"致良知",就是在能分辨真我和假我之后,充分发展知是非善恶的真我,使其在行为过程中占据主导地位。

以下三点可以阐明这一点。

第一,收敛与发散圆融为一。这一阶段,王阳明已克服主客体分裂对立之境,达到"默不假坐,心不待澄"的境界,即不管处于什么状态,他的心永远是定的,并不需要成天静坐了。

第二,未发已发无先后之分。我们知道"喜怒哀乐之未发,谓之中;发而皆中节,谓之和",就是喜怒哀乐没有表现出来时,称为"中",表现出来以后符合常理的,称为"和"。不管未发的"中",还是已发的"和",只要找到其中关键的平衡点,便是中庸,是天理,也是良知。

第三,知与行合二为一。知行合一就是知得真切,知得笃实,便是行;行得明觉,行得精密,便是知。知的过程与行的过程是相终始的。这里的"知",不是指知识,而是指"德性之知"。知行合一,要求你真知,然后真做。"知行合一"则代表"致良知"达到最高境界。

王阳明提倡"致良知",其实是告诉人们应该通过自我反省和修养,使自己的内心达到一个高尚、纯净的境界。只有这样,才能够发挥自己的最大潜能,实现人生的价值。

王阳明心学是中国传统文化中的一种哲学思想,其思想内容极其深刻和广泛,核心内容主要包括:心即理、致良知、思想统一、知行合一等方面。有兴趣的书友们可以通过研读这套书得到您想了解的更多内容。

如今,有关王阳明及其心学的书籍越来越多,我们在读这整套《王阳明大传》时,还可以结合《王阳明哲学》(作者蔡仁厚)和《心学的诞生》(作者郦波)这两本书加以阅读,以求全面而又深刻地了解王阳明的思想精髓,并学以致用,指导人生。

2024 年 5 月 1 日晨

6.7 《了凡四训》晨读感悟

袁了凡,本名袁黄(1533—1606),字庆远,又字坤仪、仪甫,初号学海,后改了凡,是明代名医、思想家。后人常以其号了凡称之。

一、了凡先生简介及其中医心理学思想

了凡先生出身中医世家,曾祖父袁颢开创了著名的"袁氏医学",经过三代人不懈努力,终于造就了一代名医袁仁。袁了凡是袁仁的儿子,从小继承其父亲的医学思想,立下大医之志,努力学习医药经典,建立了"救人于始,救命于本"的医学思想,终成一代大医。

了凡先生践行"治己、治人、治家、治国"的理念,创立"立命之学"。虽遇仙者预言命定,但经云谷禅师启示,深信行善可改命。了凡先生医术高超,更倡导向善以修身、齐家、治国、平天下,成后世典范。著有《了凡四训》等典籍,强调积善与谦德,被誉为"天下第一善书"。

了凡先生提出"以医养身、以心养命"的理念,不仅医人疾病,更医人

心病，人称"大医中的大医"。其精湛的中医理论和医疗实践丰富了中医心理学的内容，值得我们学习借鉴！

了凡先生鉴于自己的经历，悟透了人生。他以其大智慧，将儒家、释家、道家三家的理论与医学相结合，通过医疾以良身体，医心以养其命。他积极倡导向上向善来"改变命运"，创立了"我命在我不在天"的"立命之学"，充满了积极心理学的种种元素，也值得当今世人研究效法！

了凡先生是继唐代孙思邈后又一位"三家合参"的代表性人物。他精通天文历算、地理堪舆、医学养生等，一生践行"修身、齐家、治国、平天下"的理念，凡事刻意尚行，成为后世之典范。虽然他是著名的思想家、医学家，但是其行为已经远远超出了医者的范畴，到达圣人的境界。

了凡先生将自己的人生智慧整理出来，著有《祈嗣真诠》《四书训儿俗说》《静坐要诀》《宝坻政书》《了凡四训》五部典籍，分别对应人生的五个阶段，具体顺序是：勤学、勤劳、尽责、惜福、布施。了凡先生的这个人生五个阶段说，也被称为"幸福人生五部曲"。

二、《了凡四训》主要内容

《了凡四训》一书还包含了"立命""改过""积善""谦德"等四个方面的学问，是一本当今世人都应该好好学习的善书经典。数百年来，《了凡四训》这本"天下第一善书"，已惠及了无数的人和家庭。

《了凡四训》是一部充满智慧和启示的经典之作，它通过了凡先生的生活经历和家训，传达了关于命运、道德和人生的深刻见解。其主要内容有：

第一训，立命之学。了凡先生通过与云谷禅师的对话，认识到命运是可以改变的。他原本认为自己的命运是注定的，但通过反省和改变，最终扭转了自己的命运。这告诉我们，人的命运并非一成不变，通过积极的生活态度和行动，我们可以改变自己的未来。

第二训，改过之法。了凡先生强调了改过自新的重要性。他认为，人要有羞耻心、敬畏心和勇猛心，这样才能真正认识到自己的错误并努力改正。这一点告诉我们，在成长的过程中，要勇于面对和改正自己的错误。

第三训，积善之方。了凡先生提倡积极行善，认为善行可以积累福报，使命运往好的方向发展。他通过自己的经历证明了这一点，通过积极的行动和善举，不仅可以改善自己的人际关系，还能提升个人的精神境界和生活质量。

第四训，谦德之效。了凡先生认为谦虚是一种美德，通过保持谦逊的态度，赢得他人的尊重和赞赏。这告诉我们，无论取得多大的成就，保持谦逊都非常重要。

三、《了凡四训》对我们的人生启示

《了凡四训》的书名非常朴实，其核心内容就是了凡先生给后人留下的家训。所谓"四训"是指了凡先生从上述四个方面，对自己的后代子孙提出了教诲和嘱托。所以这是一本长辈写给后代子孙的人生教科书。

了凡"四训"包括了立命之学、改过之法、积善之方和谦德之效。"立命"，即要创造命运，而不是让命运来束缚人。要想改变命运，不被命运所束缚，就应当遵循"断恶修善""灾消福来"的原则，心存善意、善解人意、力行善事、广积阴德、善结良缘，定能逆天改命，赢得福报。

《了凡四训》是一本家训，简言之是一本讲述改命的书，鼓励人修身积善，改变命运。读后，我最大的体会就是要改命就得先改心。

那么如何改心呢？首先，要使自己有一颗平静之心，能平静地面对命运中不能改变的部分；其次，要有一颗勇敢之心，使自己有勇气去改变命运中能够改变的部分；最后，要有一颗智慧之心，有足够的智慧能够分辨哪些是能够改变的，哪些是不能改变的。

其实，我们真正能改变的是我们的习性，也就是自己后天习得的内心环境。虽说"江山易改，禀性难移"，但难移并非不能移。只要意志坚定，积极修炼，命运也可得到改变。

了凡先生以自己的亲身经历说明了命运是可以掌握在自己手里的，也印证了古人所谓的"有志于功名者，必得功名；有志于富贵者，必得富贵"。正如书中所写："人之有志，如树之有根，立定此志，须念念谦虚，尘尘方便，

自然感动天地，而造福由我。"

家训对中国人来说特别重要，我们可以从一部家训中看出其所蕴含的人生观、价值观、世界观以及生活方式等。这本《了凡四训》被曾国藩列入了子侄们的必读书目，也影响了胡适、稻盛和夫等人。

当今我们生活在一个剧烈变动的社会里，对未来充满未知和不确定性，或许也会有了凡先生那个时代的人相似的困惑，若想要寻找解惑的确定答案，走好自己的人生路，幸福地过好这一生，读一读这本书还是很有意义的。

2024 年 8 月 28 日晨

6.8 读《围炉夜话》，通晓精辟人生格言

本书作者，清代著名学者王永彬，字宜山，人称宜山先生，一生经历了乾隆、嘉庆、道光、咸丰、同治五个时期，其主要作品为《围炉夜话》。

一、《围炉夜话》概述

《围炉夜话》，这是一本充满人生智慧的国学经典，也是一部人生格言集，

被称为国人修身养性必读之书。它通过221则处世之道，以"安身立业"为主题，从道德、修身、读书、教子、忠孝、勤俭等多个方面，揭示了"立德、立功、立言"皆以"立业"为本的深刻人生含义。其中内容涉及修身、齐家、治国、平天下的道理，与我们的生活息息相关。《围炉夜话》与洪应明的《菜根谭》、陈继儒的《小窗幽记》并称为"处世三大奇书"。

《围炉夜话》语言简短精粹，蕴含深刻哲理，不仅教会人们如何为人处世，还提供了丰富的处世哲学和人生智慧，让人在轻松愉快中领略先哲的智慧，并鼓励人们修身养性，成为心静智生的人。

二、《围炉夜话》经典语句

> 教子弟于幼时，便当有正大光明气象；检身心于平日，不可无忧勤惕厉功夫。

一个人是否能够取得成就，往往取决于其人格。从小树立优秀品质与德行，会使人终身受益。因此，想教育出优秀的孩子，必须从幼年时开始培养良好习惯和光明磊落的人格，使他们拥有正直宽广的心胸。只有这样，长大后才会有高远的眼光和大度的气质。

在重视教育孩子的同时，也要注意自身修养提高，反省自己的行为是否得当，检查言谈举止是否偏离行为准则，要"吾日三省吾身"，始终保持清醒的头脑，常怀忧患意识和戒律之心，严格要求自己，让自己的修养逐渐得到提高，并潜移默化地影响孩子。

> 贫无可奈惟求俭，拙亦何妨只要勤。

这句话强调了勤俭的重要性，即使生活贫困，也要通过节俭和勤奋来改善生活。虽然潦倒困顿的日子让人觉得煎熬，但在贫寒中勤俭持家、处处节俭，养成不随意浪费的良好习惯，境遇就会慢慢得到改变。可见，"俭能济贫"。

同理，人的天赋也各不相同，有的人天资聪颖，有的人愚钝笨拙。聪明的人读书、做事都能举重若轻，而愚钝的人想要取得同样的成就，就要付出更多的努力，通过勤奋不断丰富自己的经验。我们常说的"勤能补拙"就是这个道理。

> 何谓享福之才，能读书者便是；何谓创家之人，能教子者便是。

勤于读书的人，学识广博，视野开阔，"思接千载"，"视通万里"，能提升思想境界，充实内心，洗涤心灵。心灵得到了滋养，人就会感到幸福。人世间能称得上享乐的事情有很多，而安心读书则是人生一大乐事。所以，读书乃有福。

另外，一个人自幼接受的教育将影响他的一生。只有从小为孩子树立良好的榜样，把他培养成人格独立、品行优良的人，将来才有可能成为有远大志向、不懈进取的有用人才。有了这样的人继承家业，才能使家族长期兴旺。这就是教子即创家的道理。

> 名利之不宜得者竟得之，福终为祸；困穷之最难耐者能耐之，苦定回甘。

司马迁名言："天下熙熙，皆为利来，天下攘攘，皆为利往。"追求功名利禄，本无可非议，但如果采用不正当手段，得到本不该得到的名利，未必是一件好事。历史上常有人不择手段谋取权利，一时飞黄腾达、飞扬跋扈，但最终会因贪得无厌而身败名裂。

人都向往富贵，可家境贫寒或身处困境中的人，也绝非不能实现自己的人生抱负。孟子说："天将降大任于斯人也，必先苦其心志，劳其筋骨，饿其体肤，空乏其身，行拂乱其所为，所以动心忍性，曾益其所不能。"说的正是在困苦之中不改志向、不放弃自己的人，才能取得常人难以企及的成就。这就是"吃得苦中苦，方为人上人"的道理。

> 发达虽命定，亦由肯做功夫；福寿虽天生，还是多积阴德。

一个人是否能拥有富贵显达的人生，客观条件起到很大的作用，但个人努力也绝不容忽视。那些虽出身低微，但意志坚定、不懈奋斗的人往往比家境很好却养尊处优的人更容易取得成就。如果完全相信命由天定，那么不是幻想不劳而获，就是自暴自弃，这样消极的态度是不可能带来心中向往的美好生活的。所以，发达需发奋。

一个人是否有福气、能长寿，好像很难预测。其实我们不必管天生福寿命运如何，多努力，多做善事，就能拥有和乐安康。真正高尚的人，通达事理，不会为利益而纠结；行善积德的人，帮助别人，内心也快乐充实，自然心情舒畅，身心健康，增福增寿。因此，想福寿双全要积德。

>淡中交耐久，静里寿延长。

《庄子·山木》中说："君子之交淡如水，小人之交甘若醴。君子淡以亲，小人甘以绝。"君子之交是建立在相互信任、彼此欣赏的基础上，是一种平淡的宁静与幸福，这样的友谊经得起时间的考验。而小人交朋友只注重眼前利益，甚至为了利益而背弃朋友。所以，交友宜淡，淡中求友。

人的心境与身体状况密切相关，宁静淡然的心态有助于身体的调节。如果把蝇头小利放心上，整天患得患失，劳心伤神，身体必然受损伤。只有以平和淡泊的心态对待，不为世俗烦恼所困扰，才能悠然自得，健康长寿。所以，养生宜静，静中求生。

>齐家先修身，言行不可不慎；读书在明理，识见不可不高。

《礼记·大学》中说："古之欲明明德于天下者，先治其国；欲治其国者，先齐其家；欲齐其家者，先修其身；欲修其身者，先正其心……心正而后身修，身修而后家齐，家齐而后国治，国治而后天下平。"可以说，修身、齐家、治国、平天下，是无数有志之士为之奋斗的目标。但是，并不是每个人都有治国、平天下的机会与能力，而修身与齐家与普通人的生活密切相关。作为一家之主，想要管好整个家庭事务，先要修身养性、端正己身，才能树立威信，为其他家庭成员起到垂范作用。所以，齐家得先修身。

读书时要讲求灵活变通，在汲取前人智慧、增长自身见识的同时，使自己能够明辨是非。但是，读书不加思考，把书本中的理论生搬硬套于现实生活，则是一种迂腐。只有不断思考和钻研的人，才会在前人的思想基础上，拥有自己的感悟和创新。因此，读书必须明理，"学而不思则罔，思而不学则殆"。

>程子教人以静，朱子教人以敬，静者心不妄动之谓也，敬者心常惺惺之谓也。又况静能延寿，敬则日强，为学之功在是，养生之道亦在是，静敬之益人大矣哉！学者可不务乎？

修养身心贵在做到心静和持敬。"心静"是指任凭外界喧哗繁闹，自己的心仍静如止水，不为外界所迷惑，更不会随波逐流。"持敬"是指对万物存敬重之心，时刻保持清醒而不混沌。"静"是一种不动的功夫，而"敬"则是一种持养的功夫。

能做到心静的人，心思始终如一，精神安宁，不生烦恼。能做到持敬的人，时常保持清醒头脑，自如地应对万事。能做到这两者的人，定能涵养精神、延年益寿。

此外，《围炉夜话》还有许多经典名句强调了诚信、节俭、尽孝、谦虚等传统美德的重要性，以及如何在复杂的社会环境中保持自己的本心和原则。这些内容不仅对古人有指导意义，对现代人同样具有重要的启示作用。书友们不妨认真仔细读一读，它将带你领略其中精湛的处世哲学和人生智慧。

三、读《围炉夜话》的现实意义

第一，本书强调了道德修身的重要性，特别是将"孝"视为立身处世之根本，提倡"人须从孝悌立根基"，这种对"忠孝"的深刻理解，不仅是对古代伦理道德的继承，更是对现代社会道德建设的启示。

第二，书中对于读书治学的重视也是其核心意义之一。作者认为，学问的重要性无法估量，鼓励人们珍惜光阴，勤奋学习。因为"富贵有定数，学问则无定数，求一分便得一分"。

第三，本书还从教子育人的角度出发，提出了许多独到的见解。作者认为，幼年的教育首先要注重培养子弟言行坦荡、胸怀开阔的人格品质，养成良好的行为习惯。

第四，在处世哲学方面，本书也提供了不少宝贵建议。例如"敬他人，即是敬自己；靠自己，胜于靠他人"这一观点，强调了独立自主的重要性。

综上所述，《围炉夜话》通过其丰富的道德、教育、读书、处世等方面的深刻人生哲理和处世智慧，为人们提供了较为全面的生活指南，帮助人们在复杂多变的社会中保持清醒的头脑和正确的价值观，实现个人成长和社会进步。

2024 年 9 月 5 日晨

6.9 诵读《传习录》，学习阳明心学精要

明代著名的思想家、文学家、哲学家和军事家王阳明是中国历史上少有的"立德、立言、立功"三不朽的伟人，更是中国历史上罕见的全能大儒。

他的一生跌宕起伏，充满传奇色彩，而他的心学更是融合儒、释、道三家之精髓。哈佛大学教授杜维明先生曾预言，21世纪将是王阳明的世纪。

《传习录》一书分为三卷，上卷阐述了知行合一、格物是诚意的功夫等观点；中卷有王阳明亲笔书信八篇，是他晚年的著述；下卷的主要内容是致良知，提出本体功夫合一、满街都是圣人等观点。

实际上，《传习录》是一部心学著作，传播心学精神，古今中外广为流传。其中许多名言警句更是脍炙人口，值得细细品味，深谙其中的哲理，并在现实社会实践中运用自如，从而实现自我价值。

例如："人胸中各有个圣人，只自信不及，都自埋倒了。"这句话提示人人可成为圣人的道理。圣人不是遥不可及的，每个人都应该有圣人的追求，对自己有更高的要求和定位。圣人不是天生的，要想成为圣人，需要经过后天的努力。

人人都有成为圣人的可能，如果后天不学习、不努力可能就埋没了，只有通过学习，思想得到提升，除去自身的陋习和错误的观念，才能成为圣人。

勤能补拙、笨鸟先飞就是通向成功的路径；我们即使未能才华早露，仍有可能实现大器晚成，关键在于必须发奋努力，否则再好的条件也只能白白浪费。

又如："人需在事上磨，方可立得住，方能静亦定，动亦定。"有些人，喜欢在思想上去"悟"事，而不去实践体验，在具体的事上去"悟"事。这种人可能以为自己已经领悟了"大道"，但是一遇到事情，就会乱了阵脚。

王阳明提出：只有经历了事情，在事上磨炼了自己，在事上费了心思，得到了实际锻炼，才会对自身有所提高，之后再遇到事，才不会慌乱。

这实际就是我们如今倡导的"实践出真知"的知行观，而不能做"思想上的巨人，行动上的矮子"。我坚信：只有立足实践，有了足够的"遇事"经历和"处事"经验的人，才能有足够的自信和成事的素质。

其实，王阳明文化不应该仅仅是精英文化，它更应该成为一种大众文化。虽然王阳明生活的朝代距今已有500余年，社会日新月异，经济突飞猛进，但是王阳明的很多思想、学说以及对人生的感悟仍然能够给我们的生活和事业带来莫大的启发与指导，对当代人的心灵塑造和人格培养具有重要的现实意义。

虽然过去也读过一些王阳明的文献，但尚未对《传习录》进行过精细研读，对其中的许多哲理依然领悟不深，希望能与有志之士共同研讨并体验其中真谛，提升自我。

2023 年 12 月 19 日晨

6.10 通读《王阳明哲学》，悟透心学之道

本书作者蔡仁厚，是新儒家第三代代表人物之一，师承当代儒学大师牟宗三先生逾四十年。历任台湾各大学教授、哲学研究所所长等。蔡仁厚先生对先秦儒学、宋明理学、中国哲学史有着极深厚的研究。

过去我曾与书友们分别分享了我晨读《心学的诞生》和《传习录》等有关阳明心学的感悟，也曾在任职无锡市心理学会党支部书记期间将有关学习心得结合"自觉修炼共产党人的心学"这个主题和党建工作实际问题给党员同志们上过党课，取得较好反响。

然而，"学然后知不足，教然后知困"，我感觉到阳明心学的魅力，不仅在于内容博大精深，而且其深刻的人生哲理对我们当今个人生活和社会发展仍有着极其深远的现实意义。

之后我又陆续选读了《王阳明大传》和这本《王阳明哲学》，希望能够全面系统地了解更多有关阳明心学的精髓，以不断修炼自我，实现终身学习，终身成长。

现将我的读书笔记及心得归整如下，以便精准地领会与更好地吸收。

一、阳明心学的基本义旨

1. 良知之天理

王阳明在《传习录》中提出："良知只是个是非之心，是非只是个好恶。只好恶就尽了是非，只是非就尽了万事万变。"也就是说良知只是一个天理自然明觉的体现。

它是内在最真诚恻怛的本体自性，自然而自发地表现为各种不同的天理，如在事亲上表现为孝，在从兄上表现为悌，在事君上表现为忠，便是天理，即所谓的道理法则。

2. 致良知与逆觉体征

"致良知"就是在能分辨真我和假我之后，充分发展知是非善恶的真我，使其在行为过程中占据主导地位。"致"的功夫要从警觉开始，警觉也叫"逆觉"，而在日常生活中体悟良知本心的叫作"体征"。

有了警觉后，需要依靠良知本身的力量走向正道。以良知为准则去判断事物，则运用愈加纯熟。它本身就具备强大的力量，自会引领身心渐入正确的循环当中。

二、阳明心学的"知行合一"

1. "知行本体"既是良知本体，也是心体

知行本体原本是一体的，没有合一，是因为被私欲所遮蔽，所以必须有"致"的功夫使其合二为一。知得真切，知得笃实，便是行；行得明觉，行得精察，便是知。知的过程与行的过程是相终始的。

2. "知是行之始，行是知之成"

王阳明认为知行不可分作两件事。也就是说，当我们心知善恶时，便已

好此善、恶此恶了，这时"知是行之始"；当我们知善恶，并将其具体到实践中，所以"行是知之成"。这时的"行"，已由内而形诸于外，内外通而合一。

三、阳明心学的"致良知"

王阳明的"良知"概念，并非"闻见之知"，而是"德性之知"。所谓"德性之知"，即发于性体之知，也即我们常说的"知爱知敬，知是知非，当恻隐自然恻隐，当羞愧自然羞愧"之知。这种"知"发自人的本心，并不是依靠见闻获得的。

在《传习录》中，他提到："良知不由见闻而有，而见闻莫非良知之用。故良知不滞于见闻，而亦不离于见闻。"因为"致良知"的本义，就是要将良知的天理扩展出来，实践到万事万物上。而为了达到对事物的真知，我们内心的良知会发出命令，让我们去见、去闻、去求知、去习能，这全是良知要求我们做的。

致良知，并不是凭空可以"致"得的，必须落在实事上，才能致知以格物，离了实事则知亦不能"致"。可见，"致良知"是真切的道德实践功夫，需要遵循一定规则，需要名师指点。

阳明以"良知"概括孟子的四端之心（恻隐之心、羞恶之心、辞让之心、是非之心）。世间万物，归总而言，不过是正其非成其是，去其恶成其善。而良知心体正是"定是非，知善恶"的标准，也是成就事物的实现原理。

四、阳明心学的"心即理"

"心即理"（良知即天理），是传统心学的重要命题，由宋代陆九渊首提，后由王阳明完善。陆九渊直承孟子而言本心，认为充塞宇宙的"理"就在人的心中，宇宙间万事万物之"理"和人心之"理"是完全相同的，心即理。这个"理"是有根的，是真实的。它表现为行为，就是实行；表现为家国天下大事，就是实事。依本心之理而为的实行实事，也是陆学的精神所在。

阳明心学所说的"心"，指最高的本体，如说"心即道，道即天"；也指个人的道德意识，如说"心一而已，以其全体恻怛而言谓之仁，以其得宜而言谓之义，以其条理而言谓之理"。

阳明心学所说的"理"，是我们的心处事接物的理，即道理，也是吾心良知之天理。众理聚于心中，所以说，"心外无理"。心者，万事之所由出，故曰"心外无事"。心之所发为意，意之所在为物，物即事；心外无事，亦即"心外无物"。

阳明之学，在"致吾心良知之天理以正物成物"。"一切事物皆在良知天理之润泽中而得其真实之成就。摄物以归心，心以宰物、以成物。""心与理一""心外无理""心外无物"皆在此意义上才能了解，这也是"心即理"（良知即天理）最中心的意蕴。

阳明心学的"心与理一"，意思是将心和理视为一体，二者不可分割。在哲学和道学中，心指的是人的意识和情感，理则指的是事物发展的内在规律和普遍原则。"心与理一"强调的是人的主观意识和客观规律之间的融合，即人的内心世界与外在世界的规律性相统一。

阳明心学的"心外无理"，是指心的本体就是天理。事虽万殊，理具于心，心即理也。不必在事事物物上求理，心外求理，就是心与理为二。心中之理，就是至善，心外无理也就是心外无善。

阳明心学的"心外无物"，是指心与物同体，物不能离开心而存在，心也不能离开物存在。离却灵明的心，便没有天地鬼神万物；离却天地鬼神万物，也没有灵明的心。

五、阳明心学的"四句教"

王阳明的"四句教"，即无善无恶心之体，有善有恶意之动，知善知恶是良知，为善去恶是格物。这四句教言分别围绕"心、意、知、物"四个层面，揭示了德性实践的内在正道。

第一句为"无善无恶心之体"，良知是心之本体，无善无恶就是没有私心物欲的遮蔽的心，是天理。

第二句为"有善有恶意之动"，意是心之所发，心体没有了善恶，到意念发动就有了善恶之分。因为心之发动的意念，往常是牵连于躯壳而分化：顺躯壳的欲望起念叫"恶"，不顺躯壳欲望起念的叫"善"。

第三句为"知善知恶是良知"，就是意念发动时的善恶判断，只有良知能够明辨。虽然意念有善恶之分，但作为对照的良知本体就不会出错。所谓"致良知"，就是通过扩充这种超越经验层面的善念恶念之上的"知"，使心之所发的意念皆归于善，使恶念在"致"的过程中消解于未萌状态。

第四句为"为善去恶是格物"，人的良知不但知善知恶，而且好善恶恶；由好善而为善，由恶恶而去恶，即致知以格物。格物就是使万事万物都在良知的影响下表现为具体的善行与善事。

六、小结

王阳明成学前的"三变"，是自我发现的过程；悟道以后的"三变"，则是自我完成的过程。从自我发现到自我完成，正是他一生践履的完整呈现。这本质上不是思辨的问题，而是实践的问题。

王阳明的晚年境界（51岁后）——"圆熟化境"与孔子所讲"七十而从心所欲不逾矩"类似，即不习不虑的良知并不是习气中的直觉本能，而是随时当下的真实呈现。

此时，天理自存，人欲自去，良知真宰，融入化境，圣人气象显。也即这时，私欲早已消失殆尽，良知在人的脑海里根深蒂固，不管他做什么，一定是符合良知的。

总之，王阳明的哲学思想是一种深邃而独特的智慧，对我们理解世界、认识自我、提升修养都具有重要的指导意义。它不仅是一种精神信仰，更是一种生活方式；不仅教会我们如何发掘和弘扬内在力量来面对人生困境和挑战，而且还教会我们如何去实现个人和社会的共同进步。

我相信，只要我们用心领悟和实践这些思想，就一定能够在人生的道路上走得更稳、更远、更好。

2024 年 5 月 12 日晨

6.11 曾国藩大气量，踏实做人，认真做事
——《曾国藩的正面与侧面》晨读感悟

这本书让我从不同侧面进一步了解了曾国藩，也改变了以往诸多对曾国藩的看法，敬仰之心油然而生。曾国藩的一生也让我深刻地领悟到，成大事者靠的不是聪明，是诚、实、韧，是胸怀、气度。他的自律令人钦佩，他的识才、聚才、用才、荐才值得学习。

概括言之，曾国藩的核心特质，我认为就是两个字：一个是"拙"；一个是"诚"。"拙""诚"概括了曾国藩一生的事功，这也是他一生的座右铭。

从曾国藩的学生和好友对他的评价"儒缓""钝拙""才短"来看，他一生笔耕不辍，以"拙诚"自我成就，到达一代圣人的高度。就像他自己说的"吾生平短于才""秉质愚柔"，每一步都困而求知，勉励而行，没有灵光乍现，没有立地顿悟，有的只是我们凡人一样的情感与我们所欠缺的勤勉、包容和持之以恒的坚毅努力。

"拙诚"，看似质朴、平庸的两个字，却蕴含极深之人生哲学！若要修炼至此境界，就要做到保持正念、知行合一。但要修炼起来极有难度。关键在于自律。自律真乃无敌制胜之法宝……

我对了解曾国藩其人其事产生兴趣源自改革开放初期，我小姨妈和小姨父从美国回国探亲住我家时，与家人介绍左宗棠生平及其书法（小姨父左景禔是左宗棠的孙子），偶有提及同乡大臣曾国藩。其后，我阅读了一些有关左宗棠和曾国藩的书籍资料，才对他们有了一点粗浅了解。

今天再次听读这本书，我从侧面了解了曾国藩，深刻体会到：做人一定要大气，大气之人必成大器！见不得别人好，别人未必不好，但你肯定不好，因为你内心没有美好；希望别人好，别人未必好，但你肯定好，因为你心存美好；人为善，福虽未至，祸已远离，人为恶，祸虽未至，福已远离。

所以，我们要学会从长远的角度来看问题，不要计较眼前的得失！欲己利，先利人！欲己达，先达人！要以退为进，心胸宽广，凡事不要斤斤计较。尽人事听天命，要认真做事，不能有侥幸心理，相信事在人为，困难和挫折是为了让我们更好地成长。

2023 年 10 月 15 日

6.12 曾国藩职场成事秘籍

昨天早晨虽已与书友们分享了我匆忙之中写的"《曾国藩的正面与侧面》晨读感悟"一文，仍觉得意犹未尽，还想就曾国藩职场成事秘籍之我见与职场年轻朋友们探讨分享。

曾国藩一直以拙诚之道立身，以勤勉之心做事。他在职场上的沉浮，可以概括为四个字，"在事上磨"，磨人情练达、磨知识积累、磨处事能力、磨心性斗志。

作家熊太行曾说，每个职场上的王者，身体里面都应该有三个灵魂：一个文臣，谨小慎微，考虑风险；一个武将，积极努力，谋求胜利；一个商人，精打细算，心中有数。

曾国藩算得上是这三个灵魂和谐统一的"一代宗师"。

写奏折是他处理政务、向上沟通的手段，也是他办成很多大事、实现自我价值的重要阶梯。

我们可以从曾国藩的多篇奏折及其待人接物、为人处世中，看到他是如何从一个职场菜鸟，修炼到左右逢源、积极进取、进退有度这样的境界。

其方略主要有四点：第一，意见要见效，分寸很重要；第二，合作要有效，同盟很重要；第三，做事要成效，定位很重要；第四，成就靠韧劲，重在事上磨。

曾国藩在职场上打磨的经验教训也给我们当今职场人士带来启示：

第一，不做"犬系员工"，不在讨好领导个人上投入太多精力。对的，赶紧执行；错的，打个太极，先顺着说，再按自己的思路分析，最大限度地实现自己的主张。

第二，不做"信息黑洞"，也不制造"信息冗余"。工作问题勤汇报，把领导关心的问题讲清楚，并提出解决方案。少讲废话，与领导保持良好沟通。

第三，不在关键时刻掉链子。在涉及组织安全、利益荣辱的重大时刻，能全力以赴帮领导渡过难关。

第四，互相信任是向上管理的最高境界，但信任永远建立在分寸之上。

第五，勤加修炼个人能力，正确处理职场关系。两手都要硬，才是真高手。

职场中除了上下级关系，还有三种关系。一是同盟关系：目标相同，能力互补，讲究是利益公平、承诺兑现。这是需要依靠的有生力量。二是对手关系：目标竞争，实力相近，可能有冲突，但注意不要发展为敌人。毕竟竞争过后，还有可能合作。三是中立关系：没有直接的竞争与冲突，但人数众多。这类关系可以刷存在感，但不要刻意讨好，不要在他们身上耗费太多精力。

第六，做对的事，把对的事做好。

谈到职业发展，我们很多人只会"向上看"。如果能朝左朝右和向内向外审视，那么可实现精准迁移，路也能越走越宽。

所以，与其做那些看似风光实则不擅长的事，不如放平心态，把自己擅长的事做到极致。机会的本质是被需要，只要能找准自己的位置，适应身边的小环境,就一定会发现更多的机会。

最后,当生活的压力与责任重重来袭而无法潇洒转身时,当职场关系难以处理或遇到瓶颈期,我们不妨学学曾国藩,在"磨"字上下狠功夫,对中立者释放善意,对同盟者给予诚意,不用"向上看"来限制自己,而是坚持不懈地精进数十年,那么,成功一定会属于你!

2023 年 10 月 16 日

6.13 《荣格心理学入门》给我们的启示(1)

本书作者是河合隼雄,日本临床心理学创始人,日本第一位荣格派精神分析师,日本著名的教育家、社会评论家,曾出任日本文化厅厅长、日本京都大学教育学院院长,是日本家喻户晓的传奇文化人物。

一、荣格及其学术流派

卡尔·古斯塔夫·荣格,瑞士著名心理学家,被视为现代心理学的先驱之一,特别是在精神分析领域有着深远的影响,并被誉为 20 世纪最具影响力的心理学家之一。

荣格的学术生涯开始于苏黎世大学，在那里获得了医学博士学位，并成为精神病学讲师。后来，他开设了诊所，并在国际精神分析学会担任主席。

荣格和弗洛伊德、阿德勒是心理学早期精神分析学派的三巨头。荣格是弗洛伊德的门徒和继承人。

他们在精神分析领域有着共同的研究兴趣，彼此赏识，并肩战斗。弗洛伊德曾亲切地称荣格为精神分析王国的"王储"，是他的"长子"，两人既是师徒，又情同父子。

荣格接受了弗洛伊德的许多理论，两人在心理学领域都有深厚的造诣，共享无意识心理学开创与发展的殊荣。

但后来两人在理论上出现了分歧，弗洛伊德注重"个人无意识"，而荣格更注重"集体无意识"，最终两人分道扬镳。

荣格虽师从心理学创始人弗洛伊德，但他敢于直面问题，挑战权威，坚持独立思考，建立自己的理论体系，青出于蓝而胜于蓝，终成一代宗师。

二、荣格心理学的核心内容

荣格心理学，是由荣格创立的一种深入探索人类潜意识和心理动态的理论体系。它的核心概念包括集体无意识、原型、情结、人格类型等，并通过词语联想、梦的分析和积极想象等临床方法揭示这些概念。

该体系以弗洛伊德的精神分析学为基础，但又修正并发展了其中的一些概念。

荣格心理学理论提供了一个深入理解人格和心理动态的框架，强调了人格结构的复杂性，包括意识、个人无意识、集体无意识和原型等重要概念。

集体无意识是指所有自原始社会人类进化过程中世世代代遗传并继承下来的普遍性心理经验，其内容主要是原型，即人类原始经验的集结，它们影响着每个人的生活和行为，其中人格面具、阿尼玛和阿尼姆斯、阴影、自性等原型对理解个人行为和心理健康至关重要。

荣格心理学还提出心理能（力比多）和心理值的概念，这些概念对于理解心理动力和人格发展至关重要。心理能是欲望的本质，如性欲、食欲、物欲等；而心理值则是衡量特定心理要素中心理能的多少。

荣格心理学理论也强调了社会角色和适应在人格发展中的重要性。他认为，个体在社会中扮演不同的角色，这些角色会影响其人格的形成和发展。同时，个体也需要不断适应社会环境的变化，以保持人格的完整和稳定。

总之，荣格心理学是一门极具影响力的心理学流派，不仅关注个体的精神健康和心理问题，还致力于探索人类心灵的深层次结构和共性规律。但是由于荣格对宗教和神话有深入的研究，所以他的理论体系带有强烈的神秘主义色彩。

（未完待续……）

6.14 《荣格心理学入门》给我们的启示（2）

三、荣格心理学人格理论

荣格心理学理论的核心内容就是人格理论，包括四个部分：

1. 人格结构理论

荣格认为人格主要由意识、个人潜意识、集体潜意识三个层面构成。意识层面是个体能觉察到的心理过程，个人潜意识层包含被遗忘或压抑的经验，而集体潜意识层则是遗传下来的精神遗产。

2. 人格动力理论

荣格认为人格是一个相对闭合且不断变化的动力系统，其动力源于心理能。他运用了物理学的原则来解释人格动力，如能量守恒、平衡原则和反向原则。

3. 人格类型理论

荣格依据心理倾向来划分人格类型，最先提出了内、外向人格类型学说。

当一个人的兴趣指向主体时，就是内向人格。其特点是：常常自我剖析，做事谨慎，深思熟虑，却容易疑虑困惑，交往面窄，有时适应困难。

当一个人的兴趣和关注点指向外部客体时，就是外向人格。其特点是：注重外部世界，情感表露在外，热情奔放，当机立断，独立自主，善于交际，行动快捷，有时轻率。

任何人都具有内向和外向这两种特性，但是只要其中一种人格占优势，我们就可以因此确定一个人是内向还是外向。

荣格还提出了四种思想本能：一是感觉，指明事物存在于什么地方，但并不能说明它是什么；二是思维，指明感觉到的客体是什么，并为其命名；三是情感，反映事物是否为个体所接受，决定事物对个体的价值；四是直觉，指在没有实际资料可利用时，对过去和将来的事件所做的粗略的推断。

根据内外向型人格的特点与四种思想本能的结合，综合衡量内向—外向（I—E）、感觉－直觉（S—N）、思维－情感（T—F）、判断—感知（J—P）这八种心理维度，荣格提出了八种人格类型。

第一，思维外向型。按固定规则行事，客观而冷静，积极思考问题，武断，感情压抑。

第二，情感外向型。极易动感情，尊重权威和传统，寻求与外界的和谐，爱交际，思维压抑。

第三，感觉外向型。寻求享乐，无忧无虑，社会适应性强，智力高，忽视日常实际生活，情感压抑。

第四，直觉外向型。做决定不是根据事实，而是根据预感，不能长时间地坚持某一观点，容易改变主意，富于创造性，对许多无意识的东西甚为理解，感觉压抑。

第五，思维内向型。强烈渴望私人的小天地，缺乏实际判断力，社会适应差，智力高，忽视日常实际生活，情感压抑。

第六，情感内向型。安静，有思想，感觉敏感，如孩子般令人捉摸不透，对别人的意见和情感漠不关心，无情绪流露，思维压抑。

第七，感觉内向型。易受情景影响，被动，性格安静，艺术性强，不关心人类的事业，只顾身旁发生的东西，直觉压抑。

第八，直觉内向型。偏执而喜欢做白日梦，观点新颖但稀奇古怪，苦思冥想，很少被人理解，但不为此烦恼，以内部经验指导生活。

荣格认为，每个人都有不同的人格特征，这些特征可以帮助我们更好地理解自己和他人，从而更好地沟通和相处。

4. 人格发展理论

荣格的人格发展理论认为，每个人都有其独特的个性和人格类型，每种类型都对外部环境有着不同的反应和思考方式。荣格认为，人格的发展是一个连续的动态过程，涉及生命的各个阶段，包括儿童期、青年期、中年期和老年期。他认为不同的阶段有着不同的心理特征和发展重点。

（1）童年期（从出生到青春期）：最初是无序阶段，婴儿只有零散、混乱的意识；然后是君主阶段，儿童有了自我意识，出现了抽象思维的萌芽，但缺乏内省思维；最后是二元论阶段，儿童出现内省思维，自我被分为主体和客体，儿童逐渐意识到自己是一个独立的个体。荣格认为，儿童期是问题相对较少的一个时期，主要由本能、依赖性以及父母提供的氛围决定。

（2）青年期（从青春期到中年）：随着自我意识的发展，年轻人需要摆脱对父母的依赖，但是心理发展尚不成熟。青年期以青春期发生的生理变化为标志，这是人生的奋斗时期和精神的觉醒时期。因此，荣格把它称为"心灵诞生"的时期，并认为要顺利度过这一时期，必须克服童年期的狭窄意识，努力培养意志力，使自己的心理和外部现实保持一致，以便在世上生存和发展。

（3）中年期（大约从40岁开始直到老年）：这是荣格最为关注的时期。这个时期的人更倾向于内心的精神价值，而不是像先前那样喜欢外部的、物质的东西。中年人虽说在社会和家庭生活中已有了根基，取得一定成就，却面临体力衰退、青春消逝和理想暗淡等身心状况，从而出现心理危机。荣格认为，要顺利度过这一时期，关键在于把心理能量从外部转向内部，审视内心，从而懂得个体生命和生活的意义。

（4）老年期：老年期的人易沉浸在潜意识中，喜欢回忆过去，惧怕死亡，并考虑来世的问题。他们过于依恋过去，似乎又回到了童年的"潜意识"中，不断思考"来生"。他们害怕死亡，憧憬生命的永恒或"再生"。荣格认为，老年人必须通过发现死亡的意义才能建立新的生活目标。他强调，只有在人死后，生命才能实现心灵的个性化，这意味着个人的生命将汇入集体的生命中，个人的意识也会汇入集体潜意识中。

总之，荣格对人性和人格发展持乐观态度，认为人性具有成长的能力，可以通过自我实现达到和谐与完整。他认为人格发展的目标是实现个性化的过程，即意识和潜意识内容的融洽结合，并认为人格发展的最终目标是实现自我和超越自我。自我实现意味着个体能够充分发掘潜能，实现自己的价值。而超越自我则意味着个体能够超越自身的局限，达到更高的精神境界。

四、学习荣格心理学的意义

荣格心理学是一门探讨人类内心世界的学科，它以荣格的思想为基础，研究人类的潜意识、梦境、象征和心理类型等方面。它为理解人类心理提供了独特的视角，强调了集体无意识和原型在塑造个人行为和心理中的作用，也强调了实现内心和谐与平衡的重要性。通过其理论和方法，荣格为心理治疗和个人成长提供了深刻的洞见。

学习荣格心理学，我们可以深刻认识到人类内心的多样性和复杂性，也意识到自己的内心世界和行为模式。荣格心理学不仅可以帮助我们更好地了解自己，还可以帮助我们更好地理解他人，从而建立更好的人际关系。此外，荣格心理学还可以帮助我们更好地认识自己和周围的世界，从而更好地应对生活中的挑战和困难。

值得提一下，荣格的人格类型理论跟当今红火的MBTI（迈尔斯—布里格斯类型指标）测试有很深的渊源。这个测试的结果是用四个字母来概述你的人格类型，例如INTJ、ESFP等，总共有16种组合结果，这些结果里的四个字母，各自代表了一种衡量个性的维度，16种组合就构成了16种人格类型。最早提出这种人格类型学说的，其实就是荣格。他是人格类型测试的理论鼻祖。荣格的人格类型理论对当代心理学人格测试具有深远影响和实用价值。

总之，荣格心理学理论给现代心理学领域带来了多方面的影响。首先，他的人格发展理论将心理学重心从临床心理学转移到了人类的本质和意义上。其次，他对多元文化和多种宗教信仰进行了广泛和深入的研究，并试图发现和研究不同文化中普遍存在的人类本质。最后，荣格的理论也对当代未来学、社会组织学和个人成长的方法和实践具有重要的启发意义。

  20 世纪 80 年代我读研时，研究的方向是人格心理学，专门研读过几本有关荣格心理学的论著，当时觉得这些论著有着较为浓厚的神秘色彩。然而当今这本《荣格心理学入门》深入浅出、通俗易懂，既讲清了重要概念和原理，又道明了应用领域及其方法，同时还让我们看到了荣格心理学与中国哲学思想在探索人心深处方面也有着诸多契合。荣格揭示了人类内心的复杂与多元，与"天人合一"的哲学理念相吻合；荣格强调情感和精神世界的平衡，与"道法自然"的理念相匹配；荣格鼓励自我探索和成长，也与"修身、齐家、治国、平天下"的自我超越之路相通。

  《荣格心理学入门》这本书非常关注人的内心世界与成长，为我们提供了深入理解自己和他人的新视角，也让我们看到了荣格的人格发展理论在心理学领域产生的广泛影响，一些原理和方法已被广泛应用于心理治疗、教育、组织管理等实践领域。真是一本可读性高、启发性大、实用性强的科普应用好书，非常值得一读！

2024 年 4 月 23 日晨

6.15 名人名家有关读书的名言及方法

一、有关读书的至理名言

1. 读书破万卷，下笔如有神。——杜甫

此名言告诉我们：通过大量阅读书籍，可以积累知识，提高写作水平，使文章犹如神助，富有才情和灵感。这是杜甫对韦左丞表达的敬意，也是他的读书心得。所以，要想提高写作能力，就必须多读书，积累知识。

2. 书山有路勤为径，学海无涯苦作舟。——韩愈

此名言告诉我们："书山有路勤为径"意味着在知识的海洋中，只有通过勤奋学习才能找到通向知识的道路；"学海无涯苦作舟"则意味着学习的过程可能会很辛苦，但这是通往成功的必经之路。学习是一个艰苦的过程，需要我们付出辛勤的努力，只有这样，我们才能在知识的海洋中不断前行，最终达到成功的彼岸。

3. 书读百遍，其义自见。——陈寿

此名言告诉我们：一本书读的次数多了，其中的意义和道理自然就会显现出来。这句话强调了读书的重要性。只有通过反复读书，才能深刻理解书中的内容，从而获得更多的知识和智慧。这也是一种学习的方法，通过反复学习和实践，加深对知识的理解和掌握。

4. 读书如行路，历险毋惶恐。——《清诗铎》

此名言告诉我们：读书就像赶路，碰到自己不懂的、有矛盾的地方不要惊慌害怕。因为读书是一个积累知识、提升自我的过程，虽然过程会遇到困难，但只要不畏惧，坚定信念、充满勇气地面对并战胜这些困难，就能从书中收获知识和成长。这句话强调的是读书需要有毅力，不畏困难。

5. 书到用时方恨少，事非经过不知难。——陆游

此名言告诉我们：只有在真正需要用到知识的时候，才会后悔自己读书太少；只有亲身经历过一些事情，才能真正理解其中的困难。这句名言强调了读书的重要性和实践的价值。读书可以增长知识，开阔视野，提高思考能力，而实践则可以让我们更深入地理解和掌握知识，同时能锻炼能力。因此，我们应该珍惜时间，多读书，多实践，不断提高自己。

6. 读一本好书，就像和许多高尚的人谈话。——歌德

此名言告诉我们：通过阅读一本好书，人们可以学习和吸收书中高尚的思想，从而提升修养和境界。这句话强调了阅读的重要性，鼓励人们多读书，读好书。

7. 书籍是人类进步的阶梯。

我读的书愈多，就愈亲近世界，愈明了生活的意义，愈觉得生活的

重要。——高尔基

此名言告诉我们：书籍对人类文明进步的重要性。通过阅读书籍，人们可以学习到知识和经验，从而提升认知和能力，推动人类社会的进步和发展。这两句话鼓励人们多读书，读好书，不断学习和进步。

8. 书籍是思想的航船，在时代的波涛中破浪前进。——培根

此名言告诉我们：书籍是思想的载体，它能够在时代的波涛中破浪前进，引领时代的潮流。它强调了书籍和思想的重要性，以及它们在社会发展中的推动作用。

书籍是人类经验的宝库。它们记录了人类在各个领域所取得的成就，以及在探索过程中所积累的经验和教训。这些经验包括科学实验的方法、艺术创作的技巧、哲学思考的途径等，都是人类智慧的结晶。通过阅读书籍，我们可以站在前人的肩膀上，汲取他们的经验，从而更快地进步和发展。

书籍是人类文化传承的重要手段。它们将人类的知识和智慧传递给子孙后代，使人类文明得以延续和发展。书籍不仅传承了人类的文化遗产，还为后人提供了丰富的精神食粮，激发了他们对美好生活的追求和向往。

二、名人名家谈读书方法

我国古代南宋时期的理学家、哲学家、思想家、政治家、教育家朱熹说："读书，始读，未知有疑；其次，则渐渐有疑；中则节节是疑。过了这一番，疑渐渐释，以至融会贯通，都无所疑，方始是学。"

朱熹著名的六条读书法：

（1）循序渐进：朱熹强调读书要有一定的次序，不可以随意颠倒。他推荐的读书顺序是先读《论语》《孟子》，然后观史。具体来说，读书时要从基础知识读起，一本本读通，对文献中的字、词、句、篇等要逐一弄通，有系统、有步骤地从低向高、由浅入深地进行阅读。

（2）熟读精思：熟读是指要把书本背得烂熟，接近于感性认识；精思则是指反复思考书中蕴含的意味，接近于理性认识。朱熹强调读书要读得字字响亮，不可误一字、少一字或多一字，反复诵读直至理解。

（3）虚心涵泳：仔细认真地阅读，反复自我切磋、研磨、体会，切忌马虎从事或自以为是。涵泳的意思是沉浸其中，反复体会书中的含义。

（4）切己体察：结合自己的思想、经验、阅历和需要，去感受文献中所要传达的思想与情感，知道"纸上得来终觉浅，绝知此事要躬行"的道理。这意味着要将书中的知识应用到实际生活中。

（5）着紧用力：聚精会神、下苦功、花大力，毫不松懈，刻苦用功。朱熹将其比喻为"逆水行舟，不进则退"，强调读书需要坚持不懈的努力。

（6）须教有疑：善于提出和解决问题，学会"质疑"，阅读要从"有疑"到"无疑"之后，才算真懂，掌握其实质。这意味着在阅读过程中要不断提出问题并解决问题。

另外，我国明代陈献章也说："学贵知疑，小疑则小进，大疑则大进。疑者，觉悟之机也。"其核心思想是鼓励人们在学习和研究中要勇于质疑，善于思考，只有通过不断地质疑和探索，才能取得更大的进步。

通过上述这些方法，我们可以提高阅读效率和理解深度。

再来看看现当代名人的读书法。

巴金——作家

巴金有一个很奇特的读书方法，那就是在没有书本的情况下进行读书。简单来说，就是静坐在一处，回想曾经读过的书。

这样做有三个好处：一是不受条件限制，可以充分利用时间。比如可以在午休时间、通勤时间、等待时间等，进行回想。二是温故而知新。通过回忆，将过去读过的书呈现在脑海中，一点点地咀嚼，就像牛反刍一样，能进一步消化吸收。每回忆一次都会有新的理解、新的认识、新的收获。三是能够不断地从已读过的书中汲取精神力量。比如当我们面对生活、工作上的难题正一筹莫展时，可以回忆曾经读过的书，从书中的主人公身上汲取振奋自我的力量。

鲁迅——作家

鲁迅的读书方法：一是泛览。鲁迅提倡博采众家，取其所长，主张在闲散时间要"随便翻翻"。二是硬看。对较难懂的必读书，硬着头皮读下去，直到读懂钻透为止。三是专精。他提倡以"泛览"为基础，选择自己喜爱的一门或几门，深入地研究下去。否则，读书虽多，终究还是一事无成。四是活读。鲁迅主张读书要独立思考，注意观察并重视实践。他说："专读书也有弊病，所以必须和社会接触，使所读的书活起来。"他还主张用"自己的眼睛去读世间这一部活书"。五是参读。孟子曾提过读书要"知人论世"，鲁迅也参考了这个方法。读一本书时，要读作者的传记、专集，便于了解作者所处的时代和地位，以此加深对作者所著作品的理解。

钱钟书——作家

钱钟书的治学之道，可以概括为八个字：博闻强志，深思慎取。

第一，博览全书。学术专著、古代文典、小说杂志，都是钱钟书阅读的对象。

第二，勤做笔记。钱钟书每读一本书，都会摘下精华，写下心得，做一本笔记所花的时间是读一本书的一倍。他的读书笔记非常厚，密密麻麻地写满了字，且中英混杂。

第三，先博后约，由博返约。即先广泛涉猎，博览群书，再在此基础上提炼、吸收，形成自己的知识结构。

华罗庚——数学家

华罗庚是我国著名的数学家，他将读书过程归纳为两个阶段："由厚到薄"和"由薄到厚"。具体来说：

（1）由厚到薄：在阅读过程中，通过对各章节进行深入探讨，添加注解，补充参考资料，逐渐理解并掌握书中的核心内容，最终达到对全书精神的深刻理解，使书籍变"薄"。

（2）由薄到厚：在真正理解书籍内容后，通过添加自己的见解和思考，使书籍内容更加丰富，达到"由薄到厚"的过程。

华罗庚的读书法也叫"厚薄法"。他把读书过程归结为"由厚到薄"和"由薄到厚"两个阶段。他认为：当你对书中的内容真正有了透彻的了解，抓住了全书的要点，掌握了全书的精神实质后，书就由厚到薄了，愈是懂得透彻，就愈有薄的感觉。如果在读书过程中，你又对各章节作深入的探讨，在每页上加添注解，补充参考资料，这样书又会愈读愈厚。因此，读书就是由厚到薄又由薄到厚的双向过程。

华罗庚的读书方法强调深刻理解书籍内容并提炼要点。他提倡在阅读过程中不断思考，抓住书籍的核心思想，从而达到对书籍内容的深刻理解和掌握。这种方法不仅适用于学术研究，也广泛应用于各种学习和积累知识的过程中。我现在读书比较快，将精读和范读相结合，并在读书时留下心得笔记。这得益于早年读研时学到的华罗庚的读书法，至今仍觉受益匪浅！

爱因斯坦——物理学家

爱因斯坦作为著名的物理学家，在读书方法上，也有一套自己的思路。

第一，除读书学习之外，常与他人讨论。爱因斯坦上中学的时候，就经常在晚上与两个青年朋友一起学习和讨论各家哲学著作，谈论哲学和科学的各种问题。在讨论时，脑海中的知识被调动起来，经过概括总结后表达出来。在这个加工过程中，我们也加深了对书本内容的记忆。聆听他人观点的同时，思路也得到了拓宽。

第二，提倡深入理解，反对死记硬背。只有深入理解后，才能知道文字背后的联系与逻辑关系，随后也能自然而然地记住书本上的知识点。

培根——哲学家

培根是英国著名的哲学家，曾被马克思称为"英国唯物主义的第一个创始人"，他提出读书要注意以下几点：

第一，对于不同的书，采取不同的阅读方法。有的书只要读其中一部分，有的书只需知其中梗概，而对于少数好书，则要通读、细读、反复读。

第二，对不同的书可作不同的选择。可以根据自己的需要和知识结构加以适当选择。在他看来，"读史使人明智，读诗使人聪慧，演算使人精密，哲理使人深刻，道德使人高尚，逻辑修辞使人善辩"。

第三，除读书求学问外，还得运用和实践。他一直注意并强调书本知识得加以运用，将书本知识与实践经验相结合。他说："学问虽能指引方向，但往往流于浅泛，必须依靠经验才能扎下根基。"

毛姆——作家

英国作家毛姆提出"为乐趣而读书"的主张。他说："我也不劝你一定要读完一本再读一本。就我自己而言，我发觉同时读五六本书反而更合理。因为，我们无法每一天都能保持不变的心情。而且，即使在一天之内也不见得会对一本书具有同样的热情。"这种方法适合于刚学习阅读方法的孩子以及许久没有进行阅读的大人。

  阅读对于部分人来说，是一个苦差事，根据兴趣进行阅读则全然不同。有时候阅读不必拘泥于经典名著、名家推荐，只要是自己感兴趣的书，都可以尝试阅读。一旦开始阅读了，就容易培养阅读习惯。

致　谢

首先，我要感谢樊登老师及其帆书读书会，让我在终身学习过程中有了一个良师和非常好的读书学习平台，并在终身成长中结识了众多喜爱书香的益友，让我在读书学习中受益匪浅。

其次，我要感谢无锡市心理学会管理心理学专业委员会刘海波主任和本书编委会的徐斌女士，他们忙里偷闲，花了很多休闲时间认真通读书稿，提出了许多建设性的意见和建议，使本书更具科学性、可读性、趣味性和实用性，并认真负责地做了大量的编辑和校样工作。

另外，我还必须要感谢我们沪源公司的全体员工，是他们给予我充分的理解和极大的支持，为我分担了大量的日常公司管理和商务工作，让我能有足够的时间读书和写作，使这本感悟集得以顺利完成并付印。

后 记

我是学心理学的，大学本科主要学普通心理学、教育心理学和运动心理学，研究生阶段主攻人格心理学和人才心理学。我是中国心理学学会会员，江苏省心理学会理事兼工业心理学专业委员会副主任，无锡市心理学会副理事长兼管理心理学专业委员会主任。虽说 20 世纪 90 年代初，我辞去大学教职，着手办理去瑞士留学深造的手续，因有"移民倾向"连续三度遭到移民局拒签而未果。之后，我不得已下海经商作为过渡，不承想一直干到今天。

我热爱心理学，也酷爱读书，有较为强烈的心理学情结和教学情结。我的母校眷顾我，授我为心理学兼职副教授，并聘我为校外应用心理学硕士生导师，帮我了却了心愿，让我有一种仍在心理学业内，还是个心理学人的美好感觉，也有继续为心理学事业多做贡献、发挥余热的热情。

我爱读书学习，也爱思考问题，常做读书笔记和写些随笔或读书感悟，特别是退休后这两年，工作不如以前那么忙了，便有更多的时间来读书学习、写感悟了。在去年的一年时间里，我共完整听书读书 200 余本，撰写读书心得感悟 130 余篇。

我觉得写读书感悟有诸多好处：

1. 加深理解。通过整理读书笔记和写感悟，可帮助自己深刻思考所读内容，加深对有关理念的理解，并丰富自己的知识结构。

2. 融会贯通。写读书感悟有助于从书中提炼出实用的知识点，使自己在日常生活、学习和工作中能够自如运用这些知识，学以致用，做到知行合一。

3. 分享交流。通过写感悟，可以将自己的阅读心得和体验与亲朋好友、书友们分享，达到增进互动、交流思想、碰撞智慧、共同进步的目的。

4. 提升自我。坚持阅读思考和写感悟可以锻炼思维力和记忆力，提高认知水平，养成良好的写作习惯，提升书面表达能力，丰富精神世界。

5. 记录成长。读书感悟集可以记录自己的成长历程，见证自己在阅读中的收获和思考，回顾在日常运用时的快感体验，促进终身成长，具有纪念意义。

另外，我也常常将我的晨读感悟，通过微信发给亲朋好友以及在读书过程中新结识的书友们进行交流，得到他们的充分肯定和赞赏。不少老友和书友建议我将这些感悟汇集成书，便于保存，方便随手翻阅。我觉得这是个不错的主意，这对我提高学习也很有帮助，不至于写完一篇，微信发布一篇，存入电脑，束之高阁，随后便忘记，而需要时却难找。再仔细想想，将所写感悟汇集成册还有一种令人快乐的成就感，可以激励自己读更多的书，写更多的感悟，促进自己终身学习、终身成长。这也是我为什么要出这本读书感悟集的真正动因。

2025 年 3 月 25 日
于无锡蠡湖畔中锐嘉诚国际大厦